서 문

토목공학(Civil Engineering)은 모든 공학의 원천이며 인간사회와 자연환경과의 접점에 관해 최첨단의 지식·기술을 구사하여 사회기반 시설을 계획, 조사, 설계, 건설, 유지관리하고 인류의 복지와 환경의 증진에 기여함을 목적으로 한다.

구체적으로는 우리들의 생활이나 국가의 발전을 지탱하고 있는 철도, 항만, 하천, 해안 보전, 댐, 도로, 교량, 터널 등의 광범위한 사회 기반 시설이나 상수, 하수, 주택개발 등 여러 가지 도시기반 시설 등의 많은 구조물은 토목의 개입에 의해 건설, 관리되고 있다. 이와 같이 토목공학은 단순히 건설기술에 머물지 않고 국토계획, 국토관리의 거의 전반을 망라하고 있다고 할 수 있다.

대학이나 전문대학의 토목교육 커리큘럼(curriculum)에서는 각 분야에 공통인 토목공학의 기초 과목 습득은 장래의 전문 분야 여하에 불구하고 필수이다. 이 때문에 전문 과정의 최초에 중점적으로 배당, 교수되고 있다. 그 후 앞서 기술한 각각의 전문 분야에 관한 의무를 부여하고 또 응용 능력의 육성을 위해 연습, 실습을 이수한다.

이렇게 하여 비로소 종전의 공학적 역학계를 핵으로 하고, 사회 시스템을 새로운 구성기둥으로 하는 21세기의 토목기술을 습득한 사람이 될 수 있다.

최근 토목공학의 비약적 확대와 발전에 따른 교육과정에서도 이에 호응한 정확한 대응, 특히 기초 이론을 충분히 이해한 다음에 응용능력을 갖춘 기술자의 육성을 간절히 바라고 있다.

본 시리즈에서는 상기와 같은 인식의 토대에서 제1기 계획으로 토목공학의 기초과목으로써 지반역학, 수리·수문학, 구조역학, 콘크리트 공학, 측량학을 채택하여 기본적이고도 상식적인 사항의 습득에 주안을 두고 연습서의 형식을 취하여 연습과제를 주어 그 해설 기술을 통하여 학습자의 흥미, 탐구심, 자신감을

터득하도록 기획하였다.

이를 위해 각 전문 분야에서 훌륭한 업적을 거두고 또 오랜 교육경험을 가지고 있는 선생님들께서 각각의 테마별로 편저자가 되어 주셨다. 이렇게 해서 평이한 서술 속에 새로운 패러다임을 가지는 교과서가 되도록 의도한 것이며, 이것이 학습자 여러분의 더할 나위 없는 학습 상의 반려자가 될 수 있기를 마음으로부터 바라는 바이다.

교토京都대학 명예교수
공학박사 오카다 키요시岡田 清

뉴패러다임 실무교재

지반역학

본 서는 지반공학 입문자를 포함한 전문가를 대상으로 실무에서 접하게 되는 다양한 '지반관련 문제'에 대하여, 전통적인 집필방식을 탈피한 문제풀이 형식을 이용함으로써 보다 쉽게 해당 분야 지식을 습득하고 실무에 응용할 수 있도록 집필하였다. 특히 지반역학의 다양하고 어려운 이론 및 경험식들을 실무 예제를 중심으로 이해하기 쉽도록 설명하였다.

시바타 토오루(柴田 徹) 편저
이성혁, 임유진, 최찬용, 이진욱, 엄기영, 김현기 공역

씨아이알

덧붙임追記

이 책의 초판은 ㈜산해당山海堂으로부터 간행되었다. 이후 다행히 많은 독자로부터 애용되어 왔으나, 도쿄덴키東京電機대학 출판국으로부터 새롭게 간행되었다. 이 책이 향후에도 독자에게 도움이 되기를 간절히 바라고 있다.

2008년 3월

뉴패러다임 텍스트북 편집위원회

뉴패러다임 텍스트북 편집위원회

위원장

교토京都대학 명예교수	공학박사 오카다 키요시岡田 清

위원

리츠메이칸立命館대학 건축부 디자인학과 교수	공학박사 코지마 타카유키児島孝之
교토京都대학 명예교수	공학박사 시바타 토오루柴田 徹
리츠메이칸立命館대학 객원교수	공학박사 나카가와 히로지中川博次
오사카大阪대학 · 나고야名古屋대학 명예교수	공학박사 후쿠모토 유우시福本唀士
오카야마岡山대학 명예교수	공학박사 모리 츄지森 忠次

서 언

종전의 이른바 『1945년형 토질역학』에 근거한 교과서 제1장은 예외 없이 '흙의 기본적 성질'로부터 시작한다. 뒤에 이어질 압밀, 변형 · 강도, 토압 · 지지력, 사면 안정 등에 앞서 최초에 필요한 기초 지식을 학습시키고자 하는 것이 목표이다. 그러나 실은 이것이 '토질 혐오'를 일으키는 원흉이지는 않을까라는 것이 필자의 지론이다. 자기 스스로의 경험으로부터, 제1장에서 체 눈의 크기나, 점토 광물의 결정[結晶] 구조의 이야기가 나온 바로 그때, 그 이후의 학습의욕을 상실한 아픈 기억이 있고, 가르치는 입장이 되어서도 그 생각은 바뀌지 않고 있다. 토목공학계의 학생은 구조역학이나 수리학과 같이 말끔한 이론체계를 가진 과목과 비교하여 문턱에서 토질역학에 위화감을 기억하지는 않을까?

이 책은 부교재[sub-text]이므로 흥미를 없애는 번거로운 사항은 생략해도 된다고 마음대로 해석하여 '역학'의 간판에 상응하는 목차를 구성하였다.

어느 과학사를 전공이 미숙한 학자가 작성한 책에, 같은 공학부의 선생이라고 하여도 전기와 토목에서는 기질이 상당히 다른 것 같다. 그 이유를 생각해보면 전자는 양자역학이나 Maxwell 방정식 등을 다루어 스마트하게 보이지만, 후자는 이론에 오를 것 같지도 않은 흙 등을 상대로 하고 있으므로 촌스러움이 가시지 않는 것은 아닐까 하는 생각도 든다.

자연 지반의 거동이 일반적인 방식으로 처리할 수 없는 것은 자명하지만, 그것에 감히 도전하여 온 선인들의 노고의 족적과 성과를 이 책을 통해 배울 수 있으면 다행이다.

오늘날 각 분야에서 패러다임의 전환이 요망되고 있다. 지반공학도 물론 예외는 아니며, 획기적인 돌파구의 출현이 갈망된다. 검은 구름 사이를 뚫고, 태양광이 반짝 비추는 것을 돌파구라 할 것이다. 복잡한 지반을 상대로 그것은 꿈같은 이야기이며, Terzaghi와 같은 천재가 나오기까지 기다릴 수밖에 없다고 말해버리면 더는 할 말이 없어진다. 보통사람도 할 수 있는 것은, 예를 들면 대규모 공사나 거대 자연재해에 조우한 기회를 놓치지 않고 새로운 테마를 발견하는 것이다. 1995년 한신阪神 · 아와지淡路 대지진의 피해 조사를 통하여 또는 거대 인공섬의 침하 문제에 직면하여 필자는 그 느낌을 점차 강조하고 있는 바이다.

이 책은 당초 계획으로는 상하 2권으로 집필을 시작하였다. 그러나 도중에 1권으로 축소되는 사태가 생겨 한 번 완성했던 원고를 대폭으로 부득이 삭제할 수밖에 없었던 편저자로서 완전히 몸이 깎이는 마음이었다. 여기에서 각 집필자가 분담한 항목은 다음과 같다. 다만 각자의 원고를 일단 혼합하여 재편성하였기 때문에 타이틀과 이 책의 목차와는 반드시 일치하지 않는 부분이 있다는 것을 미리 알려둔다.

타이틀	담당자	타이틀	담당자
• 유효응력/흙의 변형	나카이 테루오中井照夫	• 지반의 안정해석	시바타 토오루柴田 徹
• 지반의 침투	키타무라 료스케北村良介	• 토압/지지력	시바타 토오루柴田 徹
• 압밀의 이론	시미즈마사요시清水正喜	• 사면 안정	시바타 토오루柴田 徹
• 지반내의 응력	키타 카츠토시北勝利北	• 지반의 진동	미치히로 카즈토시道廣一利 키무라 마코토木村亮
• 흙의 강도	이이즈카 아츠시飯塚敦	• 지반의 조사	미무라 마모루三村衛
• 지반의 변형	야시마 아츠시八嶋厚		
• 지반의 강도	니시하라 아키라西原晃		

여기에서 노파심이지만 이 책의 사용 방법에 언급해두면, 제1장으로부터 최종장까지 순서대로 학습하지 않아도 좋다. 목차 구성을 보면 변형으로부터 강도로,

흙 요소로부터 지반으로라고 하는 흐름을 감지하겠지만 그다지 구애하고 싶지 않다. 필자의 계획으로는 대학의 연습용으로써 건너뛰거나 되돌아가거나 마음대로 활용할 생각이다. 하여간 지반공학의 장래를 짊어질 독자 여러분에 대해 이 책이 활력의 토대가 되기를 바란다.

산해당 편집부의 여러분께는 기획 단계로부터 빛을 보기까지 고생을 하셨다. 기록하여 감사의 뜻을 표하는 바이다.

2000년 1월
시바타 토오루柴田 徹

CONTENTS

제4장 지반 내의 응력

제5장 지반의 변형

제6장 지반의 강도

제7장 지반의 안정해석법

제8장 토압/지지력

제9장 사면의 안정

제10장 지반의 동적 문제

제 1 장

흙의 유효응력 및 투수

제 1 장
지 반 역 학

흙의 유효응력 및 투수

★ 지반 내의 지하수는 정지해 있거나 이동하고 있는 둘 중 어느 한쪽의 상태에 있다. 이 장에서는 여러 가지 상태에 있는 간극수의 영향을 조사하였는데, 지반역학을 배우는 데 지반역학의 이해는 간과할 수 없는 중요한 사항이다.
1-1에서 정지상태의 지하수를 고려한 유효응력의 개념을 기술한다. 1-2에서는 흙 속의 물의 흐름을 다루고 있다. 지하수 흐름의 발생 여부는 흙의 투수성에서 결정되므로 우선 Darcy 법칙에 관련된 투수 계수의 산정법을 연습한다. 다음에 유선망[flow net]의 활용이나 퀵샌드[quick sand] 등 가능한 한 실제적인 문제를 채택한다.

또한 이 장에서는 포화토 속의 정상류[定常流]에 한정하여 학습을 진행한다. 통상의 교재에서는 유선망의 항에서 지하수 유량의 계산법이 해설되어 있으나 이 책에서는 다루지 않았다.

1-1 지중의 유효응력

깊이 z에 있는 지반 중 임의의 한 점에서 z까지 흙의 전체 중량에 의해서 생기는 연직응력을 토피압[土被壓]이라고 한다. 간단히 정리하면 수평지반에서 지하수위가 지표로부터 z_1의 깊이에 있는 그림 1-1(a)와 수심 h의 해저 지반을 상정한 그림 1-1(b)를 가정할 수 있다.

전응력 σ_v, 간극수압 u 및 유효응력 $\sigma_v{}'$을 구하는 데 습윤 단위 체적중량 γ_t, 포화 단위 체적중량 γ_{sat} 및 물의 단위 체적중량 γ_w를 이용한다.

· 지반 내에 지하수위가 있는 경우[그림 1-1(a)]

$$\sigma_v = \gamma_t z_1 + \gamma_{sat} z_2$$

$$u = \gamma_w z_2$$

$$\sigma_v{}' = \sigma_v - u \qquad (1\text{-}1)$$

$$= \gamma_t z_1 + (\gamma_{sat} - \gamma_w) z_2 = \gamma_t z_1 + \gamma' z_2$$

· 지반이 수면 아래에 있는 경우[그림 1-1(b)]

$$\sigma_v = \gamma_w h + \gamma_{sat} z$$

$$u = \gamma_w (h + z)$$

$$\sigma_v{}' = \sigma_v - u$$

$$= (\gamma_{sat} - \gamma_w) z$$

$$= \gamma' z \qquad (1\text{-}2)$$

위 식에서 수면 아래에 있는 지반일 경우, 수심이 변화하여도 유효 토피압은 변하지 않는 것을 알 수 있으며, 이때 γ' 은 흙의 수중 단위 체적중량이다.

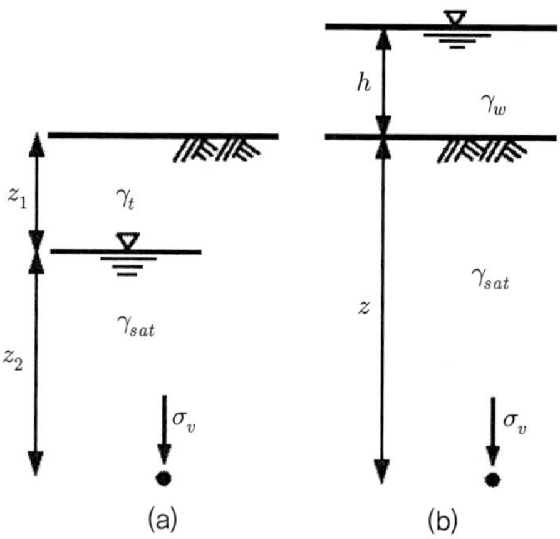

그림 1-1

Q 1-1-1

모래층과 점토층이 모래층 두께 4m, 점토층 두께 6m로 퇴적해 있다(그림 1-2). 지하수위가 지표면 아래 2.0m에 있을 때, 깊이 10m에서의 전체 토피압력과 간극수압 및 유효 토피압력을 구하시오. 단, 흙의 단위 체적중량은 그림에 적용된 값을 이용한다.

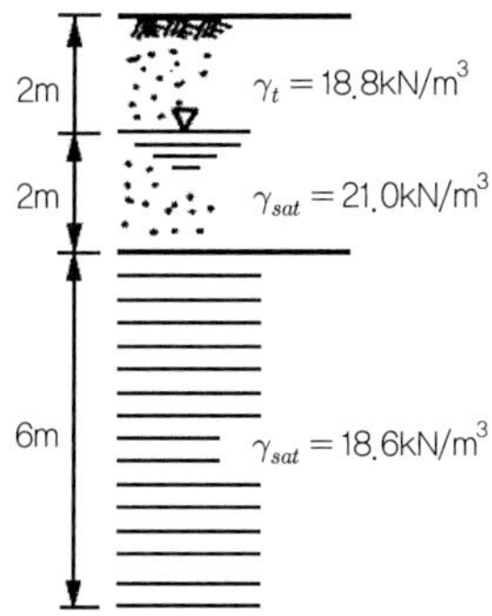

그림 1-2

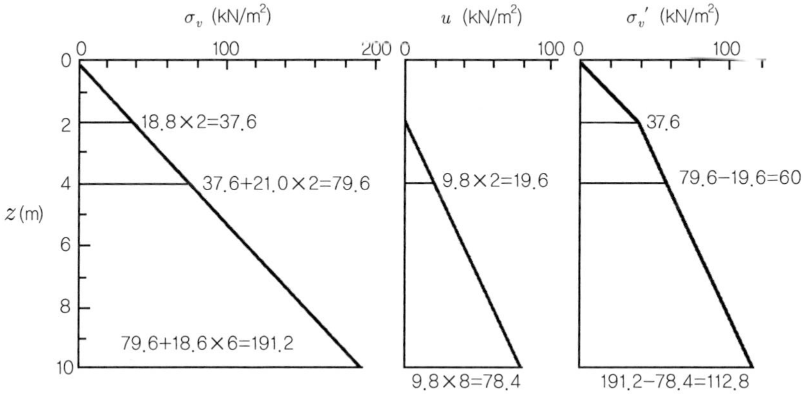

그림 1-3 계산 결과

토피압 σ_v, 간극수압 u 및 유효 토피압 σ_v'의 깊이 z 방향 분포의 계산 결과를 그림 1-3에 나타내고 있다.

Q 1-1-2

수평지반에서 흙의 단위 체적중량 γ_t, 토립자의 단위 체적중량 γ_s 및 함수비 w는 알고 있다. 지하수위가 지표로부터 2m의 깊이에 있을 때 $\gamma_t = 17.6\text{kN/m}^3$, $\gamma_s = 26.2\text{kN/m}^3$, $w = 30\%$의 경우, 깊이 10m 지점에서의 유효 토피압을 구하시오.

중량 W와 체적 V에 대해 토립자 s와 물 w의 첨자를 부치면 아래 식과 같다.

$$\gamma_t = \frac{W}{V} = \frac{W_s + W_w}{V} = 17.6\text{kN/m}^3 \tag{1}$$

$$w = \frac{W_w}{W_s} = 0.3 \tag{2}$$

$$\gamma_s = \frac{W_s}{V_s} = 26.2\text{kN/m}^3 \tag{3}$$

$V = 1\text{m}^3$라고 생각하면 위의 식 (1)~(3)으로부터 3개의 미지수를 구할 수 있다. 즉, $W_s = 13.54\text{kN}$, $W_w = 4.06\text{kN}$, $V_s = 0.52\text{m}^3$이다.

따라서 간극의 체적은,

$$V_v = 1 - 0.52 = 0.48\text{m}^3$$

포화되었을 때의 포화 단위중량은,

$$W_w{}' = 0.48\gamma_w = 4.7\text{kN}$$

$$\therefore \gamma_{sat} = (W_s + W_w{}')/1 = 18.24\text{kN/m}^3$$

따라서 $\sigma_v{}' = 17.6 \times 2 + (18.24 - 9.8) \times 8 = 102.7\text{kN/m}^2$이다.

Q 1-1-3

그림 1-4와 같이 모래층, 점토층 및 사력층으로 이루어진 지반이 있다. 모래와 점토층의 두께는 각각 4m와 8m이며, 지하수위는 모래층 속에 지표로부터 약 3.0m에 있다. 또한 사력층의 피압수두는 지표 아래 1.0m에 있다. 이 상태에서 지표로부터 1.0m 굴착공사를 하였을 때 점토층 상 · 하면에서의 유효토피압의 변화를 구하시오. 각 층의 단위 체적중량은 그림에 제시되어 있다.

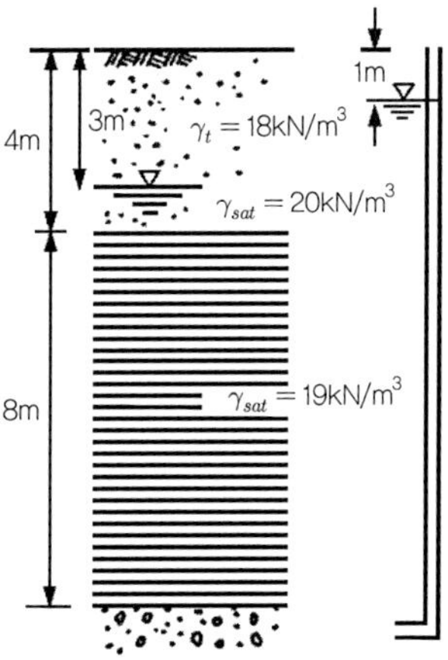

그림 1-4

계산의 순서는 표 1-1과 같다. 표에서와 같이 굴착 직후와 장기 경과 후에는 간극수압에 변화를 일으키므로 유효토피압도 변하는 것에 주의한다.

표 1-1 압력의 단위는 kN/m^2

		전토피압	간극수압	유효토피압
점토 상층면	굴착면	$18\times3+20\times1=74$	$9.8\times1=9.8$	$74-9.8=64.2$
	굴착 직후	$18\times2+20\times1=56$	$9.8-18\times1=-8.2$	$56+8.2=64.2$
	장기 경과	56	9.8	$56-9.8=46.2$
점토 하층면	굴착면	$74+19\times8=226$	$9.8\times11=107.8$	$226-107.8=118.2$
	굴착 직후	$56+19\times8=208$	$107.8-18=89.8$	$208-89.8=118.2$
	장기 경과	208	107.8	$208-107.8=100.2$

Q 1-1-4

수평지반에서 지표로부터 4m 두께의 모래층, 6m 두께의 점토층, 그 하부에는 사력층이 있다(그림 1-5). 지하수위는 지표면과 일치하고, 사력층의 피압수두는 지면 위 2m에 달하고 있다. 단위 체적중량은 그림 중의 값을 이용하고, 아래의 경우에 대한 전응력과 간극수압의 깊이 분포를 도식하여 보시오.

(1) 그림 1-5에서 주어진 현재의 상태

(2) 지표면과 일치하고 있는 지하수위를 양수하여 급격히 4m 내린 상태

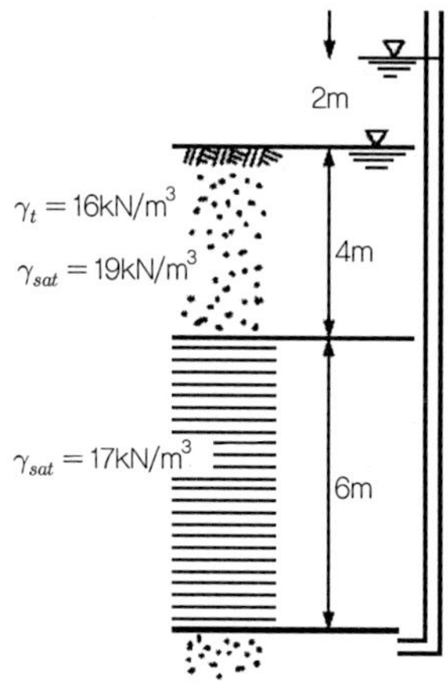

그림 1-5

(1) 초기의 전응력 σ_v는 그림 1-6(a)의 분포와 같다. 간극수압 u는 그림 (b)와 같으며 빗금 친 부분의 압력 분포 때문에 점토층 내에서 정상투수가 일어난다.

(2) 표층의 모래층은 단위 체적중량이 $\gamma_{sat} \rightarrow \gamma_t$로 변하므로, σ_v는 $76 - 64 = 12$ kN/m^{2}만큼 감소하는 것에 주의한다. 이 때문에 $t = 0$에서 u는 그림 (b)의 값보다도 12kN/m^2 줄어들게 된다[그림 (d)]. $t = \infty$의 u 분포는 그림 (e)에 나타난 것과 같다.

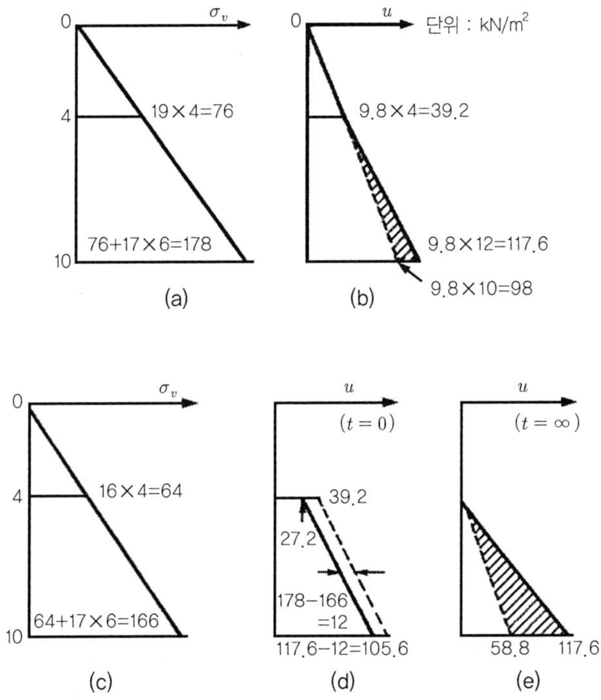

그림 1-6 계산 결과

1-2 Darcy 법칙

1) 투수 계수와 실내시험

프랑스의 상하수도 기술자 Darcy는 1856년에 상수도의 여과 모래를 이용한 실험으로부터 다음의 경험식을 유도하였다.

$$v = ki \tag{1-3}$$

여기에서, v : 속도, k : 투수 계수, i : 동수구배이며 Darcy 법칙이 성립하는 것은 흙 속의 물의 흐름이 층류인 경우로 한정한다.

식 (1-3)에서 투수 계수 k는 토질 재료, 간극비, 포화도, 온도 등에 의존하는 계수이다. 동수구배 i는 그림 1-7과 같이 수두차 변화가 선형의 경우에는 식 (1-4)와 같다.

$$i = \Delta h / L \tag{1-4}$$

여기에서, Δh : 수두차, L : 시료의 길이이다.

수두차 Δh의 변화가 선형이 아닐 때는 $i = -\partial h / \partial x$ 이므로

$$v = k(-\partial h / \partial x) \tag{1-5}$$

여기에서 x는 그림에 나타낸 방향의 좌표이다. 또 부호는 흙 속의 물이 x축의 정(+)의 방향으로 흐를 때 $v > 0$이 되도록 하였다.

투수 계수 k는 흙 속의 물이 흐르기 쉬운 정도를 나타내는 물리량이며, 실내시험에서 이 계수를 구하기 위해서 정수위 투수시험이나 변수위 투수시험을 한다[Q 1-2-1, Q 1-2-2].

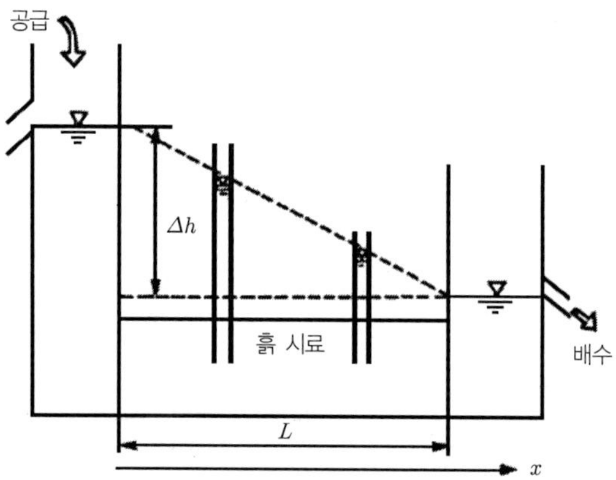

그림 1-7 Darcy 법칙의 설명

2) 현장 투수시험

투수 계수를 구하기 위해서는 실내시험보다도 현장시험이 실정에 가까운 값을 얻을 수 있다. 그리고 현장에서 일반적으로 실시되는 시험은 양수시험이 많다[Q 1-2-3].

Q 1-2-1

정수위 시험에 의해서 투수 계수를 구하는 순서를 나타내시오.

흙 속의 물이 흐르기 쉬운 사질토에서는 투수 계수를 구하기 위해 정수위 투수 시험을 한다. 그림 1-8은 대표적인 투수시험 장치를 나타내고 있다.

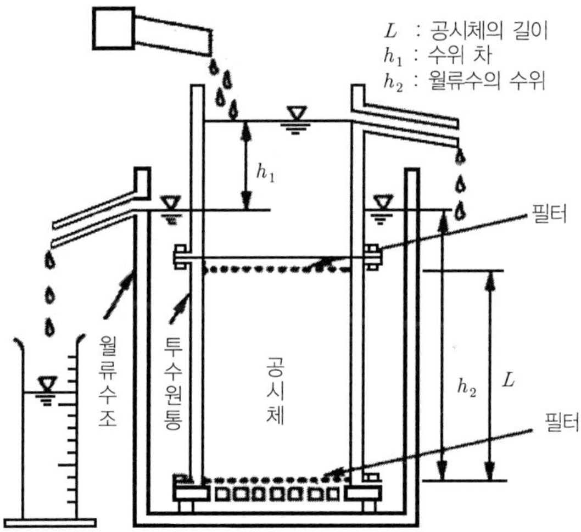

그림 1-8 정수위 투수시험 장치

수위차 h_1을 일정하게 한 다음 일정 시간에 흙 속을 흐르는 유량을 측정함으로써 투수 계수를 구한다.

예를 들면 그림 1-8과 같이 투수원통이 안지름 10cm, 길이 12cm라고 하면 공시체의 체적은

$$V = (10/2)^2\pi \times 12 = 942.5\,\text{cm}^3 \tag{1}$$

흙 입자 밀도가 $2.67\,\text{g/cm}^3$, 건조중량이 1,500g이라 하면, 흙 입자 실질 부분의 체적은

$$V_s = \frac{1,500}{2.67} = 561.8\,\text{cm}^3 \tag{2}$$

이용된 흙 시료의 시험 시 질량이 1,650g이라 하면 간극비와 함수비는 식 (1), (2)를 이용하여

$$\begin{aligned} e &= \frac{V - V_s}{V_s} \\ &= \frac{942.5 - 561.8}{561.8} \\ &= 0.678 \\ w &= \frac{W_w}{W_s} = \frac{W - W_s}{W_s} \\ &= \frac{1.65 \times 9.8 - 1.5 \times 9.8}{1.5 \times 9.8} \\ &= 0.1 (= 10\%) \end{aligned}$$

여기서 V : 공시체의 체적, V_s :흙의 체적, W : 공시체의 중량, W_s : 흙의 중량, W_w : 간극수의 중량, e : 간극비, w : 함수비이다.

투수원통에 흙 시료를 넣어 시료를 포화시킨 후 수두차를 일정(= 6cm)하게 하여 물을 흙 속에 흘렸을 경우, 5분 동안 300cm³의 유량이 흘렀다면 식 (1-3)을 이용하여

$$Q = vAt = kiAt \tag{3}$$

여기에서, Q : 유량, v : 유속, A : 공시체의 단면적, t : 계측시간이다.

식 (3)을 변형하면

$$k = \frac{Q}{iAt} \tag{1-6}$$

여기에서, $Q = 300\text{cm}^3$, $i = \frac{h}{L} = \frac{6}{12} = 0.5$, $A = \left(\frac{10}{2}\right)^2 \pi = 78.54\text{cm}^2$, $t = 5 \times 60 = 300\text{sec}$이다. 이러한 수치를 식 (1-6)에 대입하면 다음과 같이 투수 계수가 구해진다.

$$k = \frac{300}{0.5 \times 78.54 \times 300} = 2.5 \times 10^{-2}\text{cm/sec}$$

H. P. G. Darcy(1803～1858)

★ Darcy의 법칙(1856)으로 저명하다. 운하, 철도, 도로, 교량, 터널 등 토목의 모든 분야에서 활약한 프랑스의 기술자이며 이후에 파리시 토목국장을 지냈다.

프랑스에서는 1845년경부터 공업용수의 수요가 늘어 우물의 굴착이 성황을 이루었다. 지하수의 연구가 주목되는 가운데 Darcy의 논문(1856)은 당시의 유럽에 큰 자극을 주었다.

J. Boussinesq, J. Dupuit, P. Forchheimer, A. Thiem들은 Darcy 논문에 영향을 받아 지하수 흐름의 연구에서 이름을 남긴 사람들이다. Darcy 법칙은 다음 실험 장치로부터 탄생하였다.

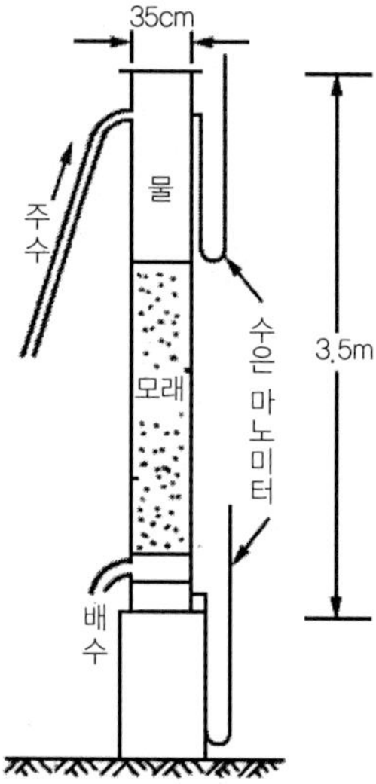

Q 1-2-2

변수위 시험에 의해서 투수 계수를 구하는 순서를 나타내시오.

흙 속의 물이 흐르기 어려운 점성토에서는 투수 계수를 구하기 위해 변수위 투수 시험을 한다. 그림 1-9는 대표적인 시험 장치이다. 임의 수위차를 초기상태로 하여 침투할 때의 수위 강하량과 그 경과시간을 측정함으로서 투수 계수를 구한다.

예를 들면 그림 1-9에 보인 투수원통의 단면적을 A, 스탠드 파이프의 단면적을 a로 하고 미소 시간 dt 동안의 흙 속의 물의 속도를 v, 스탠드 파이프의 수위 변위량을 dh로 하면 다음 식이 성립한다.

$$-adh = vAdt \tag{1}$$

식 (1-3)을 이용하면, $v = ki = k\dfrac{h}{L}$로 되어

$$-adh = k\frac{h}{L}Adt$$

변형하면

$$-a\frac{dh}{h} = k\frac{A}{L}dt$$

시각 t_1, t_2에서의 수위가 각각 h_1, h_2라고 하면 양변을 적분하여 구하면

$$-\int_{h_1}^{h_2} a\frac{dh}{h} = \int_{t_1}^{t_2} k\frac{A}{L}dt$$

$$a(\log_e h_1 - \log_e h_2) = k\frac{A}{L}(t_2 - t_1)$$

위 식을 변형하면

$$k = \frac{aL}{A(t_2 - t_1)}\log_e\frac{h_1}{h_2} \tag{1-7}$$

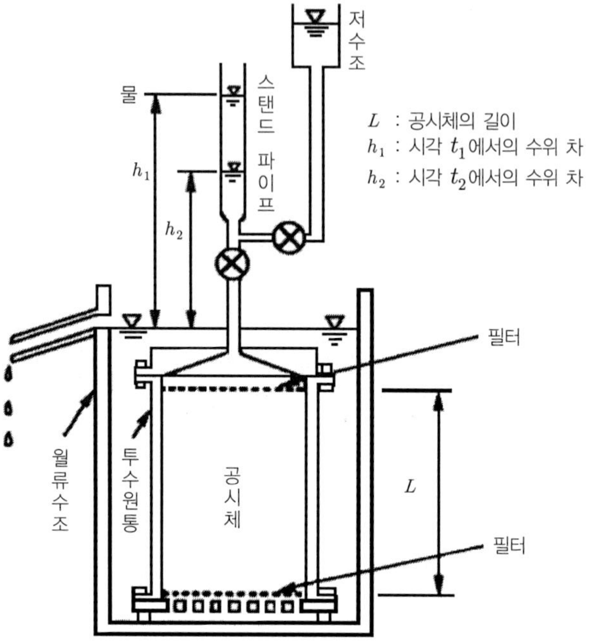

그림 1-9 변수위 투수시험 장치

구체적으로 시료를 포화시킨 후 물을 흙 속에 4시간 흘렸을 때 초기($=t_1$)의 수두 $h_1 = 35\text{cm}$, 시각 t_2에서의 수두 $h_2 = 5\text{cm}$였다. 투수원통의 내경 6cm, 길이 6cm, 스탠드 파이프의 안지름은 2cm일 때, 식 (1-7)의 우변의 안지름 값은 각각 다음과 같다.

$$A = \left(\frac{6}{2}\right)^2 \pi = 28.27\text{cm}^2,\ a = \left(\frac{2}{2}\right)^2 \pi = 3.14\text{cm}^2$$

$$t = 4 \times 60 \times 60 = 14{,}400\text{sec},\ h_1 = 35\text{cm},\ h_2 = 5\text{cm},\ L = 6\text{cm}$$

이러한 여러 값을 식 (1-7)에 대입하면 투수 계수는 다음과 같이 구할 수 있다.

$$k = \frac{3.14 \times 6}{28.27 \times 14{,}400} \log_e \frac{35}{5} = 9.01 \times 10^{-5}\text{cm/sec}$$

Q 1-2-3

현장에서의 양수시험에 의해 투수 계수를 구하는 방법을 기술하시오.

그림 1-10과 같은 중력우물로부터 지하수를 퍼 올려 자유수면이 일정하게 된 정상상태를 생각한다. 단위 시간당 양수량을 Q, 양수우물로부터 거리 r_1, r_2에 있는 2본의 관측우물의 수위가 h_1, h_2라고 한다.

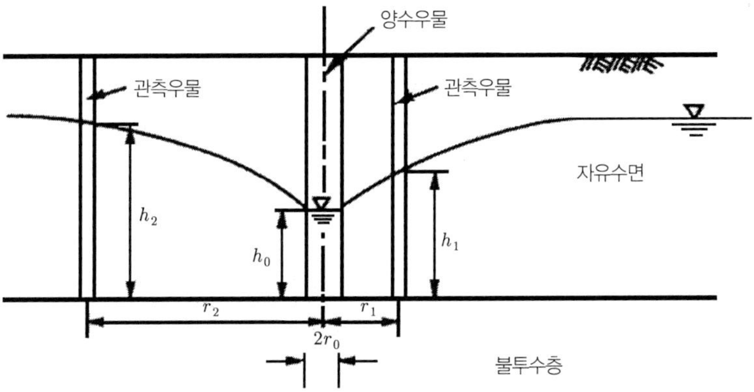

그림 1-10 중력우물로부터의 지하수의 퍼 올림

반경 r에서의 대수층의 수위를 h라 하면,

$$Q = 2\pi\gamma hv \tag{1}$$

여기에서 v는 반경 r에서 양수우물로 향하는 유속이다. 식 (1-5)를 이용하면, $v = k\dfrac{dh}{dr}$로 되어, 식 (1)은 다음과 같다.

$$Q = 2\pi\gamma hk\frac{dh}{dr} \tag{2}$$

식 (2)를 변형하면

$$\frac{1}{\gamma}Qdr = 2\pi hkdh \tag{3}$$

식 (3)의 양변을 적분하면

$$\int_{\gamma_1}^{\gamma_2}\frac{1}{\gamma}Qdr = \int_{h_1}^{h_2}2\pi khdh$$

적분하면

$$Q\log_e\frac{r_2}{r_1} = \pi k(h_2^2 - h_1^2)$$

변형하면

$$k = \frac{Q}{\pi(h_2^2 - h_1^2)}\log_e\frac{\gamma_2}{\gamma_1} \tag{1-8}$$

식 (1-8)을 이용하면 양수량과 관측우물의 수위를 측정함으로써 투수 계수가 구해진다. 또한 구체적인 계산 예는 관련 문제 1-4에서 다루므로 참고하길 바란다.

1-3 유선망

지하수의 이차원 흐름을 생각해본다. 즉, 지반 내의 연직면 (x, z)에 연하여 지하수가 정상적으로 흐르고 있다고 가정한다(그림 1-11). 속도 v의 x, z방향 성분을 v_x, v_z로 하였을 때

$$\frac{\partial v_x}{\partial_x}+\frac{\partial v_z}{\partial z}=0 \tag{1-9}$$

이라고 하는 연속식이 성립한다(Q 1-3-1 참조).

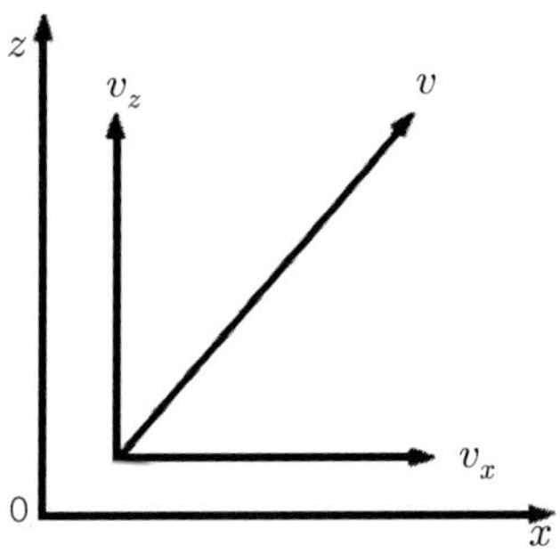

그림 1-11

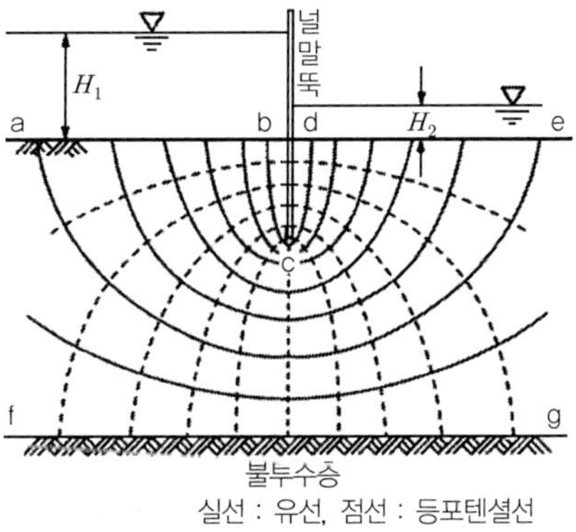

그림 1-12 널말뚝이 있는 지반의 유선망

지반의 투수성이 x, z방향에서 같다고 가정하고 Darcy 법칙을 적용하면 h를 전수두로 하여 다음의 Laplace의 식이 유도된다(Q 1-3-1).

$$\frac{\partial^2 h}{\partial x^2}+\frac{\partial^2 h}{\partial z^2}=0 \tag{1-10}$$

식 (1-10)의 해는 함수론을 적용하면 서로 직교하는 2조의 곡선군으로 표현하게 된다. 이러한 곡선군 중에서 1개는 유선, 다른 것은 등포텐셜선이며 소위 유선망을

구성한다. 여기에서 그림 1-12를 사용하여 유선망의 의미를 알아볼 필요가 있다. 그림 1-12는 물이 좌측 지반으로부터 널말뚝의 아래를 돌아 우측 지반으로 흐르는 모습을 그리고 있다.

(1) 널말뚝 좌측의 물은 정수상태에 있으므로 지반면 ab는 어디에서도 전수두가 같고, $h = H_1$ 의 등포텐셜선이다.
(2) 우측 지반면 de도 동일한 이유에서 $h = H_2$ 의 등포텐셜선이다.
(3) 좌측 지반면의 b의 물은 널말뚝면에 연하여 b → c → d로 흐르므로 그 경로는 유선이다.
(4) 투수층 하면의 f의 물은 f → g로도 흐르므로 이것도 유선이다.

이상은 경계조건이며, 유선(실선)과 등포텐셜선(점선)을 직교시키면서 정방형에 가까운 네트(망)를 그린 결과가 그림 1-12에 제시되어 있다.

유선망의 이용에 대해서는 뒤에서 기술할 예제에서 연습하도록 한다.

Q 1-3-1

흙 속의 물의 이차원 흐름을 다룰 때에 기본으로 되는 Laplace의 식 (1-10)을 유도하여 보시오.

흙 속의 물의 흐름 중에 $\Delta x \times \Delta z \times 1$ 의 미소 직방체를 생각한다. 이 직방체 요소에 유입하는 물의 v_x, v_z는 x, z의 함수이며, 유출속도는 다음과 같이 표현된다(그림 1-13).

$$v_x + \left(\frac{\partial v_x}{\partial x}\right)\Delta x\,,\ v_z + \left(\frac{\partial v_z}{\partial z}\right)\Delta z$$

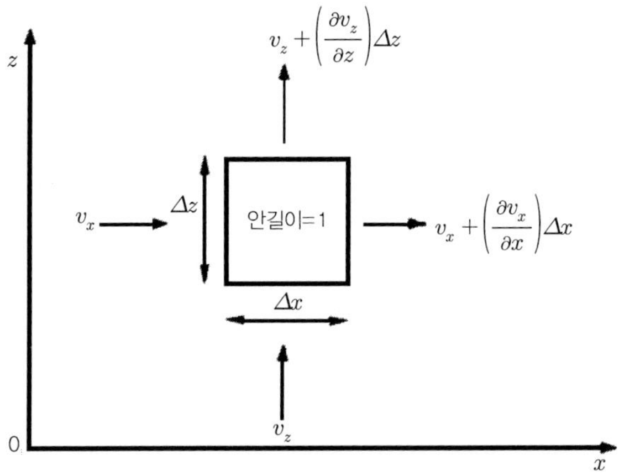

그림 1-13

미소 요소에 Δt 시간 내에 유입하는 물의 체적 ΔV_{in}은

$$\Delta V_{\text{in}} = v_x \Delta z \Delta t + v_z \Delta x \Delta t \tag{1}$$

미소 요소로부터 Δt 시간 내에 유출하는 물의 체적 ΔV_{out}은

$$\Delta V_{out} = \left(v_x + \frac{\partial v_x}{\partial x}\Delta x\right)\Delta z \Delta t + \left(v_z + \frac{\partial v_z}{\partial z}\Delta z\right)\Delta x \Delta t \tag{2}$$

흙의 골격 구조와 물이 함께 비압축이면 미소 요소에 들어오고 나가는 물의 체적은 불변이므로 식 (1)과 (2)를 같다고 두어

$$\frac{\partial v_x}{\partial x} + \frac{\partial v_z}{\partial z} = 0 \tag{1-9 bis}$$

를 얻을 수 있다. 이것은 이차원 흐름에서의 연속식이다.

다음에 Darcy 법칙으로부터 x와 z방향의 투수 계수를 k_x 및 k_z라 하면

$$v_x = -k_x \frac{\partial h}{\partial x},\ v_z = -k_z \frac{\partial h}{\partial z} \tag{3}$$

식 (3)을 식 (1-9)에 대입하면

$$k_x \frac{\partial^2 h}{\partial x^2} + k_z \frac{\partial^2 h}{\partial z^2} = 0 \tag{4}$$

여기에서 지반의 투수 계수의 등방성을 가정하면 $k_x = k_z$이므로

$$\frac{\partial^2 h}{\partial x^2} + \frac{\partial^2 h}{\partial z^2} = 0 \qquad \text{(1-10 } bis\text{)}$$

가 유도되었다.

이 Laplace의 식은 연속식과 Darcy 법칙을 조합시켜 유도된 것으로 지하수의 운동을 규정하는 기본 방정식이다.

Q 1-3-2

경사각 β, 층 두께 H의 장대長大 경사가 불투수성 지반 위에 퇴적하고 있다. 연속 강우 때문에 토층 전체에 평행한 지하수 흐름이 생겼을 때 흙층 저면에서의 유효응력 성분을 구하시오.[1)]

그림 1-14(a)에 보인 바와 같이 토층 속에 연직선 ab, cd로 둘러쌓인 흙 요소를 생각한다.

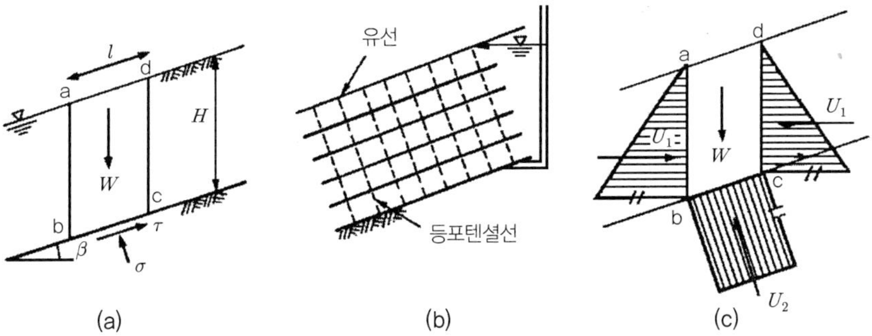

그림 1-14 지하수류가 있는 장대長大사면 내의 응력 상태

흙의 포화 단위 체적중량을 γ_{sat}으로 나타내면 요소의 무게 W는 $\gamma_{sat} Hl\cos\beta$이다. 이것을 저면에 수직과 평행한 성분으로 나누고 $\mathrm{bc} = l$로 나누면 σ와 τ를 얻을 수 있다.

$$\sigma = \gamma_{sat} H\cos^2\beta,\ \tau = \gamma_{sat} H\cos\beta\sin\beta \tag{1}$$

다음에 유선망을 그리면 그림 (b)와 같다. 유선은 사면에 평행하고 그것에 직교하여 등포텐셜선이 그려진다. 따라서 저면의 수두는 식 (2)와 같으며, 저면의 간극수압은 식 (3)과 같다.

$$h_{base} = H\cos^2\beta \tag{2}$$

$$u_{base} = \gamma_w H\cos^2\beta \tag{3}$$

식 (1)과 (3)으로부터, 저면에서의 유효응력 $\sigma' = \sigma - u_{base}$는 다음과 같다.

$$\sigma' = (\gamma_{sat} - \gamma_w) H\cos^2\beta = \gamma' H\cos^2\beta \tag{4}$$

또한 요소 abcd의 측면에 작용하는 수압의 합력은 다음과 같다[그림 (c)].

$$U_1 = \gamma_w H^2 \cos^2\beta / 2 \tag{5}$$

Q 1-3-3

그림 1-15에 지수[止水] 널말뚝을 타설하였을 때 주변 지반 중 그림과 같이 유선망이 그려져 있다. $H_1 = 6\text{m}$, $D = 10\text{m}$인 경우에 대해 널말뚝에 걸리는 간극수압 분포를 구하시오.[2)]

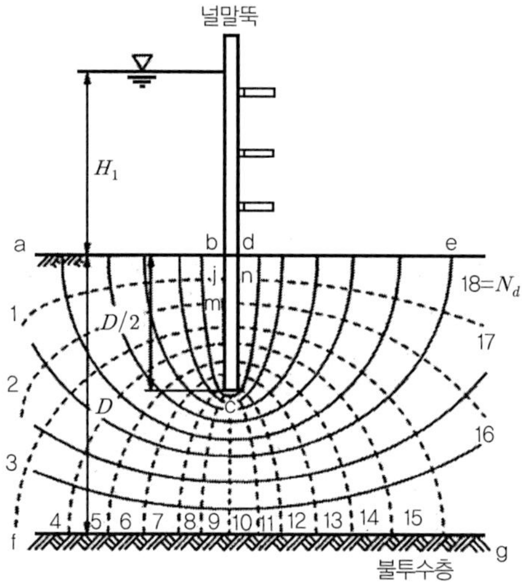

그림 1-15 지수 널말뚝과 주변 지반의 유선망

그림 1-15의 경우, 등포텐셜선으로 나누어진 부분의 수는 $N_d = 18$이다. 또 지표면을 위치수두의 기준면으로 하였을 때, ab면에서의 전수두는 H_1, de면에서는 영(0)이다. 따라서 인접한 등포텐셜 간의 손실수두 Δh는

$$\Delta h = H_1 / N_d = H_1 / 18 \tag{1}$$

다음에 지반 내의 간극수압을 구하기 위해서는 지반 내 각 점에서 전수두 h와 위치수두 h_Δ를 산출하고

$$u = \gamma_w (h - h_{\Delta}) \tag{2}$$

를 이용한다.

우선 구체적으로 그림 중의 j점을 예로 들면 이 점의 전수두는 $h = (H_1 - \Delta h)$, 위치수두는 $h_{\Delta} = \overline{\mathrm{bj}} = -\Delta_j$ 이다. 따라서 식 (2)로부터

$$u = r_w (H_1 - \Delta h + \Delta_j) = \gamma_w (H_1 + \Delta_j) - \gamma_w \Delta h \tag{3}$$

위 식의 우변 제1항은 j점에서의 정수압을 나타내고 있다. 결국 널말뚝 좌측면에 연한 j점의 간극수압은 정수압 값보다 $\gamma_w \Delta h$ 만큼 낮게 된다.

마찬가지로 널말뚝 좌측면의 m점 : $u = (\text{정수압} - 2\gamma_w \Delta h)$

널말뚝 하단의 c점 : $u = (\text{정수압} - 9\gamma_w \Delta h)$

$$= \{\text{정수압} - (\gamma_w H_1)/2\}$$

다음에 널말뚝 우측면의 n점에서의 전수두= $(H_1 - 17\Delta h)$, 위치수두= $\overline{\mathrm{dn}} = -\Delta_n$ 이다.

그러므로

$$\begin{aligned} u &= \gamma_w (H_1 - 17\Delta h + \Delta_n) \\ &= \gamma_w \{H_1 - (17H_1/18) + \Delta_n\} \\ &= \gamma_w \Delta_n + \gamma_w \Delta h \end{aligned} \tag{4}$$

우변 제1항은 이 경우도 정수압을 나타내므로 널말뚝 우측면에 작용하는 간극수압은 정수압보다도 커진다.

이제 $H_1 = 6\text{m}$, $D = 10\text{m}$의 경우에 대해 이상의 계산을 하면, 그림 1-16에 보인 것과 같은 간극수압 분포를 얻을 수 있다.

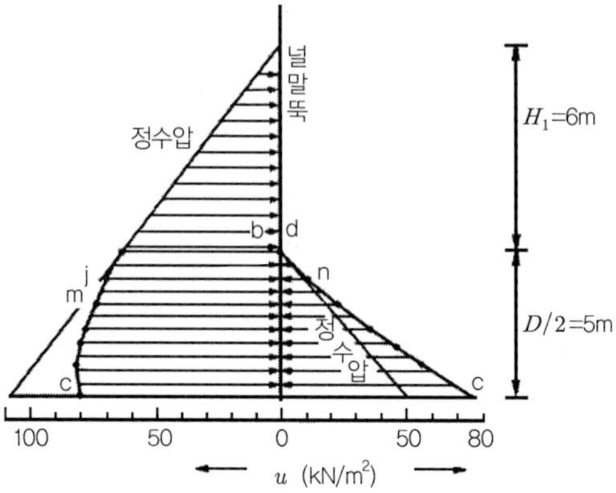

그림 1-16 간극수압의 계산결과

Q 1-3-4

벽 배면에 연직인 배수층을 가진 높이 8m의 옹벽이 있다(그림 1-17). 강우 때문에 뒤채움 흙은 포화하고 수평천단의 수면이 일정하게 유지되고 있어 유선망은 그림과 같다. 벽에 작용하는 수압을 구한 후 만약 옹벽이 배수기능을 상실하였다고 가정하였을 때의 수평력과 비교하시오.[3)]

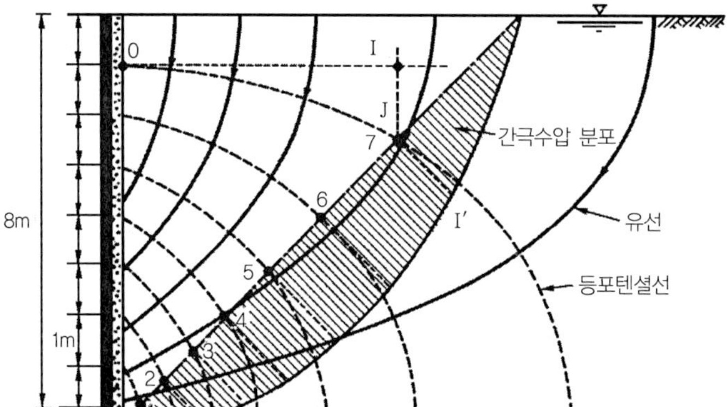

그림 1-17 유선망과 45°면 상의 간극수압 분포

우선 뒤채움 중에 수평과 임의 경사의 활동면을 예상하고 그림 1-17의 유선망을 이용하여 그 면에 작용하는 간극수압을 다음 순서로 구한다.

(1) 가상 활동면과 등포텐셜선과의 교점 1개를 J라 하면 J점의 간극수압은 동일한 등포텐셜선이 배수층과 교차하는 점 O와 J와의 연직거리 $\overline{IJ}$ 와 같다.
(2) J점을 지나 가상 활동면에 직교하는 선상에 $\overline{IJ} = \overline{JI'}$ 을 취한다.
(3) 이상의 조작을 각 점에 대해서 시행하면, 활동면 상의 간극수압 분포가 그려진다.

그림 1-17은 경사가 $\theta = 45°$에 대한 것으로서 이 수압 분포의 면적이 수압 합력으로 된다. 표 1-2에는 $\theta = 45°$에서 각 점(8개)의 간극수압을 구한 결과를 기재하고 있으며 합력으로서 $U = 164$kN/m를 얻을 수 있다.

이렇게 하여 U 값이 구해지면 그 수평 분력은 $U_H = U\sin\theta$ 이다. 따라서 $\theta = 45°$의 경우는 $U_H = 164 \times 0.707 = 116$kN/m가 된다.

한편 배수구 막힘 등 배수층의 기능에 지장이 초래된 비배수 옹벽의 경우, 지하수위는 지표면과 같은 것으로 하고 높이 H의 옹벽에 작용하는 수평 수압을 구하면 가상 활동면의 경사와는 관계없이

$$U_H = \gamma_w H^2/2 \tag{1}$$

이므로 이 경우 $U_H = 9.8 \times 8^2/2 = 314$kN/m로 된다. 즉, 옹벽 배면의 배수층이 유효하게 작용하고 있는지 여부에 따라 $116/314 = 37(\%)$의 차이가 난다.

이상의 계산에서는 $\theta = 45°$를 선정하여 시행하였으나 옹벽의 안정에는 수압 외에 토압도 고려하여야 하므로 이 문제는 제8장의 [Q 8-2-3]에서 취급한다.

표 1-2 $\theta = 45°$의 경우

점	$u(\text{kN/m}^2)$	$\Delta L(\text{m})$	$\bar{u} \cdot \Delta L(\text{kN/m})$
0	0		
		0.5	1.5
1	5.9		
		0.7	6.2
2	11.8		
		0.9	12.6
3	16.2		
		1.0	18.1
4	20.1		
		1.3	26.8
5	21.1		
		1.6	33.3
6	20.6		
		2.3	39.1
7	14.2		
		3.7	26.3
8	0		

$U = \Sigma \bar{u} \cdot \Delta L = 163.9(\text{kN/m})$

ΔL : 절편의 저변 길이

$\bar{u}$: 절편 저면의 평균 간극수압

$\bar{u}$: $\frac{1}{2}(u_{j-1} + u_j)$

1-4 투수력

지중에 물이 흐르면 흙 입자가 형성한 골격은 흐름의 방향에 의해 힘을 받게 된다. 투수력(또는 침투력)이라고 하는 것으로 흙덩이의 단위 체적당의 투수력 j는

$$j = i\gamma_w \tag{1-11}$$

로 표현된다(Q 1-4-1).

이제 흙 속의 물이 연직상향으로 흘러 흙의 수중 단위 체적중량 $\gamma' (= \gamma_{sat} - \gamma_w)$와 상기의 j가 정확히 평형한 상태를 생각한다. 이때의 흙 입자 상호간의 접촉력은 영(0)[유효응력이 영(0)]이 되어 이른바 퀵샌드(분사[噴砂] : quick sand) 상태가 나타난다.

퀵샌드 상태 또는 액상화를 일으키는 한계 동수구배 i_c는 다음과 같이 표현된다(Q 1-4-2).

$$i_c = \frac{G_s - 1}{1 + e} \tag{1-12}$$

여기서 G_s : 흙 입자의 비중, e : 간극비이다.

Q 1-4-1

흙덩이의 단위 체적 당 투수력이 다음 식으로 표현되는 것을 설명하시오.

$$j = i\gamma_w \tag{1-11}$$

그림 1-18은 투수력을 설명하기 위한 실험 장치이다. 단면적 A인 관 속에 길이 L인 흙이 채워져 있다. 관벽과 흙 사이에 마찰은 없다고 가정하면 흙덩이는 좌로부터 우측 방향으로의 물 흐름에 떠내려가게 된다. 흙덩이를 원래의 위치에 멈춰두기 위해서는 그림 중에 보인 힘 F를 화살표 방향으로 가할 필요가 있다.

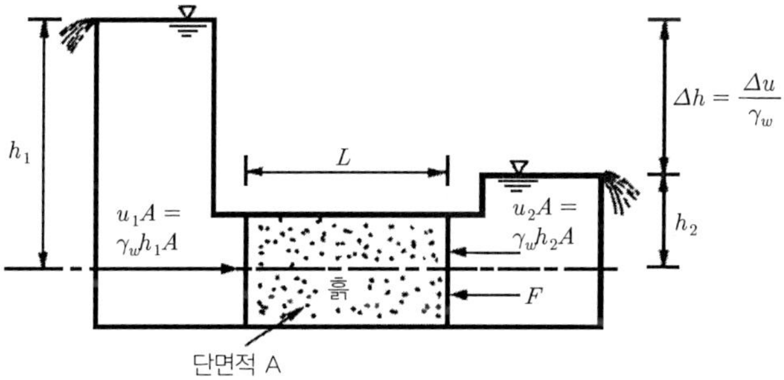

그림 1-18 투수력의 설명

또 흙덩이의 좌우 끝에는 각각 $u_1 = \gamma_w h_1$, $u_2 = \gamma_w h_2$의 수압이 작용하고 있으므로, $\Delta u = u_1 - u_2$로 하여 힘의 평형으로부터

$$\Delta u A - F = 0 \tag{1}$$

가 성립한다. 여기에서

$$\Delta u / (\gamma_w L) = i \tag{2}$$

를 이용하면

$$F = i \gamma_w A L \tag{3}$$

를 얻는다. 식 (3)의 F는 체적 AL의 관 속 흙 입자에 작용하는 힘으로서, 흙덩이 체적 AL과 동수구배 i에 비례한다. 그래서 F/AL의 형태로 하여 이것을 j로 표현하면 j는 단위 체적당의 투수력이 된다.

즉,

$$j = i \gamma_w \tag{1-11 bis}$$

가 유도되었다. 투수력은 당연히 흐름의 방향으로 작용한다.

Q 1-4-2

Q 1-4-2 보래가 퀵샌드 상태로 될 때의 한계 동수구배는 식 (1-12)로 되는 것을 나타내시오.

그림 1-19는 모래의 퀵샌드 상태를 재현하는 실험장치이다. 관 속에 길이 L인 모래로 된 흙기둥이 채워져 있다. 수두차 Δh에 의해 흙기둥에는 아래로부터 상향으로 투수력(단위 체적당) j가 작용한다. 한편 하향의 힘은 흙기둥의 수중 단위 체적 중량 $\gamma' = \gamma_{sat} - \gamma_w$이다.

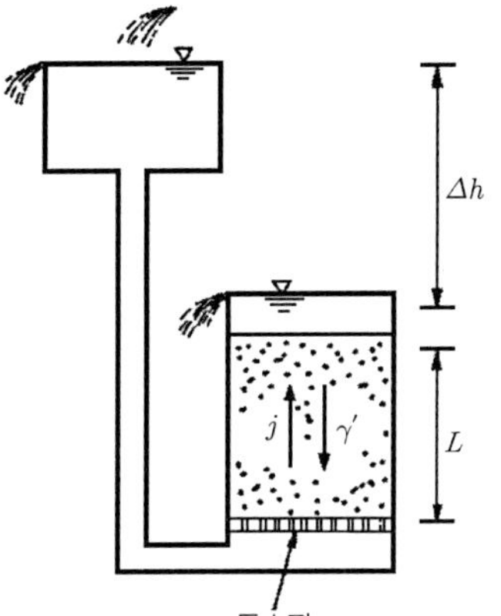

그림 1-19 퀵샌드 실험장치

수두차 Δh가 작을 때는 $\gamma' > j$이지만 Δh을 서서히 크게 하면 이윽고 $\gamma' \leq j$의 상태가 나타난다. 이 상태에서는 모래입자가 물 속에 부유하고 유효응력은 영(0)이다.

이제 $\gamma' = j$로 되는 한계 상태를 첨자 c로 표현하면

$$\gamma' = j_c = i_c \gamma_w \tag{1}$$

그런데 수중 단위 체적중량 γ'은

$$\gamma' = (G_s - 1)\gamma_w / (1 + e) \tag{2}$$

로 표현되므로, 한계 동수구배는 식 (1), (2)로부터

$$i_c = (G_s - 1)/(1 + e) \tag{1-12 bis}$$

를 얻을 수 있다.

[별해] 그림 1-19에서 모래기둥 속에 단면적이 1, 두께 Δz인 원기둥형 요소를 가정한다(그림 1-20 참조). 이 흙 요소는 모래기둥의 저면보다 상향으로 z 위치에 있는 것으로 하여 요소 내의 흙 입자에 작용하는 유효응력과 평형을 고려하면

$$\sigma' + j\Delta z = \sigma' + \frac{\partial \sigma'}{\partial z}\Delta z + \gamma' \Delta z \tag{3}$$

따라서,

$$\frac{\partial \sigma'}{\partial z} + \gamma' - i\gamma_w = 0 \tag{1-13}$$

그림 1-19에서 모래기둥의 상단에서는 유효응력이 영(0)이므로 유효응력의 구배 $\partial\sigma'/\partial z$가 영(0)이면 모래기둥의 전 층에 걸쳐 유효응력은 영(0)이 된다. 이 조건을 식 (1-13)에 적용하면 한계 동수구배의 식 (1-12)가 유도된다.

이상의 설명에서 중요한 것은 모래 속의 어느 지점에서 퀵샌드 상태로 되면 전 층에서 일제히 그 상태가 나타나는 것이다. 이것은 지진 시 모래지반에서 액상화 현상이 발생하는 것과도 관련 있다.

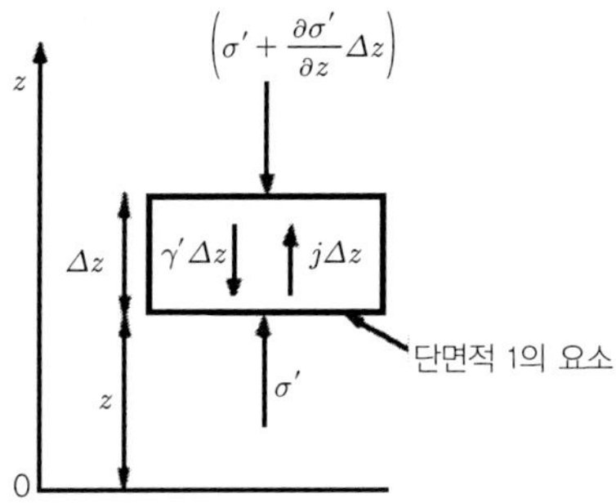

그림 1-20

Q 1-4-3

경사 β의 사면에서 그 내부에 수평방향의 물 흐름이 있다(그림 1-21). 점 B, C에 세운 수위관의 수위차를 Δh라 할 때 작은 흙덩이 △ABC에 작용하는 간극수압과 투수력의 관계를 조사하시오.[1)]

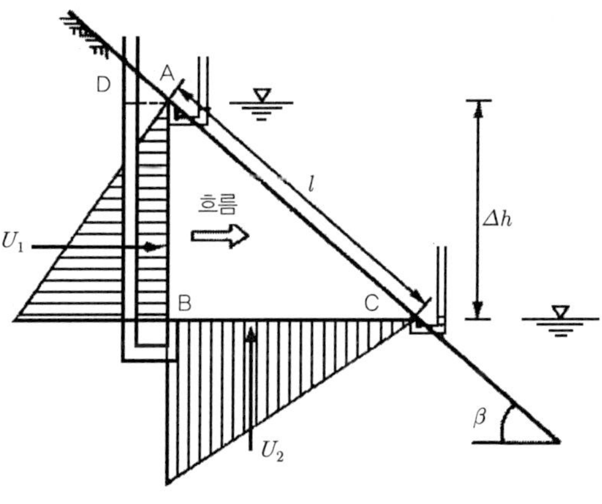

그림 1-21 포화사면에서의 투수력

그림 1-21에서 $\overline{AC} = l$이라 하면, $\Delta h = l\sin\beta = \overline{AB}$, $\overline{BC} = l\cos\beta$

점 B의 수압 $u_B = \gamma_w \overline{BD} = \gamma_w l \sin\beta$이므로, AB, BC면에 작용하는 간극수압의 합력 U_1, U_2는

$$U_1 = \gamma_w l^2 \sin^2\beta/2 \qquad (1)$$

$$U_2 = \gamma_w l^2 \sin\beta\cos\beta/2 \qquad (2)$$

이 값들을 이용하여 △ABC에 작용하는 중력과 간극수압의 합력의 벡터도를 그리면 그림 1-22와 같다. 여기에서

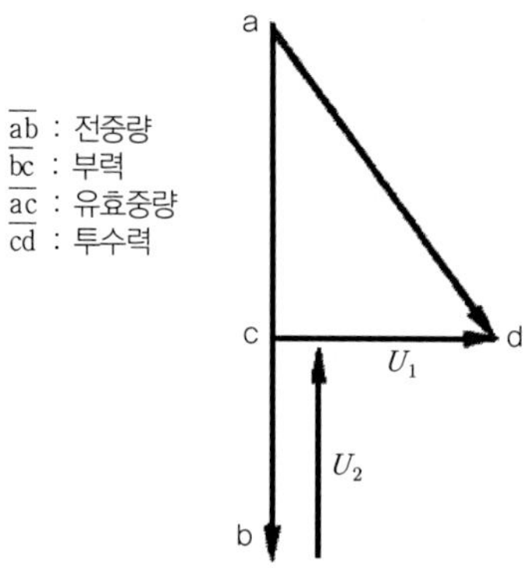

그림 1-22 힘의 벡터도

$\overline{ab}$는 전중량으로서, $\overline{ab} = \gamma_{sat} V$

V는 △ABC의 체적으로서 $V = l^2\sin\beta\cos\beta/2$

$\overline{cb}$는 부력으로서 $\overline{cb} = U_2 = \gamma_w l^2\sin\beta\cos\beta/2 = \gamma_w V$

$\overline{ac}$는 유효중량

또 $\overline{cb} = U_1 = \gamma_w l^2 \sin^2\beta/2$

$$\therefore \overline{cb}/V = \gamma_w\sin\beta/\cos\beta = \gamma_w \Delta h/\overline{BC} = i\gamma_w \qquad (3)$$

로 되고 $\overline{cb}$는 △ABC에 작용하는 투수력을 나타낸다. 즉, 포화중량과 간극수압의 합벡터 $(\overrightarrow{ab} + \overrightarrow{bc} + \overrightarrow{cd})$는 유효중량과 투수력의 합벡터 $(\overrightarrow{ac} + \overrightarrow{cd})$와 같은 것을 알았다. 이 합벡터는 $\overrightarrow{ad}$로 표현되며 $\overrightarrow{ad}$의 기울기가 사면구배보다 완만하면(수평력이 크면), 사면은 불안정해진다.

관련 문제

[문제 1-1]

지표로부터 깊이 z 에서 연직방향의 전응력 σ, 유효응력 σ' 및 간극수압 u를 다음의 2경우에 대해 구하시오.

(1) 지하수위가 z보다 아래에 있을 때
(2) 지하수위가 지표면에 일치할 때

[답]

(1) 흙의 단위 체적중량을 γ_t라 하면,

$$\sigma = \gamma_t z\,,\ u = 0\,,\ \sigma' = \gamma_t z$$

(2) 흙의 포화 단위 체적중량을 γ_{sat}, 물의 단위 체적중량을 γ_w라 하면,

$$\sigma = \gamma_{sat} z\,,\ u = \gamma_w z\,,\ \sigma' = (\gamma_{sat} - \gamma_w) z$$

[문제 1-2]

포화지반 위에 등분포 하중 q가 재하되었을 때 다음의 (1), (2)에 대해 깊이 z에서의 연직방향 전응력 σ, 유효응력 σ' 및 간극수압 u을 구하시오. 다만 지하수위는 지표면에 있다.

(1) 재하 직후
(2) 충분히 시간이 경과한 후

[답]

(1) $\sigma = \gamma_{sat}z + q,\ u = \gamma_w z + q,\ \sigma' = (\gamma_{sat} - \gamma_w)z$

(2) 시간이 흐르면 탈수하여 최종적으로 수압은 정수압만으로 된다.

$$\sigma = \gamma_{sat}z + q,\ u = \gamma_w z,\ \sigma' = (\gamma_{sat} - \gamma_w) + q$$

[문제 1-3]

그림 1-23(a)에 보인 성층[成層]지반이 있다. 지표로부터 깊이 7m의 점 P에서의 토피압(전응력과 유효응력)을 구하시오.

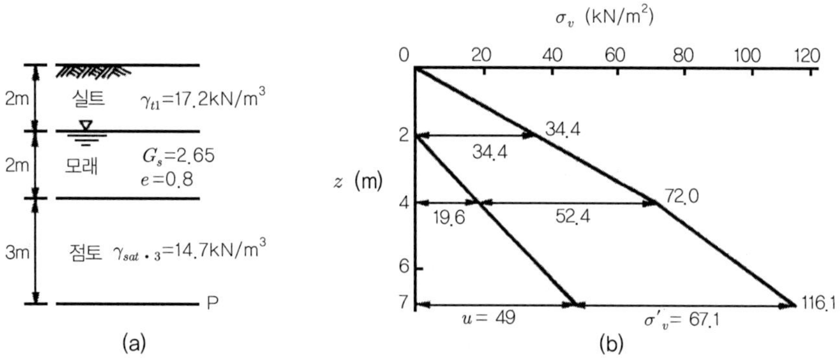

그림 1-23

[답]

실트층 하단의 연직응력은 $\gamma_{t1} \times 2\text{m} = 34.4\text{kN/m}^2$

모래층 하단에서의 연직전응력을 계산하는 경우, 우선 모래의 비중과 간극비로부터 포화 단위 체적중량 $\gamma_{t2}(= r_{sat\cdot2})$를 구할 수 있다.

$$\gamma_{t2} = (G_s + e)/(1 + e) \cdot \gamma_w = 18.8\text{kN/m}^3$$

따라서 모래층 하단에서의 전응력은 $34.4+\gamma_{t2}\times 2\text{m}=72.0\text{kN/m}^2$이다. 간극수압 19.6kN/m^2을 제외한 연직유효응력은 52.4kN/m^2이다. 마지막으로 점 P에서의 연직전응력은 116.1kN/m^2, 간극수압은 49.0kN/m^2, 연직유효응력은 67.1kN/m^2으로 구해진다. 구해진 값의 분포를 정리하면 그림 (b)와 같다.

[문제 1-4]

모래층 지반(두께 10m)에서 깊이 10m의 양수시험이 실시되었다. 시험 전의 지하수위는 지표면에 있으며 양수우물로부터 관측우물까지의 거리는 관측우물 No.1이 3m, No.2는 7m였다. 유량이 $4.0l/\text{sec}$일 때 약 20시간에서 정상상태로 되며 2본의 관측우물의 수위저하량은 No.1에서 1.6m, No.2에서 0.4m로 기록되었다. 모래지반의 투수 계수를 구하시오.

[해설]

Q 1-2-3에서 설명한 식 (1-8)을 이용한다.

[답]

$k=5\times 10^{-3}\text{cm/sec}$

[문제 1-5]

그림 1-24에 보인 것과 같은 투수 실험 장치가 있다. 모래층(간극비$=e$) 속에서 깊이 d에서의 연직유효압력을 구하시오.[4)]

[해설]

Q 1-4-2의 별해에서 보인 식 (1-13)을 적분하면 σ'을 구할 수 있다.

[답]

$$\sigma' = \left(\frac{G_s - 1}{1 + e} - i\right)\gamma_w d$$

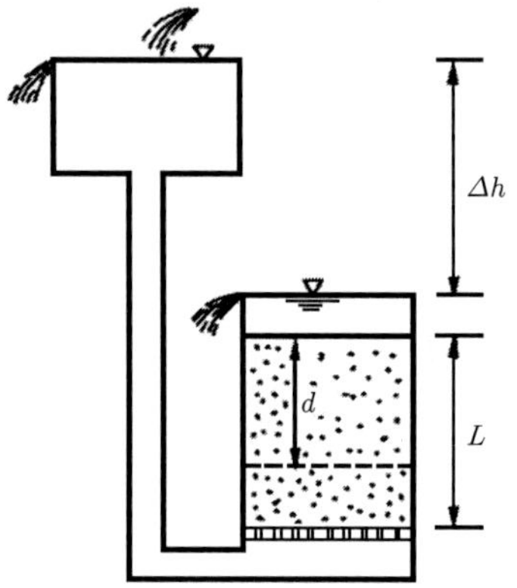

그림 1-24

제1장의 종합

★ 흙/지반의 역학 거동을 지배하는 것은 유효응력이다. 이 장에서는 우선 지중의 유효응력을 구하는 기본적인 문제를 배웠다. 지반의 변형과 강도에 관계하는 모든 문제는 유효응력의 이해가 없으면 해결할 수 없다고 해도 과언은 아니다.

또한 지반 속의 투수 현상을 배웠다. 포화 흙 속의 정상류[定常流]에 한정하여 지하수의 속도에 관한 Darcy 법칙과 그것에 포함된 투수 계수의 산정법을 연습하였다.

간극수와 흙 입자의 상호작용(투수력), 나아가서는 그 작용이 옹벽 등의 구조물에 주는 영향을 정량적으로 다루는 방법을 배웠다.

유선망의 활용방법이나 퀵샌드 현상 등 보다 깊은 이해가 필요하다고 할 수 있다.

제 **2** 장

일차원 변형/압밀

제 2 장
지반역학

일차원 변형/압밀

★ 흙의 체적이 시간과 함께 변화하는 현상을 압밀이라 한다. 압밀은 흙 입자 골격의 변형과 간극수의 운동이 동시에 일어나는 현상이며 압밀 이론에는 그러한 특성이 고려된다.

Terzaghi가 압밀 이론을 발표한 것은 1920년대이며, 그 자신이 정의한 유효응력의 개념을 도입함으로써 흙의 일차원 압밀현상의 본질을 수학적으로 해명하였다. 이 이론에는 여러 가지 가정이 설정되어 있고 일차원 변형의 문제밖에 다루지 않는 점 등 적용 범위는 제한되어 있다. 그러나 이 이론으로 설명할 수 있는 공학적 문제가 많은 것도 사실이므로 그 구성, 해의 특성 및 해의 응용의 방법을 충분히 이해하였으면 하는 것이다.

그런데 지반 위에 쌓기나 기초를 구축하면 지반 내의 흙 요소는 일반적으로 삼차원적으로 변형하지만 특별한 경우에는 일차원이나 이차원적인 변형을 일으킨다. 반무한 수평지반 위에 반무한의 한결같은 쌓기를 한 경우 지반의 변형은 연직방향만의 일차원적이다. 한편 연장이 긴 쌓기에서 그 횡단지반면 내에서는 흙 입자와 간극수의 이동이 단면 내에서 생기고 변형은 이차원적이다.

이 장에서는 흙의 일차원 압축문제, 압밀 이론해의 특징 등을 복습한 후 나아가 기본 이론을 토대로 하여 압밀 시험 결과가 어떻게 해석되는가를 배운다.

2-1 일차원 압밀

1) 체적 압축 계수 m_v

일차원 압축일 때 변형 ε과 재하압 p의 관계는 그림 2-1과 같다. p가 증가하면 $\varepsilon - p$ 곡선의 접선구배 $\Delta\varepsilon/\Delta p$는 점차 감소한다. 결국 측방을 구속한 상태에서 압밀이 진행하면 흙은 단단해진다.

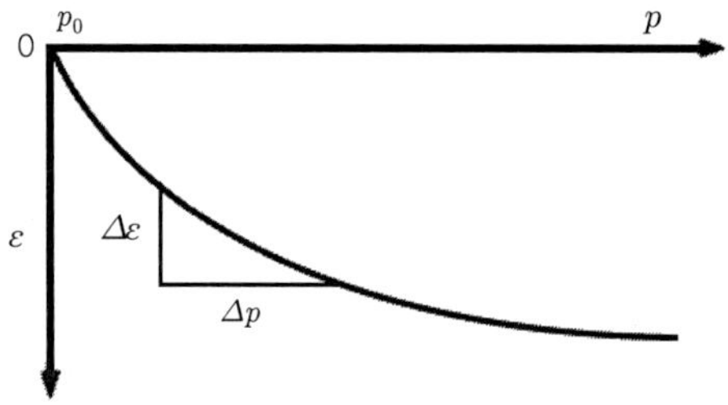

그림 2-1 재하압 p와 변형 ε의 관계

압밀에서는 압축변형을 나타내는 ε 대신에 간극비 e를 이용하는 경우가 많다. $p = p_0$일 때의 e를 e_0라 하면

$$\Delta\varepsilon = \frac{-\Delta e}{1+e_0} \tag{2-1}$$

식 (2-1)은 일차원 압밀 시의 ε과 e의 변화관계이며 비선형인 흙의 변형을 나타내기 위해서는 이와 같은 증분 형식이 편리하다.

그림 2-1의 $\Delta\varepsilon/\Delta p$는 체적 압축계수 m_v로 정의되어 있다.

$$m_v = \frac{\Delta\varepsilon}{\Delta p} = \frac{-\Delta e}{(1+e_0)\Delta p} \tag{2-2}$$

m_v는 유효응력이 증가하면 감소한다.

2) 압축지수 C_c

불교란 점토의 $e-\log p$ 곡선은 그림 2-2와 같이 표현된다. p가 압밀 항복 하중 p_c를 넘는 지점에서는 직선이며

$$e = e_1 - C_c \log_{10}\frac{p}{p_1} \tag{2-3}$$

로 표현할 수 있다. 여기에서, C_c : 압축지수, p_1과 e_1 : 직선상의 임의 점에서의 p와 e의 값이다. 압밀 항복 하중 p_c는 최대 선행하중과 거의 같으므로 정규 압밀 지반에서 채취된 점토에서는 p_c는 유효토피압과 거의 같아진다.

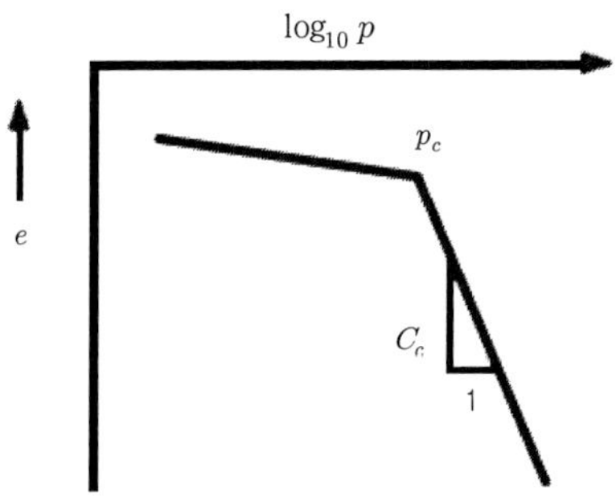

그림 2-2 $e-\log p$ 곡선

3) 정지토압 계수 K_0

일차원 압축 중의 정지토압 계수는

$$K_0 = \frac{\sigma'_h}{\sigma'_v} \tag{2-4}$$

로 정의된다. 여기에서, σ'_v : 연직유효응력, σ'_h : 수평유효응력이다.

정규 압밀 지반에 대해서는 Jaky에 의한 경험식 (2-5)가 있다.

$$K_0 = 1 - \sin\phi' \tag{2-5}$$

여기에서, ϕ' : 유효 내부 마찰각이다.

Q 2-1-1

일차원 압축 시에 변형 증분 $\Delta\varepsilon$과 간극비 변화량 Δe 사이에는 다음과 같은 관계가 있다는 것을 설명하시오. 다만 e_0는 $\varepsilon = 0$에서의 간극비이다.

$$\Delta\varepsilon = \frac{-\Delta e}{1+e_0} \tag{2-1 bis}$$

두께 h, 단면적 A의 점토의 원기둥 요소를 고려한다. 전체 체적 $V(=Ah)$, 흙 입자 실질 부분의 체적 $V_s(=Ah_s)$라 하면 간극비의 정의 $V=(1+e)V_s$로부터

$$h = (1+e)h_s \tag{1}$$

여기에서, h_s : 흙 입자 실질 부분의 높이이다.

압력 $p = p_0$일 때를 변형 $\varepsilon = 0$의 기준 상태로 취하여 p에 의해서 ε의 변형이 생기고 더욱이 $p + \Delta p$의 재하에 의해 $\varepsilon + \Delta\varepsilon$의 변형이 생긴 것으로 한다(그림 2-3). 그때 각각의 상태에서의 ε, e와 h를 첨자 0, 1, 2로 나타낸다.

$$\varepsilon_1 = -\frac{h_1 - h_0}{h_0},\ \varepsilon_2 = -\frac{h_2 - h_0}{h_0} \tag{2}$$

변형증분 $\Delta\varepsilon$은

$$\Delta\varepsilon = \varepsilon_2 - \varepsilon_1 = -\frac{h_2 - h_1}{h_0} \tag{3}$$

이므로 각 상태에 대응한 식 (1)의 관계를 대입하면

$$\Delta\varepsilon = -\frac{e_2 - e_1}{1 + e_0} = -\frac{\Delta e}{1 + e_0} \qquad \text{(2-1 } bis\text{)}$$

를 얻을 수 있다. 흙 입자는 비압축(h_s는 일정)으로 가정하였다. 또한 $e = e_0$일 때, $\varepsilon = 0$의 조건으로 적분하면 다음과 같다.

$$\varepsilon = -\frac{e - e_0}{1 + e_0} \tag{4}$$

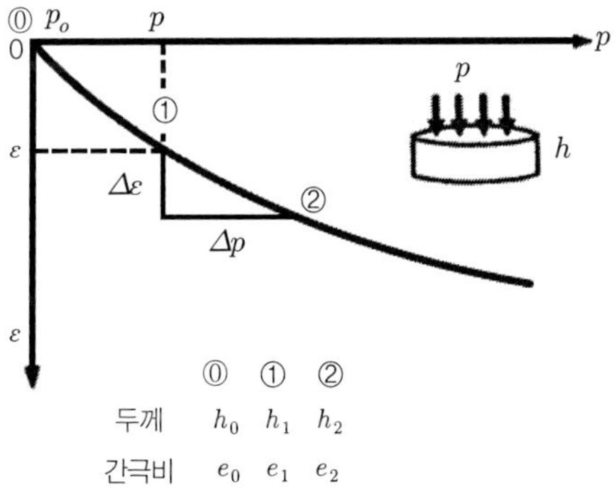

그림 2-3 재하압 p와 변형 ε : 3가지 상태

Q 2-1-2

정규 압밀 점토에서는 $e-\log_{10}p$ 관계가 구배 C_c의 직선으로 근사된다. 이때 m_v와 C_c의 사이에는 어떠한 관계가 있는가?

$e-\log_{10}p$의 직선 관계로부터

$$e = e_1 - C_c\log_{10}\frac{p}{p_1} \qquad (2\text{-}3\ bis)$$

$\log_{10}p = 0.434\log_e p$로 하여 식 (2-3)의 미분을 취하고 식 (2-1)을 이용하면

$$d\varepsilon = \frac{0.434C_c}{1+e_0}\cdot\frac{1}{p}dp \qquad (1)$$

따라서 m_v는 C_c를 사용하여 다음 식과 같이 표현된다.

$$m_v = \frac{0.434C_c}{1+e_0}\cdot\frac{1}{p} \qquad (2\text{-}6)$$

이 식으로 p가 증가하면 m_v가 감소하는 것을 알 수 있다. 또한 압력이 p_1에서 p_2까지 증가하는 경우에는 식 (1)로부터

$$\varepsilon = \frac{0.434C_c}{1+e_0}\int_{p_1}^{p_2}\frac{dp}{p} = \frac{0.434C_c}{1+e_0}\log_e\frac{p_2}{p_1} = \frac{C_c}{1+e_0}\log_{10}\frac{p_2}{p_1} \qquad (2\text{-}7)$$

위 식을 이용하여 정규 압밀 점토의 압축변형을 구할 수 있다.

Q 2-1-3

등방 탄성체로 가정한 흙이 일차원 압축할 때 다음을 구하시오.

(1) 체적 압축 계수

(2) 정지토압 계수

서로 직교하는 3개의 면에 수직응력만이 작용하는 포화된 흙 요소를 생각한다. 작용하고 있는 수직 전응력을 $\sigma_i (i=1,\ 2,\ 3)$, 간극수압을 u라 하면 유효응력은 $\sigma'_i = \sigma_i - u$이다. 등방탄성체의 응력·변형 관계는 탄성 계수 E와 포아슨 비 ν를 이용하여 나타낼 수 있다. 각 방향의 수직변형 $\varepsilon_i (i=1,\ 2,\ 3)$은 E나 ν가 유효응력의 크기에 상관없이 일정한 경우는

$$\varepsilon_i = \frac{1}{E}\{\sigma_i' - \nu(\sigma_j' + \sigma_k')\}(i,\ j,\ k=1,\ 2,\ 3) \tag{2-8}$$

유효응력의 크기에 따라서 변화하는 경우는 증분 형식으로서

$$\Delta\varepsilon_i = \frac{1}{E}\{\Delta\sigma_i' - \nu(\Delta\sigma_j' + \Delta\sigma_k')\}(i,\ j,\ k=1,\ 2,\ 3) \tag{1}$$

에 의해서 표현된다. 위 식은 $i,\ j,\ k$를 $(1,\ 2,\ 3)$, $(2,\ 3,\ 1)$, $(3,\ 2,\ 1)$의 순으로 바꾸어 얻어지는 3개의 식을 일괄하여 나타낸 것이다. 식 (2-8)은 골격 변형이 유효응력에 비례하는 것을 나타내고 있다. 이하 간단히 구하기 위해 E나 ν가 유효응력의 크기에 상관없이 일정한 경우를 생각한다.

이제 연직방향에 σ_1' 이것과 직교하는 방향에 $\sigma_2' = \sigma_3'$의 유효응력이 작용하는 경우를 고려하면 일차원 압축의 조건으로부터 $\varepsilon_2 = \varepsilon_3 = 0$이므로 식 (2-8)로부터

$$\varepsilon_1 = \frac{1}{E}(\sigma_1{}' - 2\nu\sigma_3{}'),\ 0 = \sigma_2{}' - \nu(\sigma_3{}' + \sigma_1{}'),\ 0 = \sigma_3{}' - \nu(\sigma_1{}' + \sigma_2{}') \quad (2)$$

정지토압 계수 K_0는 수평지반 내의 수평·연직유효응력 비이므로 위의 제2 또는 제3식으로부터 다음의 관계를 얻는다.

$$K_0 = \frac{\sigma_2{}'}{\sigma_1{}'} = \frac{\sigma_3{}'}{\sigma_1{}'} = \frac{\nu}{1-\nu} \quad (2\text{-}9)$$

포아슨 비 ν가 일정할 때 K_0는 일정하고 특히 $\nu = 1/3$에 대해서는 $K_0 = 0.5$가 된다. 또 고려하고 있는 조건에서는 체적 압축 계수는 $m_v = \varepsilon_1/\sigma_1{}'$이므로

$$m_v = \frac{(1+\nu)(1-2\nu)}{(1-\nu)E} \quad (2\text{-}10)$$

로 되어 역시 일정하다.

Q 2-1-4

흙을 탄성체로 가정하여 일차원 압밀 중의 정지토압 계수 K_0의 추이를 고찰하시오.

앞 문제에서도 기술하였으나 식 (2-8)에서 $\varepsilon_2 = \varepsilon_3 = 0$, $\sigma_2 = \sigma_3$라 두면

$$0 = \sigma_3{}' - \nu(\sigma_1{}' + \sigma_3{}') \quad (1)$$

위 식에 $\sigma_3{}' = \sigma_3 - u$, $\sigma_1{}' = \sigma_1 - u$를 대입하여 u를 구하면

$$u = \frac{(1-\nu)\sigma_3 - \nu\sigma_1}{1-2\nu} \tag{2}$$

를 얻는다. 이 식으로부터 연직방향의 전응력 σ_1이 일정하다고 하여도 압밀 중에 간극수압이 시간적으로 변화하면 σ_3도 변화하는 것을 알 수 있다.

따라서 $\sigma_1{}'$, $\sigma_3{}'$은

$$\sigma_1{}' = \frac{1-\nu}{1-2\nu}(\sigma_1 - \sigma_3),\ \sigma_3{}' = \frac{\nu}{1-2\nu}(\sigma_1 - \sigma_3) \tag{3}$$

으로 된다. 식 (3)과 앞 문제의 식 (2-9)로부터

$$\frac{\sigma_3{}'}{\sigma_1{}'} = \frac{\nu}{1-\nu} = K_0 \tag{4}$$

즉, 일차원 압밀이 진행 중이라도 정지토압 계수 K_0는 일정하게 된다.[8)]

그림 2-4에는 σ_i와 $\sigma_i{}'\ (i=1,\ 3)$, u 및 ε_1의 경시 변화를 모식적으로 나타내었다. 여기에서 ε_1과 σ_3의 관계를 구하여 본다. 식 (2-8)은 $\varepsilon_1 E = (\sigma_1 - u) - 2\nu(\sigma_3 - u)$라고 하였으므로 식 (2)의 u를 대입하고, $E = 2G(1+\nu)$의 관계를 이용하면(G는 전단 탄성 계수),

$$\varepsilon_1 = \frac{(\sigma_1 - \sigma_3)(1+\nu)}{E} = \frac{\sigma_1 - \sigma_3}{2G} \tag{5}$$

위 식에서 σ_1 =일정이므로 ε_1이 증가하기 위해서는 σ_3는 감소한다(그림 2-4).

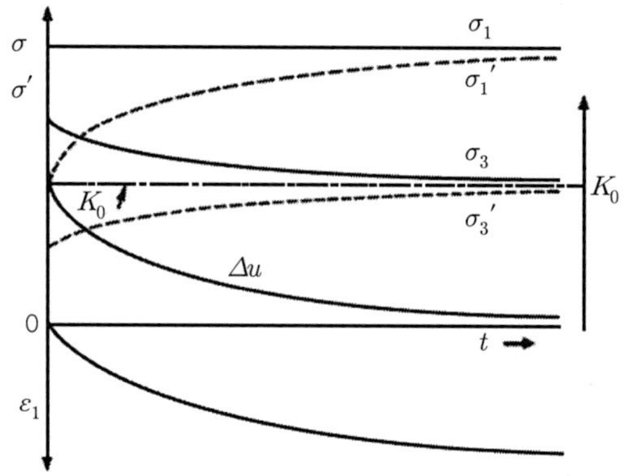

그림 2-4 일차원 압밀 중의 응력, 변형, K_0의 추이(탄성체)

Q 2-1-5

자연 퇴적된 수평지반의 정지토압 계수 K_0를 설명하시오.

정지토압 계수 K_0의 값을 알기 위해서는 삼축시험 장치를 이용하여 공시체가 측방향(수평방향)으로 변형하지 않도록 측압을 제어하는 시험(K_0 압밀 시험)을 실시하여야 하지만 실무적으로는 과거에 제안되어 있는 경험식을 이용하여 추정하는 경우가 많다.

정규 압밀 점토에 대해서는 Jaky에 의한 경험식 (2-5)이 잘 알려져 있다.

$$K_0 = 1 - \sin\phi' \qquad (2\text{-}5\ \ bis)$$

점토의 종류에 따라서 다르지만 정지토압 계수 K_0 값은 0.5 전후로 고려되고 있다.

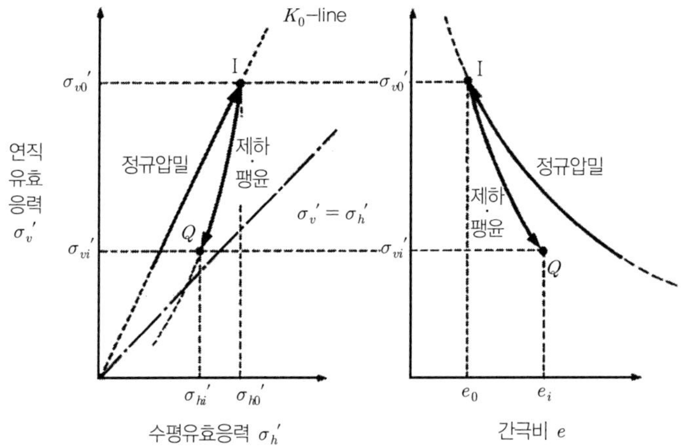

그림 2-5 일차원 압축 시의 K_0 값의 변화

과압밀 점토의 경우에는 과압밀비 OCR에 의해서 정지토압 계수가 달라진다. 그림 2-5와 같이 일차원 상태에서 점 I까지 정규 압밀된 점토요소가 그 이후의 제하에 의해서 점 Q에 이른다. 그리고 점 Q에서는 $\sigma_{hi}'/\sigma_{vi}' > \sigma_{h0}'/\sigma_{v0}'$(=정규 압밀 상태의 K_0)이며, 과압밀비가 한층 커지면 정지토압 계수는 1.0을 넘는다. 또한 점 Q에서는 $OCR = \sigma_{v0}'/\sigma_{vi}'$이다.

2-2 압밀 이론

1) 압밀 방정식

과잉 간극수압 u에 관한 Terzaghi의 식

$$\frac{\partial u}{\partial t} = c_v \frac{\partial^2 u}{\partial z^2} \tag{2-11}$$

변형에 관한 미카사三笠 (1963)[5]나 Janbu(1965)[6]의 식

$$\frac{\partial \varepsilon}{\partial t} = c_v \frac{\partial^2 \varepsilon}{\partial z^2} \tag{2-12}$$

여기에서, $c_v = \dfrac{k}{m_v \gamma_w}$ (압밀 계수)

2) 압밀 방정식의 해

점토층 전체로서의 평균 압밀도 U는 압축량 S와 최종 압축량 S_f의 비로 정의되며, 층두께가 $2H$일 때 식 (2-13)과 같이 표현된다.

$$U = \frac{S}{S_f} = \frac{\int_0^{2H} \varepsilon(z, t)dz}{\int_0^{2H} \varepsilon(z, t=\infty)dz} \tag{2-13}$$

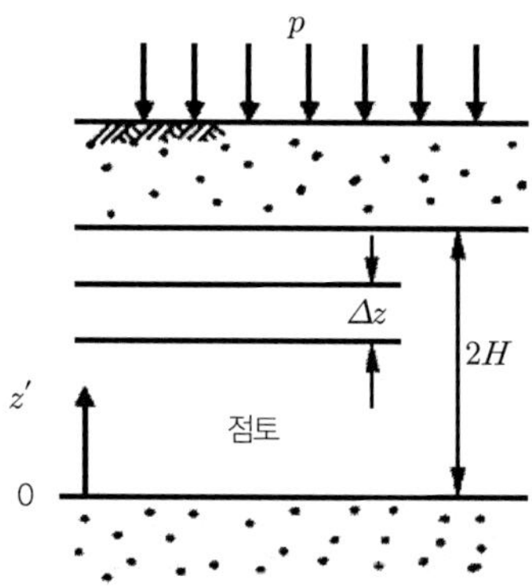

그림 2-6 지반의 경계조건

점토층 상하단에 모래층이 있는(그림 2-6), 즉 양면 배수의 경우에는 식 (2-11)을 초기조건($t=0$ 에서 $u=u_0=p$: 일정)과 경계조건($z=0$와 $z=2H$에서 $u=0$)으로 풀어 평균 압밀도 U를 시간 계수 T_v의 함수로서 나타낼 수 있다. 즉,

$$U = f(T_v) = 1 - \sum_{m=0}^{\infty} \frac{2}{M^2} \exp(-M^2 T_v)$$

여기에서,

$$\left. \begin{aligned} M &= \frac{2m+1}{2}\pi,\ m=0,\ 1,\ 2,\ 3\cdots\cdots(\text{정수}) \\ T_v &= \frac{c_v t}{H^2}(\text{시간 계수}) \end{aligned} \right\} \qquad (2\text{-}14)$$

식 (2-14)의 T_v 중의 H는 최대 배수 거리이다.

$U-T_v$ 관계는 도표로써 세시되어 있으며, H와 c_v를 알면 임의 시각 t에서의 평균 압밀도를 구할 수 있다(뒤에서 기술할 표 2-3과 그림 2-10).

Q 2-2-1

변형에 관한 압밀 방정식 (2-12)를 유도하시오.

(1) 점토층 하단을 원점으로 하여 상향으로 z축을 취하고, 위치 z에서 두께 Δz의 원기둥 요소(단면적은 1)를 고려한다[그림 2-7(a)].

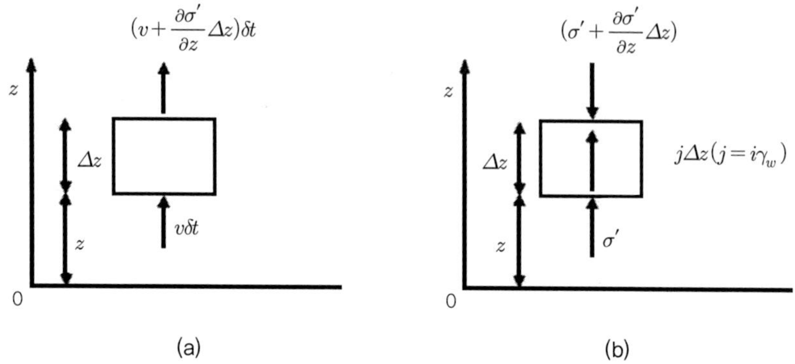

그림 2-7 흙 요소의 배수와 유효응력

배수 속도를 v라 하면 요소 하면에서는 $v(z, t)$, 상면에서 $v(z, t)+(\partial v/\partial z)\Delta z$이므로, δt 시간 중의 배수된 체적은 $(\partial v/\partial z)\Delta z \cdot \delta t$이다.

요소의 연직압축변형을 ε이라 하면, δt 시간 중의 변형 변화는 $(\partial \varepsilon/\partial t)\delta t$로 되며 요소의 압축량은 $(\partial \varepsilon/\partial t)\delta t \cdot \Delta z$이다.

흙 입자와 물의 압축성을 무시하면 이러한 배수량과 압축량은 같아 다음과 같이 유도된다.

$$\frac{\partial \varepsilon}{\partial t}=\frac{\partial v}{\partial z} \qquad (1)$$

(2) 다음에 요소 내의 흙 입자에 작용하는 유효응력의 평형을 고려한다[그림 2-7(b)].

$$\sigma'+i\gamma_w\Delta z=\sigma'+\frac{\partial\sigma'}{\partial z}\Delta z \qquad (2)$$

여기에서 $i\gamma_w=j$는 투수력이다(관련 문제 2-4 참조).

식 (2)로부터

$$\frac{\partial \sigma'}{\partial z} = i\gamma_w \tag{3}$$

이며, 이 식에 Darcy 법칙 $v = ki$를 대입하면

$$\frac{\partial \sigma'}{\partial z} = \frac{v}{k}\gamma_w \tag{4}$$

일차원 압축에서의 식 (2-2)로부터 $\Delta\varepsilon = m_v \Delta\sigma'$을 이용하면

$$v = \frac{k}{m_v \gamma_w}\frac{\partial \varepsilon}{\partial z} \tag{5}$$

위 식을 식 (1)에 대입하면 다음과 같이 유도된다.

$$\frac{\partial \varepsilon}{\partial t} = \frac{\partial}{\partial z}\left(\frac{k}{m_v \gamma_w}\frac{\partial \varepsilon}{\partial z}\right) \tag{6}$$

식 (6)에서 γ_w는 일정하다고 해도 좋으므로 k와 m_v의 비(k/m_v)가 일정하면

$$\left.\begin{aligned} \frac{\partial \varepsilon}{\partial t} &= c_v \frac{\partial^2 \varepsilon}{\partial z^2} \\ c_v &= \frac{1}{\gamma_w}\left(\frac{k}{m_v}\right) \end{aligned}\right\} \tag{2-12 bis}$$

K. Terzaghi(1883～1963)

★ 토질역학의 창설자로서 이 분야의 아버지라고 불리는 제1인자, 유효응력의 원리(1924) 외 다수의 업적을 갖고 있다.

1938년 모국 오스트리아를 떠나 다음해 미국으로 망명하였다. 하버드(Harvard) 대학 교수(1946～1956)와 세계의 많은 나라들에서 컨설턴트 활동을 전개하였다.

A. Casagrande, Hvorslev, Rendulic 등 문하에는 셀 수 없을 정도로 많은 석학들이 있다. 1924년에 델프트의 제1회 국제 응용역학 회의에서 처음으로 압밀 이론을 발표하였을 때 열광된 관중의 박수가 울려 퍼져 당분간 그치지 않았다고 전해지고 있다.

Q 2-2-2

과잉 간극수압에 관한 압밀 방정식 (2-11)을 유도하시오.

앞 문제의 식 (6)에서 $\partial\varepsilon/\partial t = m_v \partial\sigma'/\partial t$ 및 $\partial\varepsilon/\partial z = m_v \partial\sigma'/\partial z$라 두면

$$m_v \frac{\partial\sigma'}{\partial t} = \frac{\partial}{\partial z}\left(\frac{k}{\gamma_w}\frac{\partial\sigma'}{\partial z}\right) \tag{1}$$

재하압이 일정($= p$)하면 과잉수압을 u로 하여 평형식

$$\sigma' + u = p \tag{2}$$

로부터(관련 문제 2-5 참조),

$$\frac{\partial u}{\partial t} = \frac{1}{m_v}\frac{\partial}{\partial z}\left(\frac{k}{r_w}\frac{\partial u}{\partial z}\right) \tag{3}$$

여기에서 $\gamma_w =$ 일정하므로 k가 일정하면,

$$\left.\begin{aligned} \frac{\partial u}{\partial t} &= c_v \frac{\partial^2 u}{\partial z^2} \\ c_v &= \frac{k}{m_v \gamma_w} \end{aligned}\right\} \tag{2-11 bis}$$

Q 2-2-3

압밀 방정식 (2-11), (2-12)를 풀기 위한 경계조건, 초기조건에 대해서 설명하시오.

(1) 경계조건

점토층이 모래층에 접하는 부분에서는 과잉 간극수압은 $u=0$이다. 점토층이 암반 등에 접하는 장소에서는 연직방향의 유속이 없어 $\partial u/\partial z = 0$이다.

압축변형의 경우에는 투수층부에서 $u=0$, $\sigma' = p_0$이므로

$$\varepsilon = \int_0^{p_0} m_v(p)dp = \varepsilon_f \tag{1}$$

불투수부에서 $\partial \varepsilon/\partial z = 0$이다.

이상을 표 2-1에 정리하였다(관련 문제 2-6 참조).

표 2-1 경계조건

	식 (2-11)	식 (2-12)
배수면	$u=0$	$\varepsilon=\varepsilon_f$
비배수면	$\partial u/\partial z=0$	$\partial\varepsilon/\partial z=0$

(2) 초기조건

$t=0$에서 $u(z, t)$, $\varepsilon(z, t)$의 함수형을 주는 것이다. 가장 간단한 경우에는 $u(z, 0)=p_0$(일정)이다. 이것은 압밀이 종료된 지반에 추가 압력 p_0를 가하였을 때에 상당하고 다음 문제에서 다시 다룬다. 또한 압축변형에서는 $\varepsilon(z, 0)=0$이 초기조건이 된다.

Q 2-2-4

위 아래에 양면 배수 조건을 가진 수평지반에서 다음의 대표적인 일차원 압밀문제를 고려한다. 과잉 간극수압에 관한 초기조건을 보이시오.

(1) 지반표면에 순간적으로 쌓는다.
(2) 점토층 하부의 대수층으로부터 지하수를 순간적으로 양수한다.

(1) 재하가 순간적이므로 비배수 조건의 재하로 고려한다. 재하 순간에 과잉 간극수압 u는 점토층 내에서 깊이 방향으로 일정하게 증가한다. 즉,

$$u(z, t=0)=u_0(=\text{const})\ (0<z<2H) \tag{1}$$

경계 위에서는 재하 직후에 u는 0으로 소산하고 내부에서는 압밀 진행과 함께 u는 서서히 소산한다. $t\to\infty$에서는 어느 깊이에서도 u는 정수압 분포 $u_s(z)$로 돌아간다.

또한 점토층의 압축성이 충분히 크면 $u_0 = p$로 생각해도 관계없다(여기에서 p는 쌓기 하중 강도).

(2) 점토층 하부의 모래층으로부터 순간적으로 지하수를 양수하면 모래층의 수압이 u_b만큼 감소한다. 그리고 양수를 계속해도 감소량 u_b는 변하지 않는다고 한다. 점토층에서는 양수 직후 $(t=0)$의 간극수압은 양수 전과 동일하지만 압밀의 진행과 함께 간극수압은 감소하고, $t=\infty$ 에서 평형상태로 된다. 이 문제에서는 평형상태의 간극수압은 정수압으로 되지 않는다.

$$u(z,\, t=0) = \frac{z}{2H} u_b (u_b : \mathrm{const})\ (0 < z < 2H) \tag{2}$$

과잉 간극수압 분포의 시간경과에 따른 변화를 모식적으로 나타내면 그림 2-8과 같다. 어느 쪽의 경우에도 간극수압이 시간과 함께 감소하므로 유효응력은 시간과 함께 증가하게 되어 점토층은 압축하게 되고 지반 표면은 침하한다.

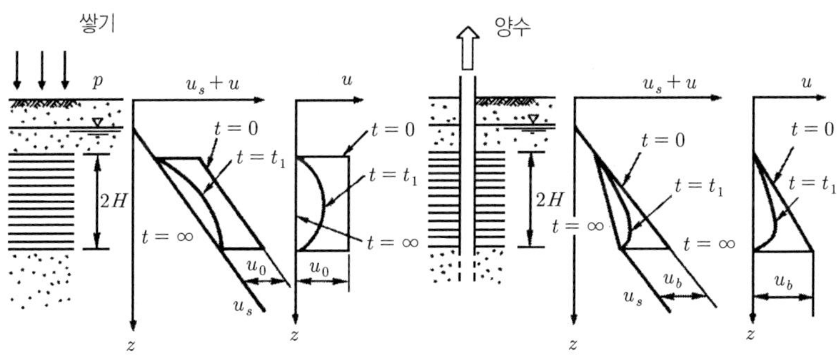

(a) 쌓기　　(b) 지하수의 양수

그림 2-8 대표적인 압밀 문제(점토층 상단을 $z=0$으로 한다)

Q 2-2-5

점토 지반의 압밀도에 대해서 설명하시오.

압밀도는 압밀의 진행 정도를 나타내는 것으로 어느 장소에서의 압밀도 U_z와 평균압밀도 U가 있다. 압밀도 U_z는 '위치 z에서 시간 t까지에 생긴 변형'과 '그 위치에서 압밀 종료 시의 변형'과의 비율이다. 평균 압밀도 U는 점토층 전체에서'시간 t까지에 생긴 압축량'과 '압밀 종료 시까지 생긴 전압축량'과의 비율이다. 이것을 식으로 나타내면

$$U_z = \frac{\varepsilon(z, t)}{\varepsilon(z, t = \infty)} \tag{2-15}$$

$$U = \frac{\int_0^{2H} \varepsilon(z, t) dz}{\int_0^{2H} \varepsilon(z, t = \infty) dz} \qquad \text{(2-13 } bis\text{)}$$

Terzaghi의 압밀 이론은 과잉 간극수압으로 표현되어 있으므로 압밀도의 개념을 도입하기 위해서는 압밀도를 과잉 간극수압으로 수정하여 정의할 필요가 있다. 임의 위치 z에서의 변형, 전응력, 간극수압, 유효응력의 시간적 변화는 표 2-2와 같다. 다만 응력은 자중에 의한 부분을 뺀 량을 고려하고 있다. 또한 전응력은 시간적으로 변화하지 않는다고 가정하고 있다.

표 2-2 임의 위치 z에서의 변형, 전응력, 간극수압, 유효응력의 시간적 변화

시간 t	변형 ε	전응력 σ	과잉 간극수압 u	유효응력 σ'
0	$\varepsilon(z, 0)$	$\sigma(z)$	$u(z, 0)(=\sigma(z))$	$\sigma(z)-u(z, 0)(=0)$
t	$\varepsilon(z, t)$	$\sigma(z)$	$u(z, t)$	$\sigma(z)-u(z, t)$
∞	$\varepsilon(z, \infty)$	$\sigma(z)$	0	$\sigma(z)(=u(z, 0))$

다음 $\varepsilon(z, t)$와 $\varepsilon(z, \infty)$를 과잉 간극수압으로 나타내보자. 체적 압축 계수를 m_v로 하고 $\varepsilon(z, t=0)=0$을 고려하면 표 2-2로부터

$$\varepsilon(z, t)=m_v\{\sigma'(z, t)-\sigma'(z, 0)\}=m_v\{-u(z, t)+u(z, 0)\} \quad (1)$$

$$\varepsilon(z, \infty)=m_v\{\sigma'(z, \infty)-\sigma'(z, 0)\}=m_v u(z, 0) \quad (2)$$

압밀도의 정의로부터

$$U_z=1-\frac{u(z, t)}{u(z, 0)} \quad (2\text{-}16)$$

$$U=1-\frac{\int_0^{2H}u(z, t)dz}{\int_0^{2H}u(z, 0)dz} \quad (2\text{-}17)$$

다만 시간 t까지와 $t=\infty$까지의 m_v는 같다고 가정하였다. 초기조건 $u(z, 0)$과 해 $u(z, t)$가 주어져 있으면 우변의 적분을 실행할 수 있다. 앞서 기술한 식 (2-14)는 그 간단한 예이다.

Q 2-2-6

양면 배수 조건에서 초기 과잉 간극수압이 깊이 방향으로 일정한 경우, Terzaghi 이론의 해를 이용하여 아래의 문제를 풀어보시오.

(1) 압밀도와 시간 계수로 나타내시오.
(2) 평균 압밀도와 시간 계수를 나타내는 도표를 작성하여 보시오.

여기에서는 압밀도 U_z와 평균 압밀도 U를 구별하여 해가 요구되고 있다. 부과된 조건 아래에서 지배 방정식 (2-11)의 해를 구하면 다음과 같다.[9)]

$$u = u_o \sum_{m=0}^{\infty} \left[\frac{2}{M} \sin\left(M\frac{z}{H} \right) \exp\left\{ -c_v \left(\frac{M}{H} \right)^2 t \right\} \right] (\text{다만,} \quad M = \frac{2m+1}{2}\pi) \quad (1)$$

여기에서, u_0는 초기 과잉 간극수압이다.

(1) 압밀도 U_z는 식 (2-16)으로부터

$$U_z = 1 - \sum_{m=0}^{\infty} \frac{2}{M} \sin\frac{Mz}{H} \exp(-M^2 T_v) (\text{다만, } M = \frac{2m+1}{2}\pi) \qquad (2\text{-}18)$$

여기에서, $T_v = \dfrac{c_v t}{H^2}$는 시간 계수(무차원)이다. 압밀도 분포의 시간적 변화는 그림 2-9와 같다.

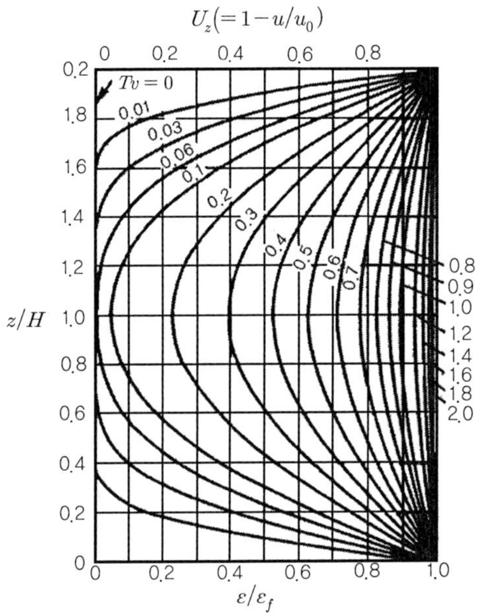

그림 2-9 압밀도의 깊이 방향 분포(양면배수 경계조건·초기 과잉 간극수압 일정)

(2) 식 (2-17)을 이용하여 평균 압밀도를 계산하면

$$U=1-\sum_{m=0}^{\infty}\frac{2}{M^2}\exp(-M^2T_v)\text{(여기에서, } M=\frac{2m+1}{2}\pi) \qquad (2\text{-}14\ bis)$$

평균 압밀도는 시간 계수만의 함수이다. 계산에 의해서 구한 U와 T_v의 관계를 표 2-3과 그림 2-10에 나타내었다.

표 2-3 평균 압밀도와 시간 계수의 관계

U	T_v	U	T_v	U	T_v	U	T_v	U	T_v
0.00	0.000E+00	0.20	3.142E−02	0.40	1.257E−01	0.60	2.864E−01	0.80	5.672E−01
0.02	3.200E−04	0.22	3.802E−02	0.42	1.386E−01	0.62	3.071E−01	0.82	6.099E−01
0.04	1.260E−03	0.24	4.524E−02	0.44	1.521E−01	0.64	3.290E−01	0.84	6.576E−01
0.06	2.830E−03	0.26	5.310E−02	0.46	1.663E−01	0.66	3.522E−01	0.86	7.117E−01
0.08	5.030E−03	0.28	6.158E−02	0.48	1.812E−01	0.68	3.767E−01	0.88	7.742E−01
0.10	7.860E−03	0.30	7.069E−02	0.50	1.967E−01	0.70	4.029E−01	0.90	8.481E−01
0.12	1.132E−02	0.32	8.043E−02	0.52	2.130E−01	0.72	4.308E−01	0.92	9.385E−01
0.14	1.540E−02	0.34	9.080E−02	0.54	2.301E−01	0.74	4.608E−01	0.94	1.055E+00
0.16	2.011E−02	0.36	1.018E−01	0.56	2.480E−01	0.76	4.933E−01	0.96	1.219E+00
0.18	2.545E−02	0.38	1.134E−01	0.58	2.667E−01	0.78	5.285E−01	0.98	1.500E+00

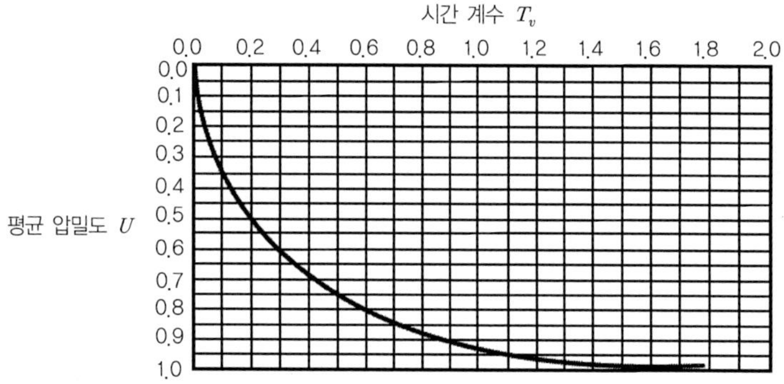

그림 2-10 평균 압밀도와 시간 계수의 관계

2-3 압밀 이론의 해석

Terzaghi 압밀 이론의 해를 이용하여 일차원 압밀의 실제 문제를 풀 수 있다. 그러기 위해서는 대상으로 하는 흙의 압밀 계수를 실내시험의 결과로부터 결정하여야 한다. 이 장에서는 표준 압밀시험과 일정 변형속도 압밀 시험의 결과로부터 압밀 파라미터를 추정하는 방법을 연습한다.

Q 2-3-1

Terzaghi의 압밀 이론의 해를 U와 $\sqrt{T_v}$ 및 U와 $\log_{10} T_v$의 관계로 도시하여 다음의 (1), (2), (3)을 확인하시오. 다만 양면배수이며 초기 과잉 간극수압이 일정한 경우를 고려한다.

(1) $U < 52\%$일 때, $U = \frac{2}{\sqrt{\pi}}\sqrt{T_v}$로 근사할 수 있다.

(2) $U = 90\%$일 때, $\left(\frac{\sqrt{T_v}}{U}\right)_{90} = 1.023$이 된다.

(3) $U - \log_{10} T_v$ 관계에는, $U = 75\%$ 부근에 변곡점이 있다.

표 2-3의 수치를 사용하여 U와 $\sqrt{T_v}$의 관계를 그리면 그림 2-11(a)와 같이 된다. 이 그림으로부터 성질 (1)과 (2)가 명확하다. 그리고 (1)과 (2)로부터 다음 식을 알 수 있다.

$$(4)\ \left(\frac{\sqrt{T_v}}{U}\right)_{90} \Bigg/ \left(\frac{\sqrt{T_v}}{U}\right)_{U<52\%} = \frac{1.023}{0.886} \doteq 1.15$$

마찬가지로 U와 $\log_{10} T_v$의 관계로 하여 나타내면 그림 (b)와 같으며, 성질 (3)을 확인할 수 있다.

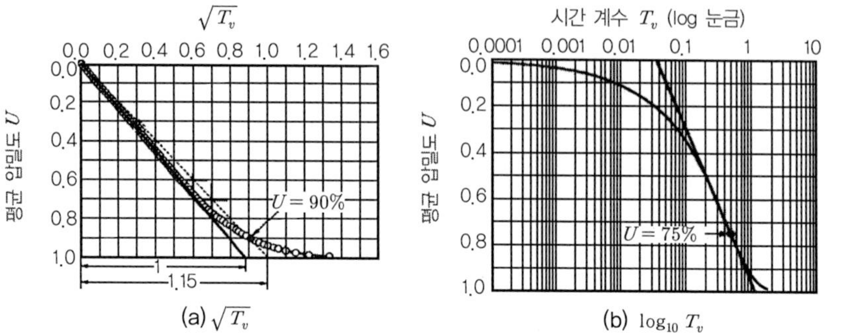

그림 2-11 평균 압밀도와 시간 계수의 관계

Q 2-3-2

점토의 일차원 압밀 시험을 양면 배수 조건으로 하였다. 하중 (p)를 40kN/m^2으로부터 80kN/m^2로 증가시켰을 때의 시간 (t)와 연직변위 (d)의 관계를 그림 2-12에 나타내었다. 그림 (a)는 $d-\log_{10}t$, 그림 (b)는 $d-\sqrt{t}$의 그래프이다. 시험 개시 전의 함수비(w_0)은 73.45%, 공시체 높이 (h_0)는 20.00mm, $p=80$ kN/m^2를 재하하기 직전에 $h=14.95\text{mm}$였다. 또한 흙 입자의 밀도 $\rho_s=2.685$ (g/cm^3), 공시체는 완전히 포화되어 있다. 다음 문제를 풀어보시오.

(1) 이 하중단계에서의 압밀 계수 C_v

(2) 이 하중단계에서의 이차압축 속도 $C_\alpha=-de/d(\log_{10}t)$

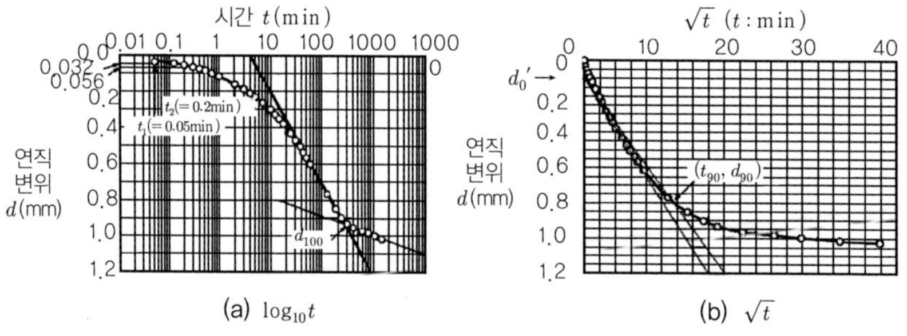

그림 2-12 압밀 곡선

(1) $\log t$ 법[그림 (a)로부터]

$d(t=0.05')=0.032\text{mm}$, $d(t=0.2')=0.056\text{mm}$. Q 2-3-1의 성질 (1)을 이용하여 변위의 초깃값을 보정한다. 보정값을 d_0'으로 두면 $(0.056-d_0')/(0.032-d_0')=\sqrt{0.2/0.05}$ 로부터 $d_0'=2\times0.032-0.056=0.008\text{mm}$, $d_{100}=0.95\text{mm}$, $d_{50}=(0.008+0.95)/2=0.479\text{mm}$, $t_{50}=33'$이다.

$$c_v=\frac{T_vH^2}{t}=\frac{0.197\times\left(\dfrac{14.95\times10^{-3}}{2}\right)^2}{\dfrac{33}{1440}}=4.80\times10^{-4}\,\text{m}^2/\text{d}$$

$\sqrt{t}$ 법[그림 (b)로부터]

$$d_0'=0.08\text{mm},\ d_{90}=0.78\text{mm},\ \sqrt{t_{90}}=11.62,\ t_{90}=134.56'$$

$$c_v=\frac{T_vH^2}{t}=\frac{0.848\times\left(\dfrac{14.95\times10^{-3}}{2}\right)^2}{\dfrac{134.56}{1440}}=5.07\times10^{-4}\text{m}^2/\text{d}$$

(2) $\Delta e=-\Delta d/h_s$

여기에서 h_s는 흙 입자 실질 부분의 높이로서 시험 개시 전의 간극비를 e_0라 하면,

$$h_s=h_0/(1+e_0),\ e_0=w_0\rho_s/\rho_w=0.7345\times2.685/1.000=1.972$$

따라서 $h_s = 20.00/(1+1.972) = 6.729\text{mm}$

$$C_\alpha = -\frac{\Delta e}{\Delta \log_{10} t} = \frac{1}{h_s}\frac{\Delta d}{\Delta \log_{10} t} = \frac{1}{6.729\times 10^{-3}} \times \frac{(1.10-0.89)\times 10^{-3}}{\log_{10}\left(\frac{10{,}000}{100}\right)}$$

$$= 0.016$$

Q 2-3-3

정(定)변형 속도 압밀 시험이란 어떤 시험인가? 또 이 시험으로부터 압축·압밀 특성을 결정하는 방법을 기술하시오.

급속 압밀 시험법의 일종으로 정변형 속도 압밀 시험은 한쪽 면 배수 상태의 공시체(초기 간극비 e_0, 초기 높이 h_0)에 대해서 일정속도 (v)로 연직방향으로 압축하여 시시각각의 변위 (d), 압축력 (p) 및 비배수면에서의 간극수압 (u_b)을 측정하고, 그 결과들로 부터 공시체의 압축과 압밀 특성을 추정하는 시험이다.

다음은 이 시험에 의해서 압밀 계수를 구하는 방법이다.

$\bar{e} - \log_{10}\bar{\sigma}'$ 관계 : 어느 시각 t에서의 공시체 높이 방향의 평균 간극비 $\bar{e}$는 흙입자 실질 부분의 높이를 h_s로 하여

$$\bar{e} = e_0 - \frac{d}{h_s} \tag{1}$$

식 (1)로부터 그때의 평균 유효응력 $\bar{\sigma}'$은 다음 식으로 주어진다(관련 문제 2-7 참조).

$$\bar{\sigma}' = p - \frac{2}{3}u_b \tag{2-19}$$

· 체적 압축 계수 : 어느 시각 t와 $t+\delta t$ 사이에 생긴 압축력의 증분을 δp, 배수면에서의 변형 및 유효응력 증분을 각각 $\delta\varepsilon$ 및 $\delta\sigma'$이라 하면 Wissa 등의 이론해[7]로부터 $\delta\varepsilon = r\delta t$, $\delta\sigma' = \delta p$의 관계가 있으므로

$$m_v = \frac{\delta\varepsilon}{\delta\sigma'} = \frac{r\delta t}{\delta p} \tag{2}$$

식 (2)로부터 m_v를 결정할 수 있다. 여기에서 r은 평균 압축변형 속도($= v/h_0$)이다.

· 압축 계수 : 체적 압축 계수를 구한 시각 t에서의 상면과 하면의 변형의 차 $\Delta\varepsilon$은 이론해[7]로부터 $\Delta\varepsilon = rh^2/2c_v$($h$는 공시체 높이). 유효응력의 차 $\Delta\sigma'$은 $\Delta\sigma' = u_b$이므로 식 (2)를 이용하면 $rh^2/2c_v u_b = r\delta t/\delta p$이다. 이것으로부터 압밀 계수는 식 (3)과 같이 구할 수 있다.

$$c_v = \frac{h^2}{2u_b}\frac{\delta p}{\delta t} \tag{3}$$

관련 문제

[문제 2-1]

점토(직경 6cm, 높이 2cm)의 표준 압밀시험에서 하중이 19.6kN/m^2 증가한 경우, 점토의 압축량 Δh는 1.6mm였다. 공시체의 건조 중량 W_s는 0.35N, 점토입자의 비중 G_s는 2.65로 계측되었다. 이 점토의 초기 간극비 e_0, 압축 후의 간극비 e_1 및 체적 압축 계수 m_v를 구하시오.

[해설]

흙 입자 실질 부분의 높이를 h_s, 공시체 수평 단면도를 A로 나타내면,

$h_s = W_s/(G_s\gamma_w A) = 0.48\text{cm}$, $e_0 = (h_0 - h_s)/h_s$, $e_1 = (h_0 - \Delta h - h_s)/h_s$, $m_v = \Delta h/(h_0 \Delta p)$

[답]

$e_0 = 3.17$, $e_1 = 2.83$, $m_v = 4.08 \times 10^{-3}\text{m}^2/\text{kN}$

[문제 2-2]

상하면이 모래층으로 되어 있는 두께 6m의 점토층이 있다. 이 점토층에 일정 압력이 재하될 때, $c_v = 2 \times 10^{-8}\text{m}^2/\text{sec}$로 하여 압밀도 U가 50% 되는 데 몇 년이 소요될까?

[해설]

배수 거리 $H_d = 3\text{m}$, 표 2-3으로부터 $U = 0.5$에 대해 $T_v = 0.197$이다.

$t_{50} = T_v {H_d}^2/c_v$를 이용하여 t_{50}을 구한다.

[답]

2.8년

[문제 2-3]

두께 5m의 모래층 아래에 1m의 점토층이 있다. 지하수위가 지표로부터 -1m에 있었으나 공사 때문에 -3m까지 저하하였다. 점토층에 생기는 압축변형량을 구하시오. 또 점토의 체적 압축 계수는 얼마인가? 다만 모래층에서는 $\gamma_t = 17.5$ kN/m^3, $\gamma_{sat} = 20$kN/m^3, 점토층에서는 $C_c = 0.60$, $e_0 = 2.0$, $\gamma_{sat} = 15.7$ kN/m^{3}로 한다.

[해설]

식 (2-7)을 이용한다. 점토층 중앙 깊이에서의 공사 전후의 유효응력을 p_1, p_2로 두면 $p_1 = 61.25$kN/m^2, $p_2 = 75.85$kN/m^{2}이다.

[답]

$\varepsilon - 1.9\%$, $m_v = 1.3 \times 10^{-3}$m^2/kN

[문제 2-4]

흙의 수중 단위 체적중량을 이용하여 응력의 평형식을 나타내시오.

[답]

흙의 습윤 밀도를 ρ, 중력 가속도를 g로 하면 응력의 평형식은 $\frac{\partial \sigma}{\partial z} - \rho g = 0$(좌표 z는 연직하향을 정(+)으로 취한다)이다. 전수두를 h_t, 위치수두를 h_e로 하면 $u = (h_t - h_e)\rho_w g$, $h_e = -(z - z_0)$(여기에서 z_0는 수두의 기준 위치)이다. 따라서 $\frac{\partial u}{\partial z} = \left(\frac{\partial h_t}{\partial z} + 1\right) \times \rho_w g = (-i+1)\rho_w g$이며, 여기에서 i는 동수구배

$(=-\partial h_t/\partial z)$이다. 그러므로 응력의 평형식은 $\dfrac{\partial\sigma'}{\partial z}-i\rho_w g-(\rho-\rho_w)g=0$이 된다. $(\rho-\rho_w)g$는 흙의 수중 단위 체적중량(γ')을 나타내고 있으며, γ'을 이용하여 중량을 평가하면 간극수의 흐름에 기인하는 물체력 $i\rho_w g(=i\gamma_w)$를 부가해야 하는 것을 알 수 있다. 또한 Q 2-2-1의 식 (3)에 γ'의 항이 없으나 그것은 유효응력으로서 γ'에 기인하는 부분을 뺀 값을 고려하고 있기 때문이다.

[문제 2-5]

양상이 일정한 지반의 표면에 하중 강도 p가 작용하고 있을 때, 깊이 z에서의 전응력은 얼마인가?

[답]

앞의 문제로부터 $\sigma=\rho gz+C$(C는 적분정수)이다. 지표면 $(z=0)$에서 $\sigma=p$의 조건으로부터 $\sigma=\rho gz+p$이다. 따라서 자중에 기인하는 응력(ρgz)를 뺀 전응력은 $\sigma=p$로 되어 깊이 방향으로 일정하다.

[문제 2-6]

비배수면에서의 경계조건이 과잉수압 u에 관해 $\partial u/\partial z=0$이고, 변형에 관해서는 $\partial\varepsilon/\partial z=0$으로 주어지는 것을 나타내시오(Q 2-2-3 참조).

[답]

Darcy 법칙은 $v=ki$이다. 여기에서 $i=-\partial h_t/\partial z$, h_t는 전수두로서, 압밀 종료 시의 간극수압을 u_s로 두면 $h_t=\{(u+u_s)/\gamma_w\}-(z-z_0)$ [z_0는 수두의 기준위치, z는 연직하향으로 정(+)]이다. u_s가 정수압 분포의 경우에는 $\partial u_s/\partial z=\gamma_w$이므로 $i=-\partial u/\partial z$이다. 비배수면에서는 $v=0$이므로 $\partial u/\partial z=0$. 또 $\partial u/\partial z=\partial(p-\sigma')/\partial z=-\partial\sigma'/\partial z=-(1/m_v)\partial\varepsilon/\partial z$로부터 $\partial\varepsilon/\partial z=0$($p$는 재하압으로서 일정)이다.

[문제 2-7]

정변형 속도 압밀 시험에서 평균 유효응력이 식 (2-19)로서 주어지는 것을 보이시오.

[답]

자중의 영향을 뺀 응력의 평형식과 체적 압축 계수의 정의로부터 $\frac{\partial u}{\partial z} = -\frac{\partial \sigma'}{\partial z} = -\frac{1}{m_v}\frac{\partial \varepsilon}{\partial z}$ 이다. Wissa 등(1971)의 이론해[7]로부터 $\frac{\partial \varepsilon}{\partial z} = \frac{r}{c_v}(z-h)$(여기에서, h는 공시체 두께, 또 이론해에서는 연직하향으로 좌표 z를 취하고 있다)이며, 그러므로 $\frac{\partial u}{\partial z} = -\frac{r\rho_w g}{k}(z-h)$로 된다. 이것을 $z=0$에서 $u=0$의 조건으로 적분한다. 더욱더 그 결과에 $z=h$일 때 $u=u_b$의 조건을 고려하여 k를 u_b로써 나타내면, 결국 $u = \frac{2u_b}{h^2}z(h-\frac{1}{2}z)$로 된다. 평균 유효응력의 정의 : $\overline{\sigma}' = \frac{1}{h}\int_0^h \sigma' dz$에 $\sigma' = p-u$의 관계를 사용하여 적분을 실행한다.

[문제 2-8]

표 2-4는 어느 점토의 정변형 속도 압밀 시험의 결과이다. 이 시료의 압축 압밀 특성을 결정하시오. 다만 공시체 초기 높이 $h_0 = 2.00$ cm, 초기 간극비 $e_0 = 1.80$이다.

표 2-4 정변형 속도 압밀 시험의 결과

t (min)	p (kN/m²)	u_b (kN/m²)	d (min)
0.00E+00	9.80E+00	0.00E+00	0.00E+00
3.00E+00	2.14E+01	2.96E+00	2.00E−02
1.20E+01′	3.46E+01	8.63E+00	7.20E−02
2.10E+01	4.27E+01	1.13E+01	1.26E−01
3.00E+01	4.97E+01	1.28E+01	1.82E−01
3.90E+01	5.60E+01	1.41E+01	2.38E−01
4.80E+01	6.24E+01	1.50E+01	2.94E−01
1.16E+02	9.70E+01	1.63E+01	7.18E−01
2.96E+02	1.49E+02	3.11E+01	1.84E+00
4.76E+02	2.21E+02	5.13E+01	2.95E+00
6.56E+02	3.55E+02	9.47E+01	4.07E+00
8.36E+02	6.20E+02	1.95E+02	5.19E+00
1.02E+03	1.18E+03	4.44E+02	6.29E+00

[답]

압축하중 (p), 저면 간극수압 (u_b), 압축변위 (d)를 시간 (t)에 대해 그래프로 나타내면 그림 2-13(a)를 얻는다. Q 2-3-3의 순서에 따라 계산한다. 결과를 그림 2-13(b), (c)에 나타낸다.

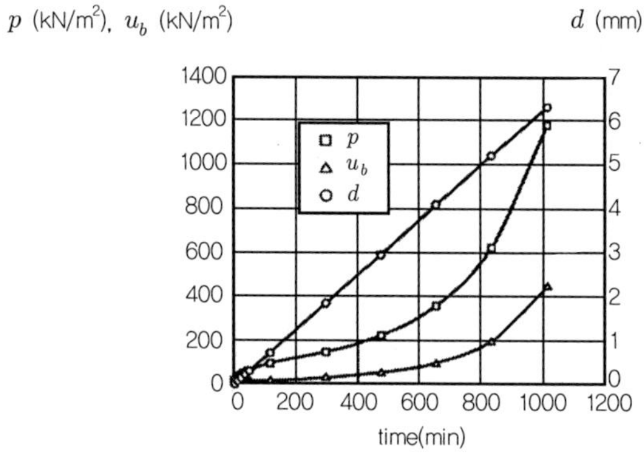

(a) 시험결과

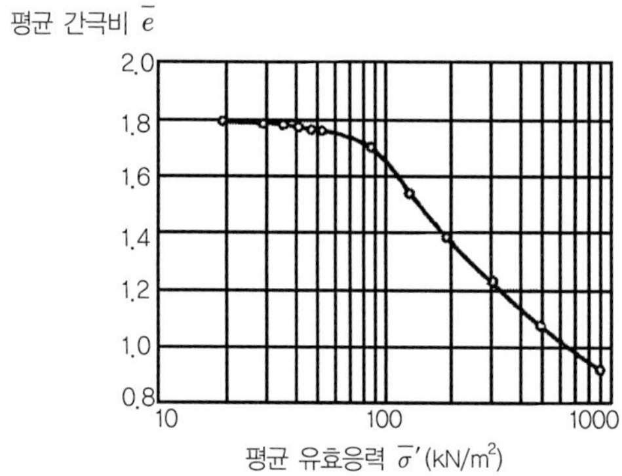

(b) 평균 간극비와 평균 유효응력(log)의 관계

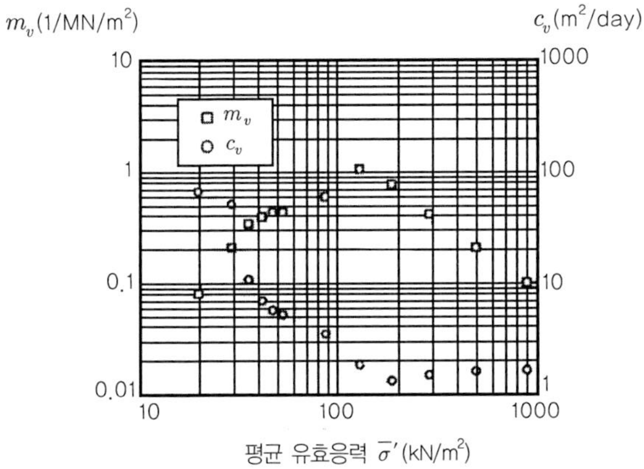

(c) 평균 유효응력에 대한 체적 압축 계수, 압밀 계수의 관계

그림 2-13 정변형 속도 압밀 시험의 결과와 압축·압밀 특성

제2장의 종합

★ 이 장에서는 흙이 일차원적으로 변형하는 경우를 대상으로 하여 압축성을 표현하기 위한 파라미터(체적 압축 계수, 압축지수, 정지토압 계수 등)와 그 결정법에 대해서 공부하였다.

점토의 압밀 방정식에서는 과잉 간극수압에 근거를 둔 Terzaghi 식과 변형량으로 표현된 미카사[三笠] 식들이 대표적이다. 이러한 압밀 방정식의 유도와 해법을 연습하였다.

압밀 이론의 응용으로서 압밀현상을 지배하는 여러 특성을 실내시험으로부터 구하는 방법이 있다. 이것을 바탕으로 한 다음에 실제 지반의 침하 예측법(제5장)으로 진행하면 보다 이해의 폭을 넓힐 수 있을 것으로 판단된다.

제3장

흙의 강도/다차원 변형

제3장
지반역학

흙의 강도/다차원 변형

★ 흙의 공시체를 준비하여 축방향으로 압축하중을 걸어본다. 공시체는 변형하면서 재하중과 평형하려고 하지만 더욱 재하를 계속하면 결국은 재하중과 평형할 수 없어 파괴한다.

이 파괴에 이르기까지의 재하중과 변위 관계를 그래프로 나타내면 그림 3-1과 같이 될 것이다. 만약 공시체에 원 모양을 그려두는 것이 가능하면(그림 중 A), 최종적으로는 비뚤어진 모양이 되어 있을 것이다(그림 중 B). 이와 같은 비뚤어진 변형을 전단이라 하며 공시체가 전단 파괴 시에 발휘하는 강도를 전단강도라 한다.

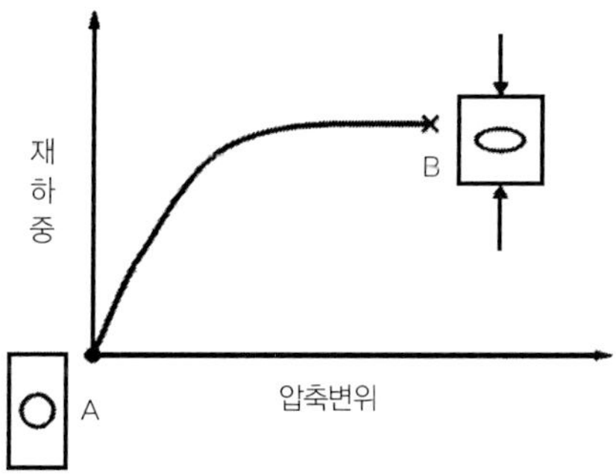

그림 3-1 전단변형

흙의 거동은 다른 공학재료와 달라서 유효응력에 의해서 통일적으로 해석할 수 있다는 특징이 있다. 따라서 이 장에서도 변형·강도 특성과 유효응력의 관계를 중심으로 이야기를 진행하게 된다. 또 흙의 변형과 강도는 분리해서 이해하기 어려운 현상이므로 양자를 일련의 현상으로 취급하는 것으로 한다.

3-1 다일러턴시(Dilatancy)

다일러턴시란 전단응력 변화에 따른 체적 변화 특성인데, 그 발현은 비배수 조건 하에서는 간극수압의 발생과 표리[表裏]의 관계에 있다. 즉, 비배수 조건(U-전단)에서는 공시체 속의 간극수가 밖으로 빠져 나갈 수 없으므로 공시체의 체적을 일정하게 유지하는 것과 같은 값이다. 따라서 공시체의 체적이 팽창하려고 하면 그것에 부합하는 부(−)의 간극수압이 발생하고, 역으로 체적이 수축하려고 하면 정(+)의 간극수압이 발생한다.

흙의 구성 관계(응력-변형)를 명확히 할 목적에서의 다일러턴시 연구의 역사는 오래되었다. 여기에서는 그 성과의 일부를 공부한다.

Q 3-1-1

Skempton의 간극수압 계수를 설명하시오.

간극수압의 발생량을 정량화할 수 있으면 유효응력 경로를 그릴 수 있고 전단강도를 한결같이 정할 수 있을 것으로 생각된다.

이와 같은 시도는 오래전부터 이루어지고 있으며 그 중에서도 Skempton에 의한 간극수압 계수가 오늘날에도 이용되고 있다.

Skempton은 삼축 비배수 전단에서의 간극수압의 발생 Δu가 그림 3-2에 나타낸 것과 같이 2개의 부분으로부터 성립한다고 생각하였다.

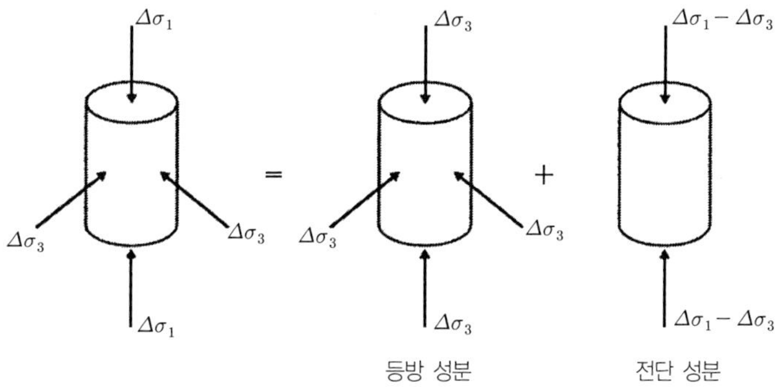

그림 3–2 삼축전단시험의 응력 성분의 분해

$$\Delta u = B\{\Delta\sigma_3 + A(\Delta\sigma_1 - \Delta\sigma_3)\} \tag{3-1}$$

즉, 간극수압의 변화는 등방적인 응력의 증분 (우변 { } 내 제1항)에 의한 것과 전단응력에 의한 것(우변 { } 내 제2항)들로부터 이루어진다. 우변 { } 내 제2항이 다일러턴시 특성에 의한 기여분으로 이해된다.

포화 흙에서는 등방적인 응력의 증분이 즉시 간극수압의 변화로 되므로 $B=1$ 이 성립한다. 따라서 식 (3-1)은 다음과 같다.

$$\Delta u = \Delta\sigma_3 + A(\Delta\sigma_1 - \Delta\sigma_3) \tag{3-2}$$

식 (3-1) 및 식 (3-2)의 파라미터 A와 B를 Skempton의 간극수압 계수라 부른다.

파괴 시의 간극수압의 크기를 알면 파괴 시의 유효응력 상태를 알 수 있어 전단강도를 한결같이 정할 수 있기 때문에, 특히 파괴 시의 간극수압 계수 A_f가 중요하다. 이 간극수압 계수 A_f는 재료의 차이에 의해서 다르지만 많은 실험에 의해서 대략 그 범위는 표 3-1과 같다.

표 3-1 파괴 시의 간극수압 계수 A_f[10)]

흙의 종류	A_f
느슨한 모래	2～5
포화점 성토	
예민한 것	1.5～3.0
정규압밀 점토	0.7～1.3
과압밀 점토	0.3～0.7
초과압밀 점토	0～−0.5

Q 3-1-2

등방선형 탄성체는 다일러턴시 특성을 갖지 않는다는 것을 확인하시오.

등방탄성체의 응력-변형 관계는 앞서 Q 2-1-3에서 기술한 식 (2-8)과 같이 표현된다.

이 식으로부터 체적 변형 증분 $d\varepsilon_v$를 계산하면,

$$d\varepsilon_v = d\varepsilon_1 + d\varepsilon_2 + d\varepsilon_3 = \frac{1-2\nu}{E}(d\sigma_1{}' + d\sigma_2{}' + d\sigma_3{}') \tag{3-3}$$

체적 변형은 전단응력에 관계없이 평균 유효응력 $dp' = \dfrac{d\sigma_1{}' + d\sigma_2{}' + d\sigma_3{}'}{3}$에 의해서만 결정되는 것을 알았다.

따라서 전단응력에 의한 체적 변화는 생기지 않고 등방탄성체에는 다일러턴시 특성이 없게 된다.

더욱이 식 (3-3)으로부터 삼축 U-전단에서는 $d\varepsilon_v = 0$으로부터 $d\sigma_1{}' + 2d\sigma_3{}' = 0$이 되므로 전응력과 유효응력의 관계($d\sigma_1 = d\sigma_1{}' + du$, $d\sigma_3 = d\sigma_3{}' + du$)를 대입하면 다음 식과 같다.

$$du = d\sigma_3 + \frac{1}{3}(d\sigma_1 - d\sigma_3)$$

위 식과 식 (3-2)를 비교하면 간극수압 계수는 $A = 1/3$으로 되는 것이 명확하다.

Q 3-1-3

흙의 다일러턴시 특성을 조사하기 위해서는 평균 응력을 일정하게 유지하여 배수 전단(D-전단)시험을 하면 좋다. 이와 같은 시험 결과의 예가 그림 3-3에 제시되어 있다. 그림의 의미를 고찰하시오.

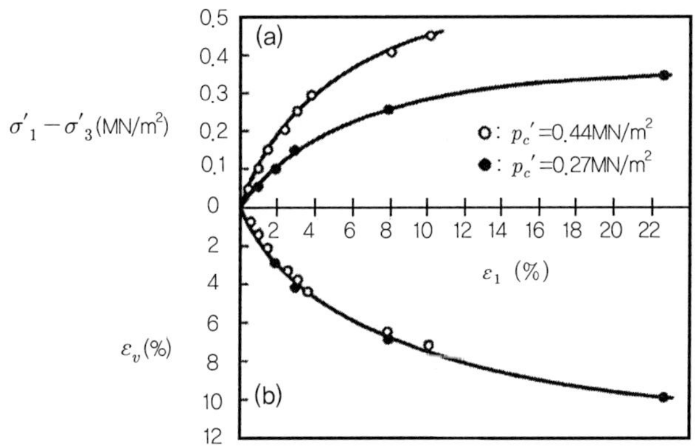

그림 3-3 p' 일정의 D-전단시험의 결과[11] ($0.1\text{MN/m}^2 = 100\text{kN/m}^2$)

시험은 각각 0.44MN/m^2과 0.27MN/m^2로서 등방압밀된 정규 점토공시체를 평균응력을 바꾸지 않고 D-전단한 것이다. 그림 (a)는 그때의 주응력차–축변형 관계, 그림 (b)는 체적 변형 · 축변형의 관계이다.

이러한 결과에 근거를 두어 주응력차 $q = (\sigma_1{}' - \sigma_3{}')$를 평균 유효주응력 p'으로써 정규화한 $\frac{q}{p'}$과 체적 변형 ε_v로 고쳐 그리면 그림 3-4와 같다.

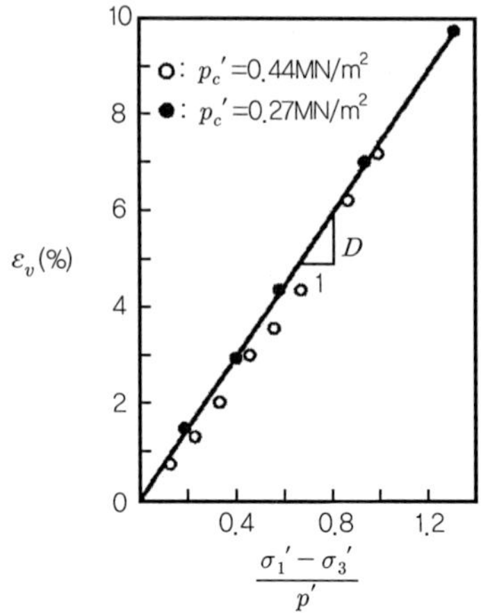

그림 3-4 정규 압밀 점토의 다일러턴시[11)]

즉, p' 일정한 경우에는

$$\varepsilon_v = D\frac{q}{p'} \tag{3-4}$$

로 된다. 여기에서 D는 다일러턴시 계수이며 다일러턴시에 기인하는 체적 변형은 전단응력비에 비례한다는 것이 시바타[柴田](1963)[11)]에 의해 발견되었다.

3-2 파괴 규준

그림 3-5(a)에 나타낸 것과 같은 일면 전단시험을 생각한다. 연직방향으로 일정하중 P를 공시체에 작용시킨 상태에서 수평방향으로 전단력 S를 증가시키면서 상하 2개의 전단 박스의 수평방향으로 어긋남 변위(비틀림 변위)로 가한 전단력을 계측한다. 공시체의 단면적을 A라 하면 수평면 위에는 수직 응력 $\sigma = \frac{P}{A}$와 전단응력 $\tau = \frac{S}{A}$가 작용하고 있다[그림 3-5(a)]. 연직방향의 일정재하중 P의 값을 바꾸어 실

험을 하면 어긋남 변위와 전단응력의 관계를 그림 (b)와 같이 그릴 수 있다. 이것을 수직응력 σ와 파괴 시의 전단응력 τ_f의 관계로서 정리하면 그림 (c)와 같이 1본의 직선으로 나타낼 수 있다. 즉, 파괴 시의 전단응력 τ_f는 2개의 정수 c와 ϕ를 이용하여

$$\tau_f = c + \sigma \tan\phi \tag{3-5}$$

로 표현된다.

공시체가 수직응력 σ에 의해서 강하게 구속될수록 그 흙의 전단강도는 커진다. 식 (3-5)는 Coulomb의 파괴 규준이며 점착력 c와 내부 마찰각 ϕ를 알면 흙의 전단강도를 나타낼 수 있다.

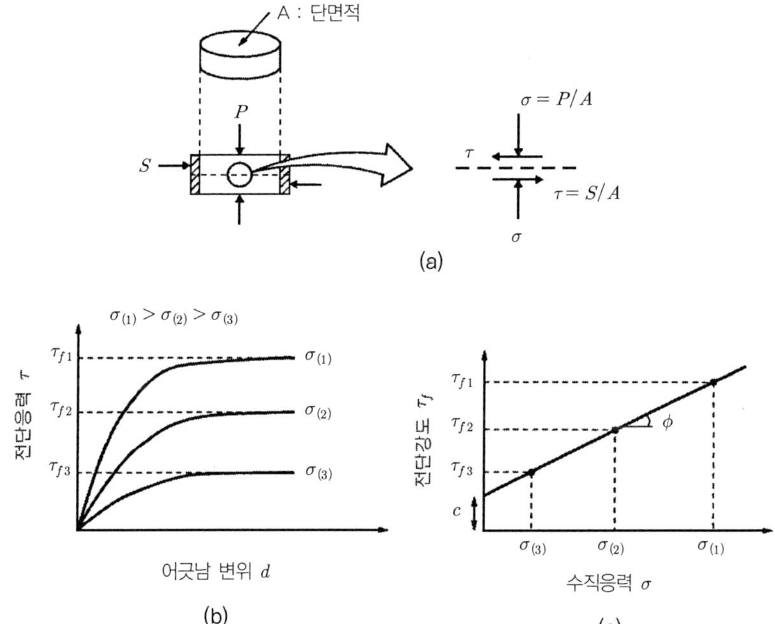

그림 3-5 Coulomb의 파괴 규준

Q 3-2-1

Coulomb의 파괴 규준식을 주응력으로 표현하시오.

우선, 주응력과 각 응력 성분의 관계를 정리한다. 미소 요소에 작용하는 응력 [그림 3-6(a)]에서 최대 주응력의 작용면을 AB, 그것과 수직인 최소 주응력의 작용면을 AC라 한다.

최대 주응력면으로부터 각도 θ를 이루는 면 BC를 고려하여 그 면에 작용하고 있는 응력을 σ_θ, τ_θ로 둔다. BC면 상의 작용력은 AB면 및 AC면 상의 작용력과 평형이어야 하므로, 다음과 같은 식이 얻어진다.

$$\left.\begin{aligned} \sigma_\theta &= \frac{\sigma_1+\sigma_3}{2}+\frac{\sigma_1-\sigma_3}{2}\cos 2\theta \\ \tau_\theta &= \frac{\sigma_1-\sigma_3}{2}\sin 2\theta \end{aligned}\right\} \quad (1)$$

식 (1)로부터 θ를 소거하면, 다음과 같다.

$$\left(\sigma_\theta-\frac{\sigma_1+\sigma_3}{2}\right)^2+\tau_\theta^2=\left(\frac{\sigma_1-\sigma_3}{2}\right)^2 \quad (2)$$

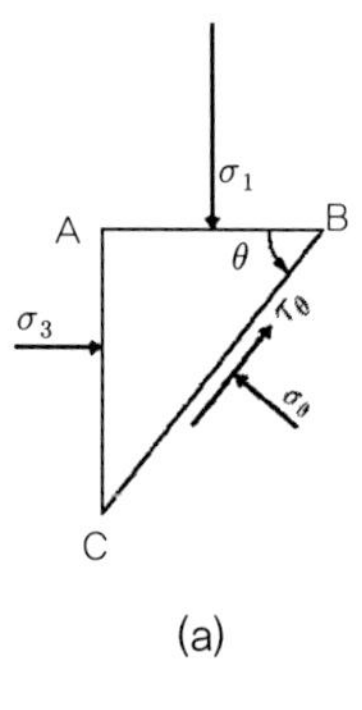

(a)

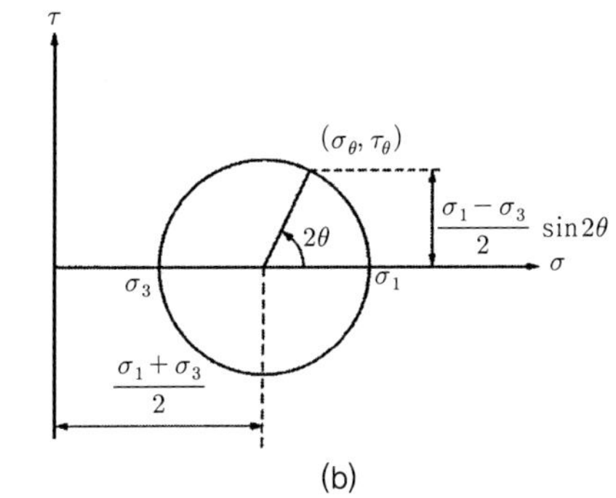

그림 3-6 Mohr의 응력원

식 (2)는 $\sigma - \tau$면 상에서 중심이 $\left(\dfrac{\sigma_1 + \sigma_3}{2}, 0\right)$, 반경이 $\dfrac{\sigma_1 - \sigma_3}{2}$의 원의 방정식이 된다. 이와 같은 응력의 표시 방법은 그림 (b)로 나타낼 수 있으며 Mohr의 응력원법이라 한다.

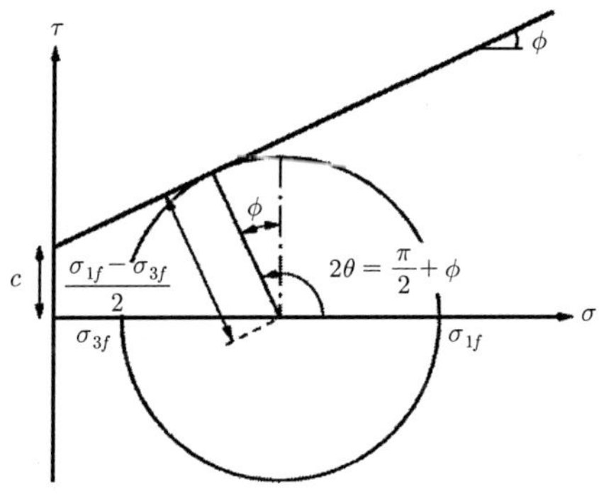

그림 3-7 Coulomb의 파괴 규준과 Mohr의 응력원

어느 면 상에서의 파괴 시의 응력 상태(σ_f와 τ_f)는 Coulomb의 파괴 규준 식 (3-5)를 만족하므로 그때의 Mohr의 응력원은 이 파괴 규준선에 접하여야 한다(그림 3-7). 따라서 Coulomb의 파괴 규준 식 (3-5)를 만족하는 응력이 작용하는 면은

최대 주응력면으로부터 반시계 방향으로 $\frac{\pi}{4}+\frac{\phi}{2}$의 각도만큼 경사지게 된다.

그림 3-7과 같이 Coulomb의 파괴 규준이 Mohr 응력원의 포락선으로서 표현되므로 식 (3-5)를 Mohr-Coulomb의 파괴 규준이라고도 부른다.

식 (3-5)를 만족하는 응력 상태(σ_f와 τ_f)와 주응력의 관계는 $\theta=\frac{\pi}{4}+\frac{\phi}{2}$를 식 (1)에 대입하여

$$\sigma_f=\frac{\sigma_{1f}+\sigma_{3f}}{2}-\frac{\sigma_{1f}-\sigma_{3f}}{2}\sin\phi,\ \tau_f=\frac{\sigma_{1f}-\sigma_{3f}}{2}\cos\phi \quad (3)$$

을 얻고나서 이 식 (3)을 식 (3-5)에 대입함으로써 최종적으로 주응력 표시의 Mohr-Coulomb의 파괴 규준 식 (3-6)을 구할 수 있다.

$$\sigma_{1f}-\sigma_{3f}=2c\cos\phi+(\sigma_{1f}+\sigma_{3f})\sin\phi \quad (3\text{-}6)$$

Q 3-2-2

유효응력으로 표시된 파괴 규준을 나타내시오.

간극수압을 u라 하면 전응력과 유효응력의 사이에는 수직응력 σ와 전단응력 τ에 대해 $\sigma=\sigma'+u$, $\tau=\tau'$라고 하는 널리 알려진 관계가 성립한다. 여기에서 σ와 τ가 전응력, σ'과 τ'은 유효응력이다. 다만 τ는 전응력과 유효응력의 구별을 하지 않아도 좋다. 따라서 파괴 시의 Mohr의 응력원은 그림 3-8과 같이 간극수압만큼 수평방향으로 이동하게 된다.

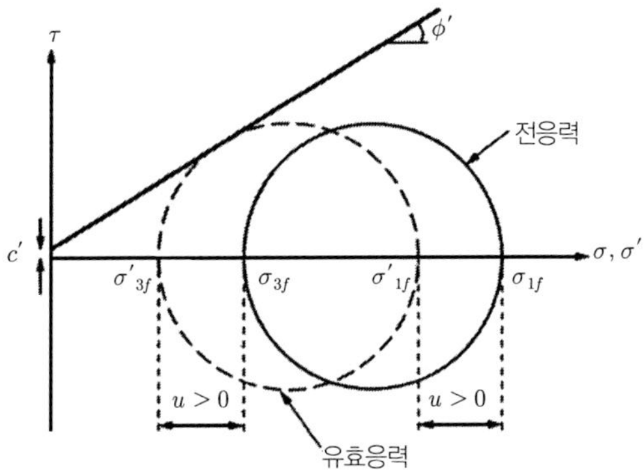

그림 3-8 유효응력에 의한 Mohr의 응력원과 파괴 규준

파괴 시의 유효응력에 의한 Mohr의 응력원은 $\sigma' - \tau$면 상에서 한 개의 직선에 접할 것으로 생각되므로 이 직선은

$$\tau = c' + \sigma' \tan\phi' \tag{3-7}$$

로 표현된다. 여기에서 c'과 ϕ'은 각각 유효 점착력과 유효 내부 마찰각이다. 마찬가지로 주응력 표시의 Coulomb의 파괴 규준을 유효응력으로 나타내면 식 (3-6)으로부터

$$\sigma_{1f}' - \sigma_{3f}' = 2c'\cos\phi' + (\sigma_{1f}' + \sigma_{3f}')\sin\phi' \tag{3-8}$$

로 된다. 다만 실험 결과들에 의하면 유효응력에 근거를 둔 점착력 c'은 모래의 경우는 물론 점토의 경우도 과압밀 점토를 제외하고 영(0)이 되는 것으로 알려져 있다.

C. A. Coulomb(1736~1806)

★ 18세기 최고의 과학/기술자. 육군 기사, 파리 과학 아카데미 회원. 축성의 경험으로부터 옹벽토압론(1773)을 발표하였다. 토압론을 비롯하여 마찰법칙, 전자기학 등 다양한 분야에서의 업적이 200년 후인 오늘까지 활용되고 있는 아주 드물고 위대한 존재라 할 수 있다.

1781년, 45세를 기점으로 실무 중심의 공학에서 물리학 연구로 전환하였다. 전자기학의 연구에 몰두한 시점에 프랑스 혁명(1789)이 일어났다.

파리를 도망쳐 자유롭지 못한 은둔생활 중에도 자연을 소재로 한 연구를 계속하여 만족할 줄을 몰랐다.

Q 3-2-3

압밀압력 σ_c로서 정규 상태까지 등방압밀한 후, 완전한 배수 상태에서 전단을 하였다(D-전단).

(1) 측압 σ_r을 일정($\sigma_r = \sigma_c$)하게 하여 축압 σ_a를 증가시킨다.

(2) $(\sigma_a + 2\sigma_r)$을 일정하게 유지하면서 측압을 감소시켜 축압을 증가시킨다.

(3) 축압을 일정($\sigma_a = \sigma_c$)하게 하여 측압을 감소시킨다.

이러한 시험에서 공시체가 파괴에 달하기까지의 응력 경로를 설명하시오.

완전한 D-전단에서는 공시체 내의 간극수압 u는 영(0)으로 유지되므로 유효응력과 전응력들은 항상 일치한다.

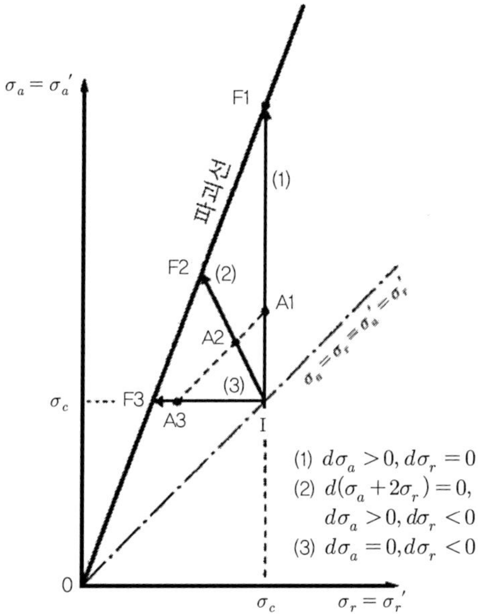

그림 3-9 응력 경로(D-전단)

우선 세로축에 최대 주응력으로 되는 축압 $\sigma_a (= \sigma_a')$을, 가로축에 최소 주응력으로 되는 측압 $\sigma_r (= \sigma_r')$을 취하여 응력 경로를 그린다(그림 3-9). 유효응력의 파괴 규준 식 (3-8)은 정규 압밀 점토에 대해서는 유효 점착력 $c' = 0$으로 해도 좋으므로 그림 중에 나타낸 바와 같이 원점을 지나는 직선이 된다. 초기의 압밀 종료 시에는 그림 중의 점 I에 있었던 응력 상태는,

(1)의 경우($d\sigma_a > 0$, $d\sigma_r = 0$), 응력 경로는 I → A1 → F1으로 되며 점 F1에서 파괴한다.

(2)의 경우[$d(\sigma_a + 2\sigma_r) = 0$, $d\sigma_a > 0$, $d\sigma_r < 0$]에는 응력 경로는 I → A2 →

F2를 따라가며 점 F2에서 파괴한다.

(3)의 경우($d\sigma_a = 0$, $d\sigma_r < 0$), 응력 경로는 I → A3 → F3으로 되며 점 F3에서 파괴한다. 파괴 시의 응력 점 F1, F2, F3은 파괴선상에 있다.

이러한 응력 변화를 Mohr의 응력원을 이용하여 나타내면 그림 3-10과 같다. 그림에는 초기의 점 I, 전단 도중의 점 A 및 파괴 시의 점 F를 선택하여 Mohr 원을 그리고 있다. 등방압밀이기 때문에 압밀 종료 시의 초기의 점 I는 $\sigma-\tau$면상에서 1점으로 된다. (1)의 경우를 그림 (a)에, (2)의 경우를 그림 (b)에, 그리고 (3)의 경우를 그림 (c)에 나타내고 있다.

그림 3-9로부터 명확하지만 파괴 시의 Mohr 원에 접하는 파괴선의 기울기는 어떤 경우도 일치하여 유효 내부 마찰각 ϕ'을 얻을 수 있다. 다만 D-전단의 경우 이 내부 마찰각을 특히 ϕ_d라 적는다.

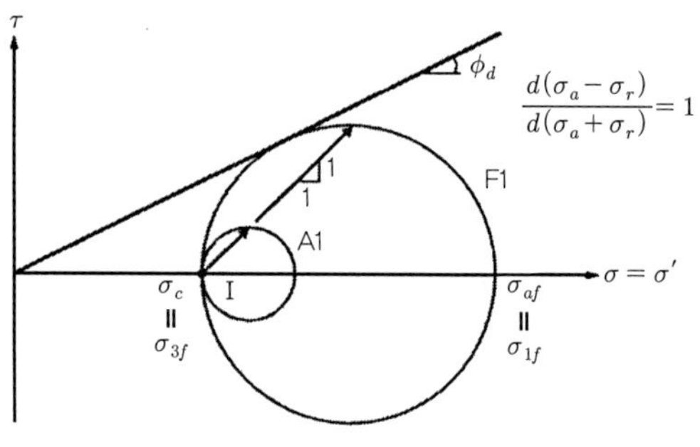

(a) 측압 일정에서 축압을 증가

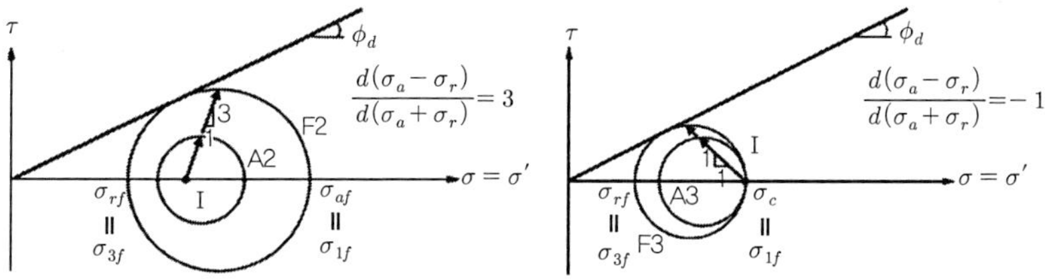

(b) $(\sigma_a+2\sigma_r)$을 일정하게 유지하면서 측압 감소, 축압을 증가

(c) 축압을 일정, 측압을 감소

그림 3-10 Mohr의 응력원의 변화(D-전단)

Q 3-2-4

정규 상태까지 압력 σ_c로서 등방압밀한 후 비배수 상태에서 간극 수압을 측정하면서 전단을 하였다(U-전단). 이때,

(1) 측압 σ_r을 일정($\sigma_r = \sigma_c$)하게 하여 축압 σ_a를 증가시킨다.
(2) $(\sigma_a + 2\sigma_r)$을 일정하게 유지하면서 측압을 감소시키고 축압을 증가시킨다.
(3) 축압을 일정($\sigma_a = \sigma_c$)하게 하여 측압을 감소시킨다.

이러한 시험에서 공시체가 파괴하기까지의 응력 경로를 설명하시오.

세로축에 최대 주응력 (축압) σ_a와 $\sigma_a{}'$을, 가로축에 최소 주응력 (측압) σ_r과 $\sigma_r{}'$을 취하여 응력 경로를 구한다(그림 3-11). 유효응력의 파괴선[식 (3-8)]은 정규압밀 점토에 대해서는 $c' = 0$으로 해도 좋으므로 원점을 지나는 직선으로 된다. 우선 전단에 따른 전응력 경로를 그려보자.

초기의 압밀 종료 시에 점 I(그림 3-11)에 있었던 응력 상태는 (1)의 경우 $(d\sigma_a > 0,\ d\sigma_r = 0)$, I → A1 → B1 → F1으로 옮겨서 점 F1에서 파괴한다. (2)의 경우 $[d(\sigma_a + 2\sigma_r) = 0,\ d\sigma_a > 0,\ d\sigma_r < 0]$에는 I → A2 → B2 → F2로 옮겨서

점 F2에서 파괴한다. (3)의 경우 ($d\sigma_a = 0$, $d\sigma_r < 0$)에는 I → A3 → B3 → F3으로 되어, 점 F3에서 파괴한다.

전단에 따라서 간극수압이 발생하는데 각각의 재하에 의해서 발생량은 다르지만 유효응력 경로는 일치하는 것이 실험적으로 확인되어 있다. 즉, 어느 쪽의 경우도 유효응력 경로는 I → A → B → F를 그리고 점 F에서 파괴한다.

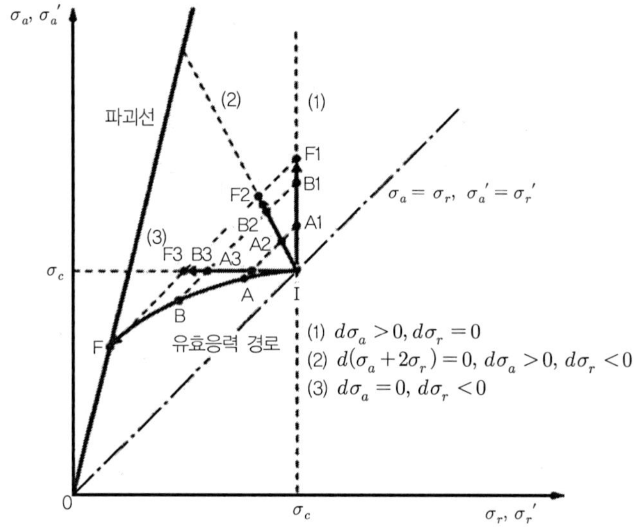

그림 3-11 응력 경로(U-전단)

이러한 응력 변화를 Mohr 원으로써 표현한 것이 그림 3-12이다. 초기의 점 I, 전단 도중의 점 A와 점 B, 파괴 시의 점 F를 선택하여 Mohr의 응력원을 그린 것이다. 등방압밀이기 때문에 압밀 종료 시의 초기점 I는 $\sigma - \tau$면상에서 한점으로 표현된다. (1)의 경우를 그림 (a)에, (2)의 경우를 그림 (b)에, 그리고 (3)의 경우를 그림 (c)에 나타내고 있다. 어느 쪽의 경우에도 유효응력에 근거를 둔 Mohr 원의 변화는 동일하며 파괴 시의 Mohr 원에 접하는 파괴선의 기울기(유효 내부 마찰각 ϕ')는 일치한다. 다만 재하의 차이(전응력 경로의 차이)에 의해 전응력에 의한 Mohr 원의 확대 모습이 다른 것을 알 수 있다.

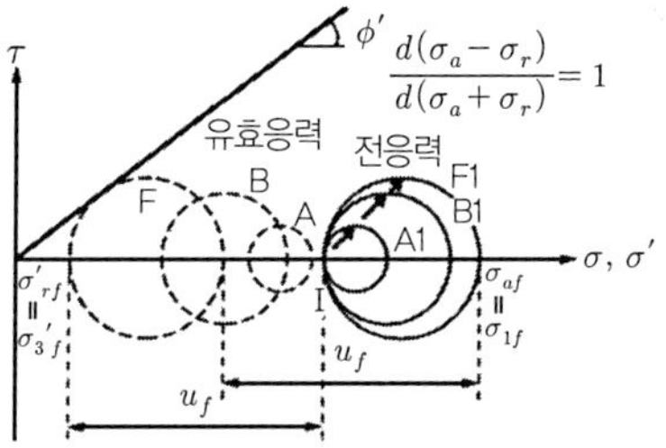

(a) 측압 일정에서 축압을 증가

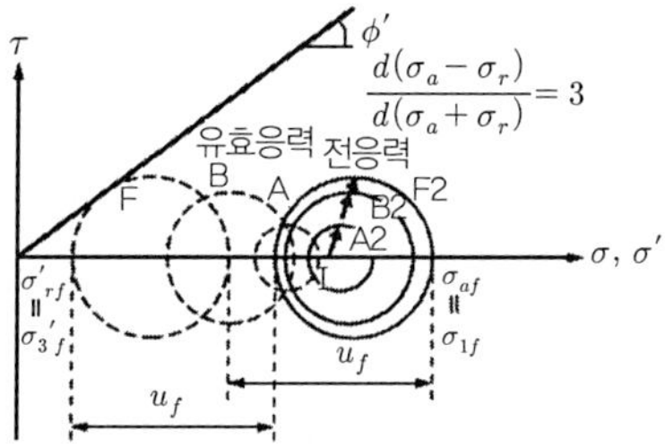

(b) $(\sigma_a+2\sigma_r)$을 일정하게 유지하면서 측압 감소, 축압을 증가

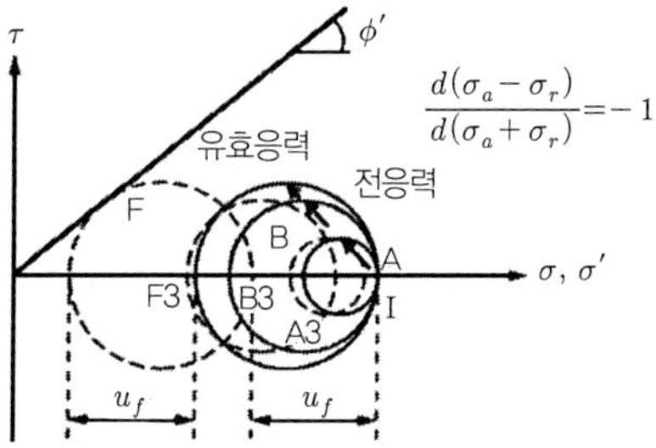

(c) 축압을 일정, 측압을 감소

그림 3-12 Mohr의 응력원의 변화(U-전단)

파괴 시 전응력의 Mohr 원을 3개의 케이스에 대해 동일 면상에 그린 것이 그림 3-13이다. 응력원의 크기는 변하지 않고 위치만 다를 뿐이다. 따라서 전응력에 기초를 둔 파괴선은 가로축에 평행한 직선으로 되어 내부 마찰각 ϕ는 제로가 된다. 이때의 점착력 c를 c_u로 적고 비배수 강도라 부른다. 이 비배수 강도는 그림 3-11에 보인 유효응력 경로의 파괴점(점 F)에서의 주응력 차의 반 정도 $\left(c_u = \dfrac{\sigma_{1f}-\sigma_{3f}}{2} = \dfrac{\sigma_{1f}{}'-\sigma_{3f}{}'}{2}\right)$를 부여한다.

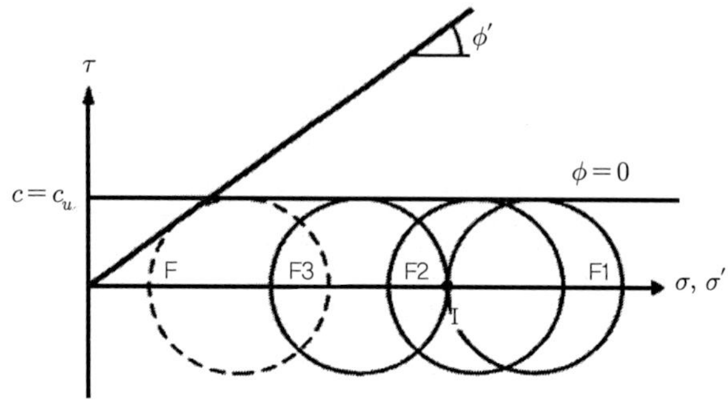

그림 3-13 전응력의 Mohr의 응력원

Q 3-2-5

등방압밀된 정규 압밀 점토 공시체를 간극수압을 측정하면서 U-전단한 경우, 그림 3-14에 보인 결과를 얻었다. 유효 내부 마찰각을 구하시오.

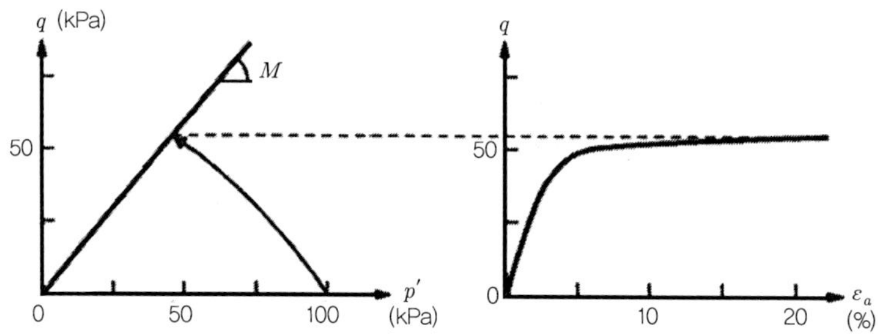

그림 3-14 정규 압밀 점토의 U-전단시험 결과

정규 압밀 점토이므로 유효 점착력 c'은 영(0)이다. 따라서 원점으로부터 파괴 시의 응력점 (p_f', q_f)를 지나는 곡선이 파괴선으로 된다. 이 $p'-q$면 상에서의 파괴선의 기울기를 M(대문자 μ)이라 적고 한계 응력비*라 한다.[12] 그림 3-14로부터

---

* 정규 압밀 점토의 응력비 $\frac{q}{p'}$는 전단 변형이 ∞로 되는 종국의 상태에서 M(=일정)으로 된다. 이 상태에서는 전단응력과 체적 변형의 변화가 모두 영(0)으로서, 특히 한계 상태(critical state)라 부른다. 한계 상태에서의 응력비가 한계 응력비이다.

$M=1.2$를 읽을 수 있다.

이제 $M=\dfrac{q_f}{p_f{}'}=\dfrac{3(\sigma_{sf}{}'-\sigma_{rf}{}')}{\sigma_{af}{}'+2\sigma_{rf}}$이기 때문에 $\dfrac{\sigma_{rf}{}'}{\sigma_{af}{}'}=\dfrac{3-M}{3+2M}$을 얻는다.

그림 3-15의 Mohr 응력원으로부터 $\sin\phi'=\dfrac{\sigma_{af}{}'-\sigma_{rf}{}'}{\sigma_{af}{}'+\sigma_{rf}{}'}$이기 때문에 $\dfrac{\sigma_{rf}{}'}{\sigma_{af}{}'}=\dfrac{1-\sin\phi'}{1+\sin\phi'}$으로 된다. 따라서 한계 응력비와 유효 내부 마찰각의 관계는 다음과 같다.

$$M=\frac{6\sin\phi'}{3-\sin\phi'} \tag{3-9}$$

그러므로 $M=1.2$이면 $\phi'=30$도로 구해진다.

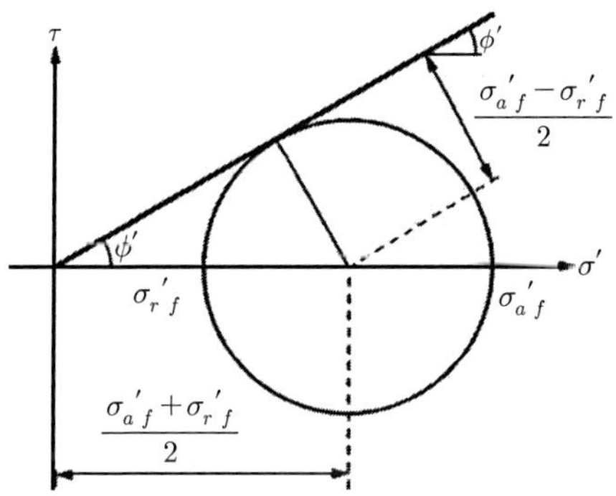

그림 3-15 파괴선과 Mohr의 응력원($c'=0$)

3-3 강도 증가율

Q 3-3-1

정규 점토에 대해 압밀 U-전단을 하면, 강도 증가율 $\dfrac{c_u}{p}$를 구할 수 있다. 삼축압축시험을 예로 들어 그 순서를 설명하시오.

삼축시험장치로 압밀압력 σ_c를 세 가지 이상으로 바꾸어 각각 정규상태까지 등방압밀한 후 U-전단을 한다. 그때의 응력 경로를 그리면 그림 3-16과 같다. 압밀 압력 σ_{c1}, σ_{c2}, σ_{c3}에 대해 전응력 경로가 I1→F1, I2→F2, I3→F3, 유효응력 경로가 I1→F1′, I2→F2′, I3→F3′으로 되며 파괴점 F1′, F2′, F3′은 원점을 지나는 직선 상에 있다. 전단에 따라 그림 중에 보인 바와 같이 정(+)의 간극수압이 발생한다.

파괴 시의 응력 상태를 Mohr 원으로 나타내면 그림 3-17을 얻는다. 실선이 전응력, 점선이 유효응력의 원을 보이고 있다. 유효응력의 Mohr 원에 대해 포락선을 그리면 원점을 지나는 직선 $(c' = 0)$으로 되며 그 기울기는 유효 내부 마찰각 ϕ'으로 된다. 전응력의 포락선은 가로축에 평행한 직선으로 되며(내부 마찰각 $\phi = 0$, 그림 3-13 참조) 세로축과의 절편이 각각의 압밀 압력에 대해서 비배수 전단강도 c_u를 나타낸다.

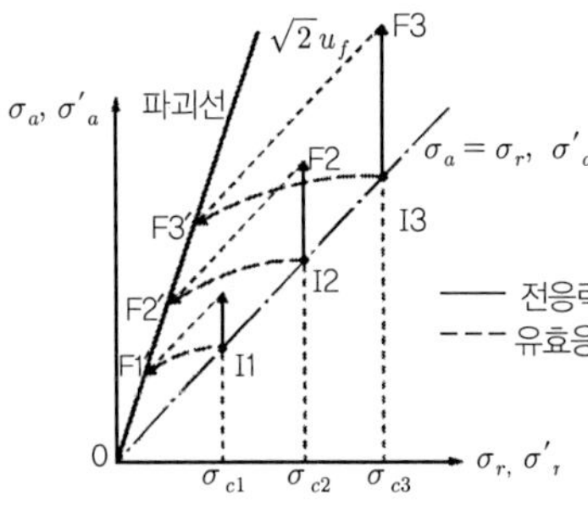

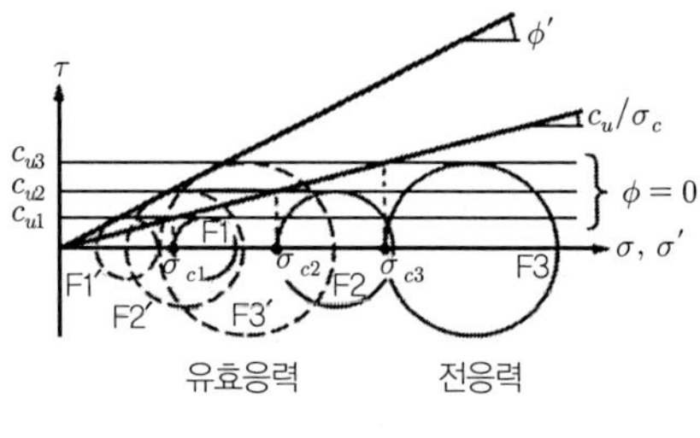

그림 3-16 압밀응력이 다른 경우의 응력 경로 **그림 3-17** 압밀압력이 다른 경우의 Mohr의 응력원

Q 3-3-2

과압밀과 정규 압밀 점토의 비배수 전단강도의 차이를 비교하시오.

과압밀 점토에 대해 이용하는 과압밀비 OCR은 과거에 받고 있었던 압밀압력을 σ_c, 현재의 구속압(압밀압력)을 σ_i로 두면 $OCR = \frac{\sigma_c}{\sigma_i}$로 정의된다. 그림 3-18(a)에서 점 A → B → C는 정규 압밀 점토, 점 B → D에 이르는 곡선은 팽윤[膨潤]곡선(또는 제하 곡선)이라고 부르며 과압밀 점토는 이 과정에 있다.

점 D에서 과압밀 점토는 $OCR = \frac{\sigma_{c2}}{\sigma_{c1}}$이다. 이 과압밀 점토를 측압을 일정하게 하여 U-전단하면 부(−)의 간극수압을 발생시켜 유효응력이 증가하면서 파괴선으로 향한다. 따라서 동일한 압밀압력에서도 전단에 따른 정(+)의 간극수압이 발생하여 유효응력이 줄어들면서 파괴선으로 향해가는 정규 압밀 점토[그림 (a)의 점 A]와는 강도에 차가 생긴다. 결국 점 D에서의 과압밀 점토에 대해서는 전응력의 응력원이 그림 (b)의 D″와 같이 유효응력의 Mohr 원이 그림 (c)의 $\overline{\text{D}}$와 같이 그려진다.

점 A에서의 정규 압밀 점토를 U-전단하면 파괴 시의 Mohr 원은 그림 (b)의 A″(전응력), 그림 (c)의 $\overline{\text{A}}$(유효응력)로 된다. 또 그림 (a)의 점 B의 정규 압밀 점토는 그림 (b)의 B″과 그림 (c)의 $\overline{\text{B}}$에 각각의 Mohr 원이 그려진다.

이제 D″로 제시된 Mohr 원의 반경이 σ_{c1}인 구속압을 받는 과압밀 점토의 비배수 강도 c_u를 주기 때문에 그림 (b)에서 점 D′을 수평으로 이동한 점 D가 이 점토의 c_u를 나타내게 된다. 구속압이 σ_{c1}과 σ_{c2}의 사이에 있는 과압밀 점토에 대해서도 마찬가지 정리를 하면 점 B와 점 D들을 연결하는 약간 위로 볼록한 곡선 상에 그 점토의 비배수 강도가 제시된다. 이 곡선의 구배가 과압밀 점토의 강도 증가율 $\frac{c_u}{p}$로 된다.

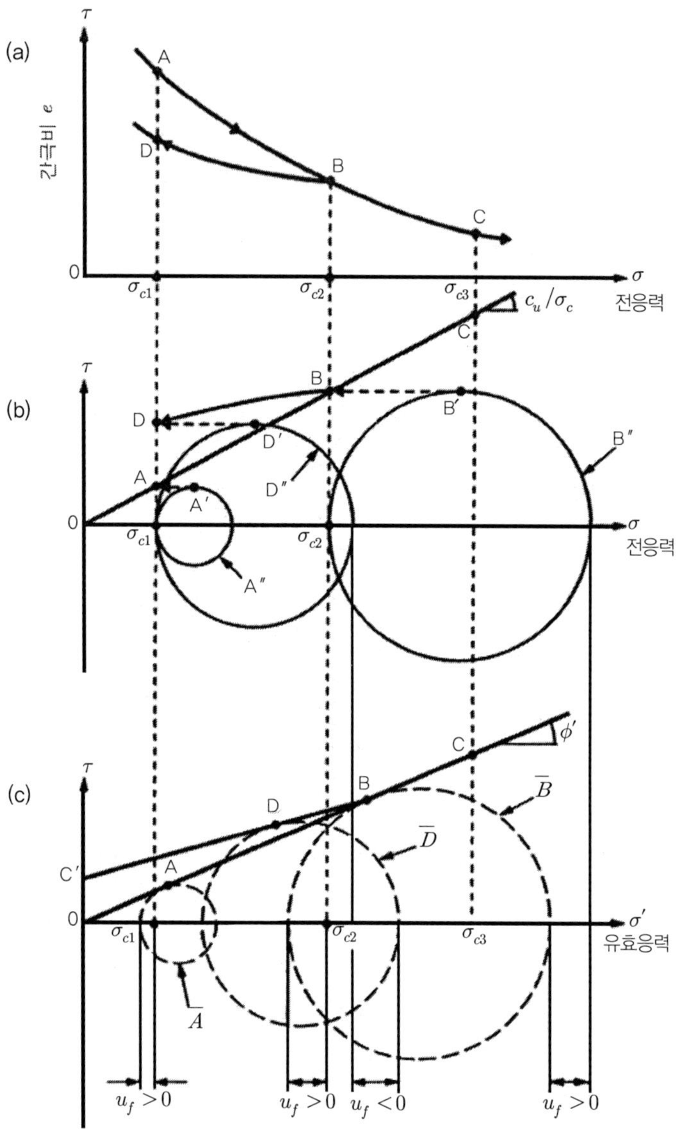

그림 3-18 정규 압밀 및 과압밀 점토의 전단강도

또한 유효응력에 의한 Mohr의 응력원[그림 (c)]을 보면, 과압밀 점토에서는 $u_f < 0$으로 되기 때문에 원은 우측에 가깝고 일반적으로 파괴 포락선은 세로축에 절편 $c'(> 0)$을 갖는다.

Q 3-3-3

K_0 압밀된 점토의 비배수 전단 특성을 서술하시오.

K_0 상태에서 정규 압밀된 점토 시료를 U-압축 전단하면 그림 3-19와 같은 유효응력 경로, 점 I → A(파괴)를 얻는다. 동일한 점토를 U-신장[伸張] 전단하면 점 I → P(파괴)에 이르는 유효응력 경로로 된다. 압밀 압력을 바꾸어 마찬가지의 압축 시험을 반복하여 파괴점을 늘어놓으면 원점을 지나는 직선으로 되며 구배는 $\dfrac{\sigma_{hf}'}{\sigma_{vf}'} = \dfrac{1-\sin\phi'}{1+\sin\phi'}$ 로서 등방압밀로 변하지 않는다.

그러나 비배수 전단강도 c_u는 압축과 신장[伸張] 전단에서 크게 다르다. 그림 3-19의 $c_{u(c)}$가 압축전단측, $c_{u(e)}$가 신장 측의 비배수 강도이며 통상 $c_{u(c)}$의 쪽이 $c_{u(e)}$보다 2배 정도 큰 값으로 된다. 또 압축 측의 $c_{u(c)}$는 연직압력과 동일한 응력으로 등방압밀된 경우의 비배수 강도는 거의 같아지는 경향이 있다.

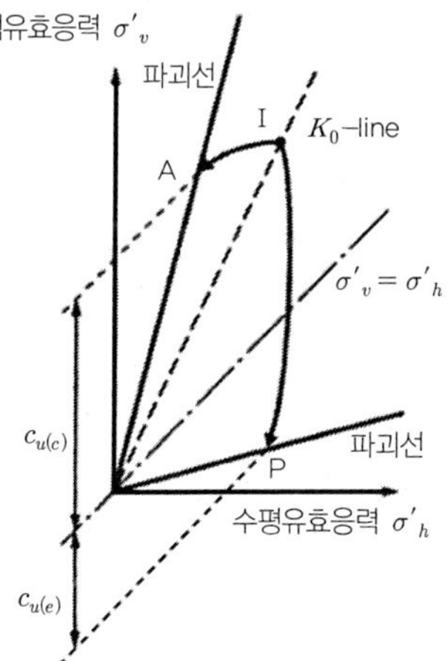

그림 3-19 K_0 **압밀 정규 점토의 U-전단**

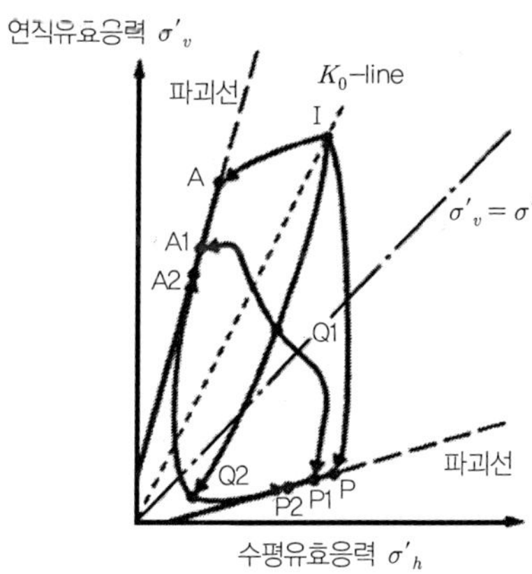

그림 3-20 K_0 **팽윤 과압밀 점토의 U-전단**

K_0 상태에서의 제하·팽윤된 과압밀 공시체를 U-전단하면 유효응력 경로는 그림 3-20에서 점 I로부터의 제하·팽윤 과정이 I → Q1 → Q2로 나타난다. U-전단의 경우 과압밀비가 커짐에 따라(전단 개시 시점이 점 Q1 → Q2로 옮겨감에 따라) 원래 체적을 수축시키려고 하는 성질이 역으로 팽창시키려고 하는 성질로 바뀌어 간다. 다일러턴시 발현의 방법이 변화하는 것이다. 또 파괴 시의 점 (A, A1, A2나 P, P1, P2)을 늘어놓으면 좌표축에 절편을 가진다.

3-4 다차원 변형

일차원의 변형 특성은 압밀 현상을 대표로 하여 제2장에서 이미 기술하였다. 여기에서는 응력 이력에 의한 영향을 중시하면서 삼축압축 전단 중에 보이는 응력-변형 관계를 고려한다.

Q 3-4-1

응력이 등방상태 $(e_0, p_0', q=0)$로부터 임의 상태 $(e, p', q=q)$까지 변화할 때 간극비의 감소량 Δe는 다음 식으로서 표현됨을 나타내시오.

$$\Delta e = \lambda \log_e\left(\frac{p'}{p_0'}\right) + (1+e_0)D\left(\frac{q}{p'}\right) = C_c \log_{10}\left(\frac{p'}{p_0'}\right) + (1+e_0)D\left(\frac{q}{p'}\right) \quad (3\text{-}10)$$

여기에서, λ와 C_c : 압축지수(자연 log와 상용 log), D : 다일러턴시 계수

점토의 미소한 체적 변화는 등방적인 응력 변화와 전단력 변화에 의한 변화의 합으로 고려된다.[11)13)] 등방적인 응력 변화에 의한 체적 변화는 그림 3-21의 $e-\log_e p'$ 관계로써 표현된다. 그림 중의 λ와 κ는 각각 압축지수와 팽윤 지수이며 가

로축을 자연 로그 표시로 고쳐 적음으로써 상용 로그 표시의 압축지수 C_c와 팽윤지수 C_s로부터 $\lambda = 0.434 C_c$, $\kappa = 0.434 C_s$로 된다.

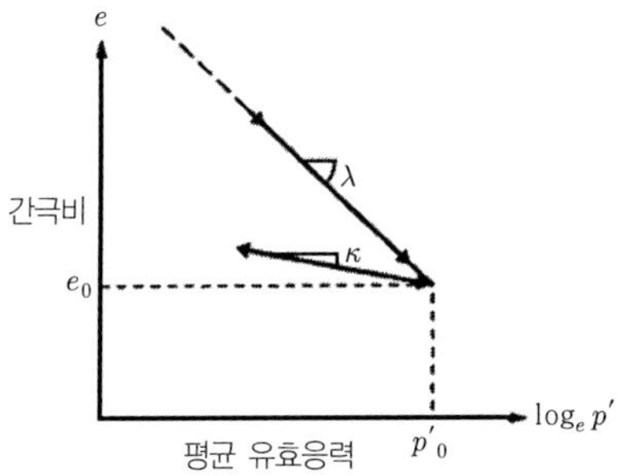

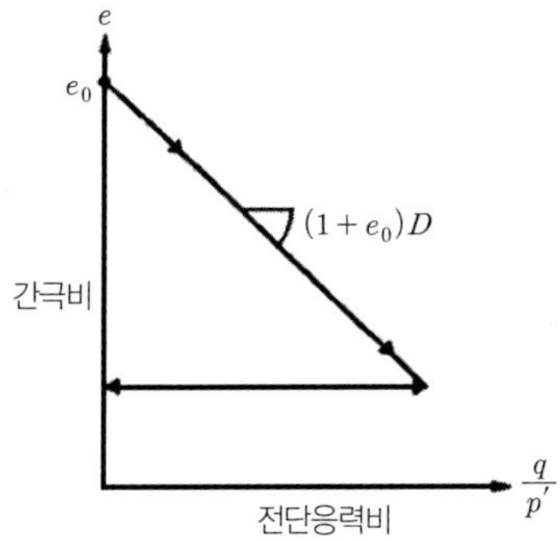

그림 3-21 등방적 응력 변화에 의한 체적 변화 **그림 3-22** 전단응력 변화에 의한 체적 변화

전단응력의 변화에 의한 체적 변화는 그림 3-4에 설명하였으나 이것을 간극비와의 관계로 고치면 그림 3-22로 된다. 여기에서 e_0는 규준으로 되는 응력에 대응한 간극비이며 규준 응력으로서 통상은 선행 압밀압력 p_0'이 선정된다.

그림 3-21의 관계를 식으로 나타내면 간극비의 변화 de는

$$de = -\lambda \frac{dp'}{p'} \tag{1}$$

로 된다. 이 중 가역[可逆]적인 변형 성분(제하에 의해서 원래대로 돌아오는 변형 성분)은 다음과 같다.

$$de = -x \frac{dp'}{p'} \tag{2}$$

전단에 의한 간극비의 변화는 그림 3-22의 관계를 식으로 나타내면 다음과 같다.

$$de = -(1+e_0)Dd\left(\frac{q}{p'}\right) \tag{3}$$

따라서 점토의 체적 변화는 식 (1)과 식 (3)의 합을 취하여 다음과 같다.

$$de = -\lambda\frac{dp'}{p'} - (1+e_0)Dd\left(\frac{q}{p'}\right) \tag{3-11}$$

어느 등방압밀 응력 상태(e_0, p_0', $q_0 = 0$)로부터 임의의 응력 상태(e, p', q)에 이르는 간극비 변화 Δe는 식 (3-11)을 적분하여 다음과 같다.

$$\begin{aligned}
\Delta e &= \int_e^{e_0} de \\
&= e_0 - e \\
&= -\int_{p'}^{p_0'} \lambda\frac{dp'}{p'} - \int_{\frac{q}{p'}}^{\frac{q_0}{q_0'}=0} (1+e_0)Dd\left(\frac{q}{p'}\right) \\
&= \lambda\log_e\frac{p'}{p_0'} + (1+e_0)D\frac{q}{p'}
\end{aligned} \tag{3-12}$$

식 (3-12)는 평균 유효응력 p', 전단응력 q 및 간극비 e의 관계를 나타내고 있으며 그림 3-23과 같다. 응력 변화에 따른 정규 압밀 점토의 간극비 변화는 파괴에 이르기까지 항상 이 관계를 만족하고 있을 것으로 생각되므로 정규 압밀 점토의 거동은 그림 3-23에 그려진 곡면상의 점의 이동으로써 이해된다. 이 식 (3-12)에 의해서 그려진 곡면을 점토의 상태곡면[狀態曲面]이라 한다.

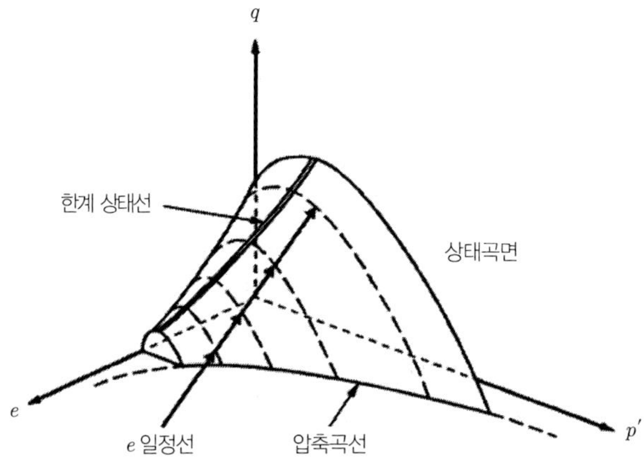

그림 3-23 점토의 상태 곡면

또한 정규 압밀 점토의 파괴 조건(한계 상태)은 그림 3-17에서 기술한 바와 같이 평균 유효응력 p'과 전단력 q를 이용하여 다음으로 표현된다.

$$M - \frac{q_f}{p_f'} = 0 \tag{3-13}$$

Q 3-4-2

초기상태가 $e_0 = 2.0$, $p_0' = 98\,\mathrm{kN/m^2}$, $q = 0$의 정규 압밀 점토를 삼축 D-전단한다. 점토의 파라미터는 $C_c = 1.5$, $M = 1.2$, $D = 0.1$이다. 다음 조건의 경우에 $q - e - p'$의 상호관계를 구하시오.

(1) 평균 주응력 $p' =$ 일정
(2) 측압 $\sigma_3' =$ 일정

(1) $p' =$ 일정의 경우에는 식 (3-12)의 우변 제2항, 즉 다일러턴시만으로 된다.

$\Delta e = (1+e_0)D\dfrac{q}{p'}$ 에서 한계 상태에 첨자 f를 이용하면, $\left(\dfrac{q}{p'}\right)_f = M = 1.2$이므로 e_0와 D의 값을 대입하여 $\Delta e = 0.36$으로 되며, 따라서 $e_f = e_0 - \Delta e = 1.64$이다. 또 $q_f = 98 \times 1.2 = 118\text{kN/m}^2$이다(그림 3-24의 ①).

(2) $\sigma_3{}' =$ 일정, 즉 통상의 삼축압축 시험의 경우이다. $\dfrac{q}{p'} = \dfrac{3(\sigma_1{}' - \sigma_3{}')}{\sigma_1{}' + 2\sigma_3{}'}$을 변형하면 $\dfrac{\sigma_1{}'}{\sigma_3{}'} = \dfrac{3+2\dfrac{q}{p'}}{3-\dfrac{q}{p'}}$로 되므로 $\left(\dfrac{q}{p'}\right)_f = M = 1.2$로부터 $\left(\dfrac{\sigma_1{}'}{\sigma_3{}'}\right)_f = 3.0$이 얻는다. 따라서 $\sigma_{1f}{}' = 3 \times 98 = 294\text{kN/m}^2$, 그때 $p_f{}' = \dfrac{294 + 2 \times 98}{3} = 163\text{kN/m}^2$, $q_f{}' = \sigma_{1f}{}' - \sigma_{3f}{}' = 196\text{kN/m}^2$이다. 이것을 식 (3-12)에 대입하면 $\Delta e_f = 0.69$로 구해지므로 $e_f = e_0 - \Delta e = 1.31$이 된다. 유효응력 경로는 그림 3-24 중의 ②이다.

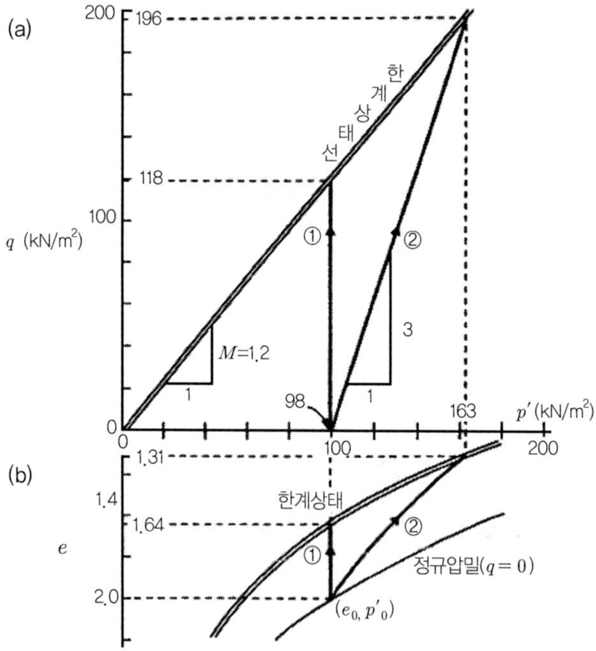

그림 3-24 삼축 D-전단, ① p' 일정, ② $\sigma_3{}'$ 일정의 응력 경로

Q 3-4-3

그림 3-25 중에 $(NC)_1$, $(NC)_2$로 표시된 정규 압밀 점토와 $(OC)_1$, $(OC)_2$로 표시된 과압밀 점토가 있다. 이러한 점토를 D-전단하였을 때에 얻어지는 응력-변형 곡선의 특징을 기술하시오. 다만, 그림에 제시된 전단 전의 상태는 다음과 같다.

- $(NC)_1$과 $(OC)_1$의 전단 전의 등방압밀압력은 모두 p_1'이다.
- $(NC)_2$와 $(OC)_2$의 전단 전의 등방압밀압력은 모두 p_2'이다. 다만, $p_2' > p_1'$으로 한다.
- $(OC)_1$과 $(OC)_2$의 과압밀비는 같다.

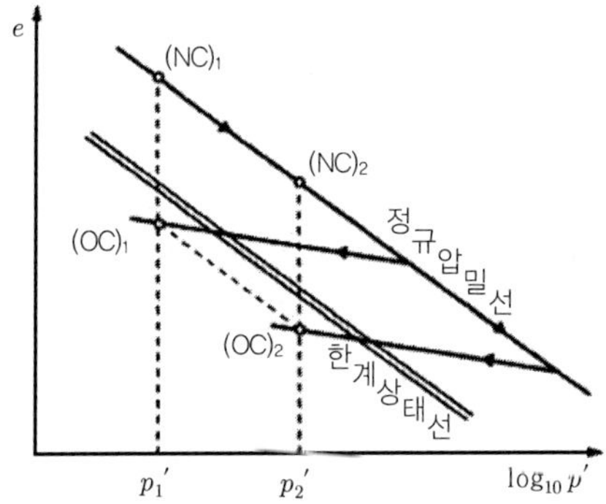

그림 3-25 전단 전의 응력 상태

그림 3-26(a), (b)에 응력-변형 관계로 $q-\Delta e-\varepsilon_a$ 관계 및 $\frac{q}{p'}-\Delta e-\varepsilon_a$ 곡선을 나타내었다. 여기에서 ε_a는 축변형이다. 이러한 곡선의 특징은 다음과 같다.

(1) 그림 (a)로부터는 한계 상태에서, $(NC)_1$과 $(OC)_1$은 모두 축차응력 q_1에 이른다. $(NC)_2$와 $(OC)_2$는 모두 q_2에 이른다.

간극비의 변화량은 $(NC)_1$, $(NC)_2$ 사이 및 $(OC)_1$, $(OC)_2$ 사이에서 각각 같다.

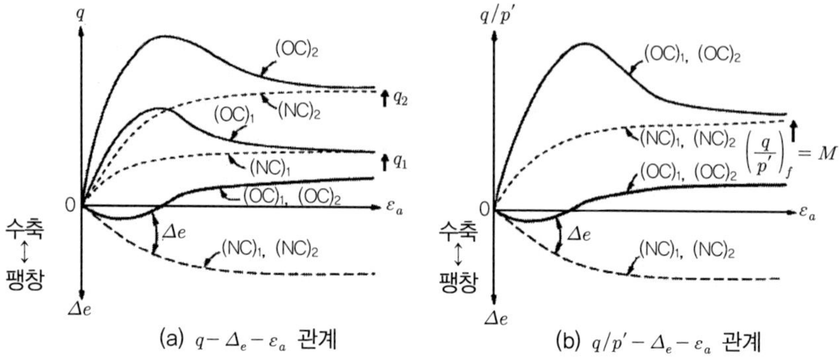

(a) $q-\Delta_e-\varepsilon_a$ 관계 (b) $q/p'-\Delta_e-\varepsilon_a$ 관계

그림 3-26 응력-변형 관계

(2) 그림 (b)로부터는 한계 상태에서 $\dfrac{q}{p'}$의 값은 모든 시료에 대해서 일치한다 $\left[\left(\dfrac{q}{p'}\right)_f = M\right]$. 간극비의 변화상황은 그림 (a)와 다르지 않다.

(3) 여기에서 압축지수 C_c와 팽윤 지수 C_s 및 과압밀비 OCR로부터 다음과 같이 정의되는 초기 간극비차 d_0를 고려한다.

$$d_0 = (C_c - C_s)\log_{10}(OCR) \tag{3-14}$$

과압밀 점토의 경우 동일한 d_0에 대해 간극비 변화 Δe는 같아진다. 예를 들면 p' = 일정의 D-전단에서는 간극비는 그림 3-27에 나타낸 화살표와 같이 변화한다.

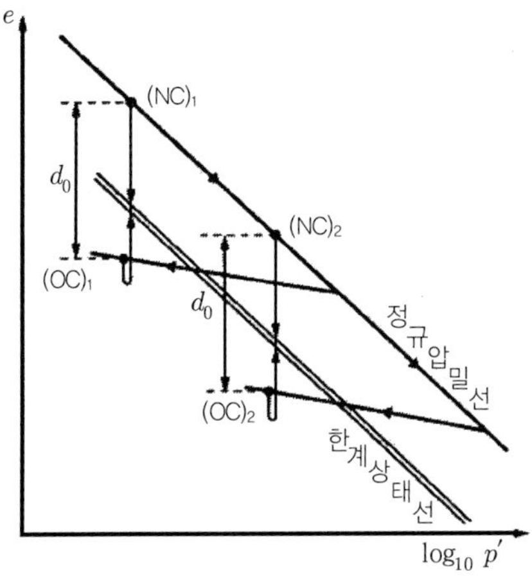

그림 3-27 D-전단에서의 간극비 변화(d_0가 같은 경우)

Q 3-4-4

그림 3-28 중에 제시된 정규 압밀(NC)와 과압밀 점토(OC)가 있다. 각각을 D-전단하였을 때에 얻어지는 응력-변형 곡선의 특징을 기술하시오.

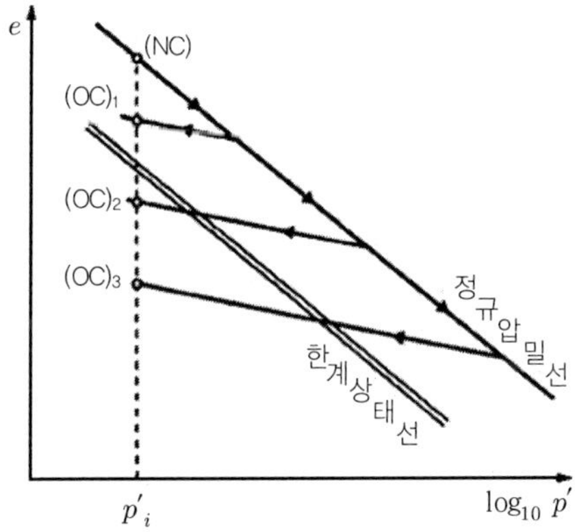

그림 3-28 전단 전의 응력 상태(p'이 동일한 경우)

그림 3-28과 같이 전단 전의 등방압밀 압력은 어떤 공시체에서도 동일하다. 앞 문제에서 정의된 초기 간극비차 d_0는 (NC)에서 $d_0 = 0$, $(OC)_1 \rightarrow (OC)_3$에서 $d_0 \rightarrow$ 대(大)로 된다.

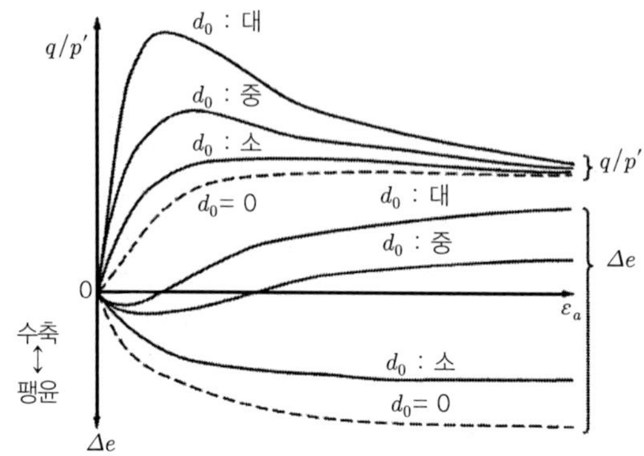

그림 3-29 응력-변형 관계

그림 3-29에 응력-변형 관계로서 $\frac{q}{p'} - \Delta e - \varepsilon_a$ 곡선을 보인다. $\frac{q}{p'} - \varepsilon_a$ 곡선의 첫 시작 구배와 피크 값은 d_0의 증가와 함께 커지지만 한계 상태에서는 동일한 값으로 수렴한다.

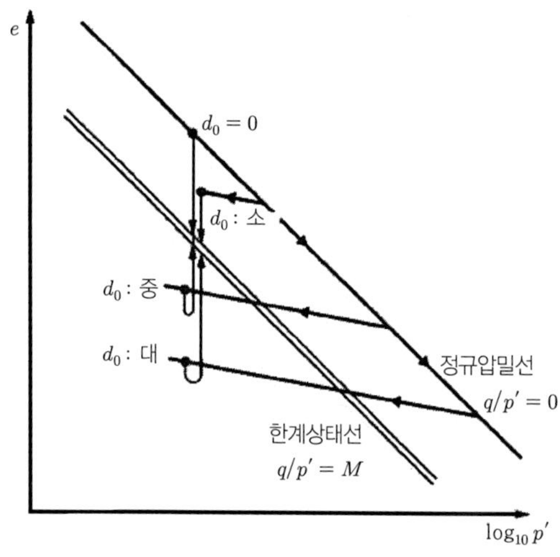

그림 3-30 D-전단에서의 간극비 변화(d_0가 다른 경우)

또 그림 3-30에는 간극비 증감의 방향을 나타내었다. 간단히 하기 위해 p'이 일정한 D-전단의 경우로 하고 있으나 동일한 과압밀 점토에서도 d_0의 대소에 따라서 체적 변화가 다르다. 초기 상태가 한계 상태선의 위쪽(습윤측)에 있으면 체적은 수축하면서 한계 상태에 도달하는 것에 반해 d_0가 커져 한계 상태선의 아래쪽(건조측)에 초기상태가 위치하면 D-전단에 따라 일단 수축하지만 그 후 크게 팽창으로 전환하여 동일한 한계 상태에 이른다. 따라서 전단 전에 $e-\log_{10}p'$ 면에서 한계 상태선과 동일한 간극비에 있는 점토(초기 간극비가 한계 간극비와 같은 점토)는 D-전단에서도 최종적으로는 $\Delta e=0$으로 된다.

Q 3-4-5

그림 3-28과 그림 3-31에 나타낸 등방압밀 점토와 과압밀 점토를 고려한다. 전자(그림 3-28)는 등방압밀 압력 p_i'이 같고 후자(그림 3-31)는 초기 간극비 e_i가 각각 같다. 이러한 공시체를 U-전단하여 얻어지는 유효응력 경로의 특징을 기술하시오.

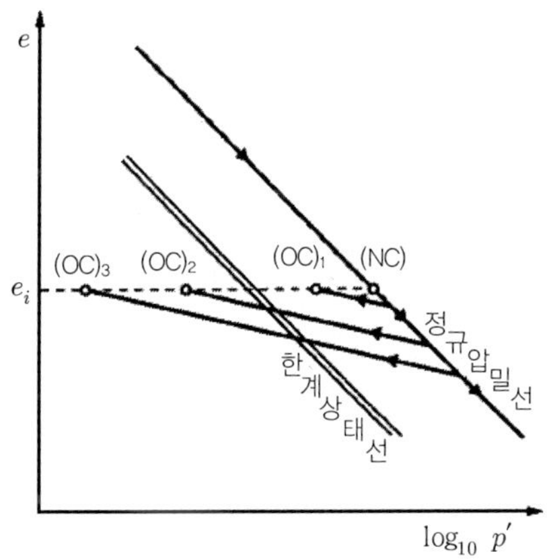

그림 3-31 전단 전의 응력 상태(e가 동일한 경우)

그림 3-28의 공시체를 U-전단하였을 때의 유효응력 경로를 그림 3-32에, 그림 3-31의 경우를 그림 3-33에 나타낸다. 두 그림을 비교하면 유효응력 경로의 출발점($q=0$에 대한 가로축의 p'의 값)이 다르더라도 유효응력 경로의 형상은 d_0에 따라서 결정되는 것을 이해할 수 있을 것이다. 즉, 식 (3-14)에서 정의된 d_0는 OCR의 함수이므로 점토의 과압밀비에 따라서 유효응력 경로가 결정된다.

또한 이상에서 기술한 OCR의 차이(초기 간극비의 차이)에 의한 점토의 응력-변형 곡선의 차이는 대략적으로는 초기 간극비가 다른 모래의 응력-변형 특성과도 일치한다.

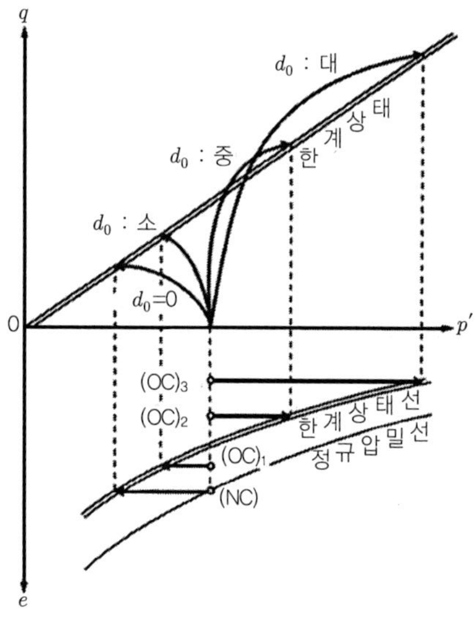

그림 3-32 U-전단 유효응력 경로(p'이 동일한 경우)

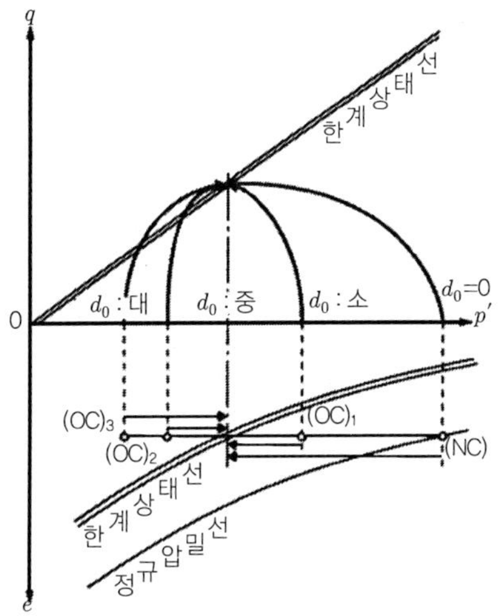

그림 3-33 U-전단 유효응력 경로(e가 동일한 경우)

관련 문제

[문제 3-1]

최대 주응력 σ_1과 최소 주응력 σ_3가 미소 요소에 작용하고 있다(그림 3-34). 최대 주응력면으로부터 각도 θ만큼 기울인 면 위 및 그것에 직교하는 면 위에 작용하는 응력을 Mohr의 응력원으로 그려보시오.

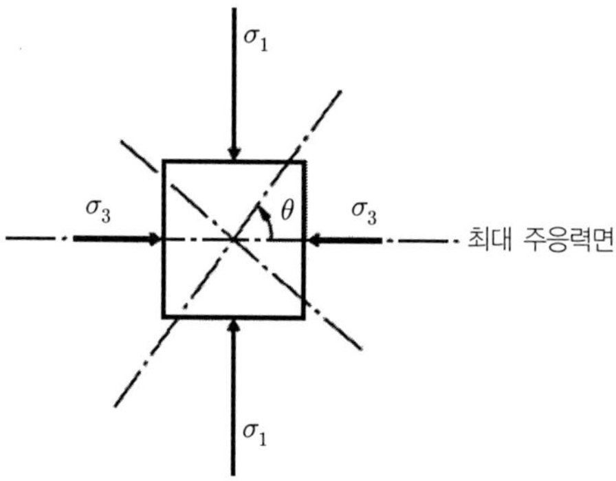

그림 3-34 최대 주응력면으로부터 각도 θ를 이루는 면

[답]

그림 3-34의 응력 상태를 응력원으로 그리면 그림 3-35(a)가 된다. 그림 (b)에는 대표적인 각도 θ_1으로부터 θ_4를 선택하여 최대 주응력면으로부터의 경사각(그림 중의 실선)과 그것에 직교하는 면(그림 중의 점선)에 작용하는 응력 성분을 그렸다. 점 O_P는 극(pole)이다. 극의 성질을 이용하면 임의의 면 위의 응력을 구할 수 있다.

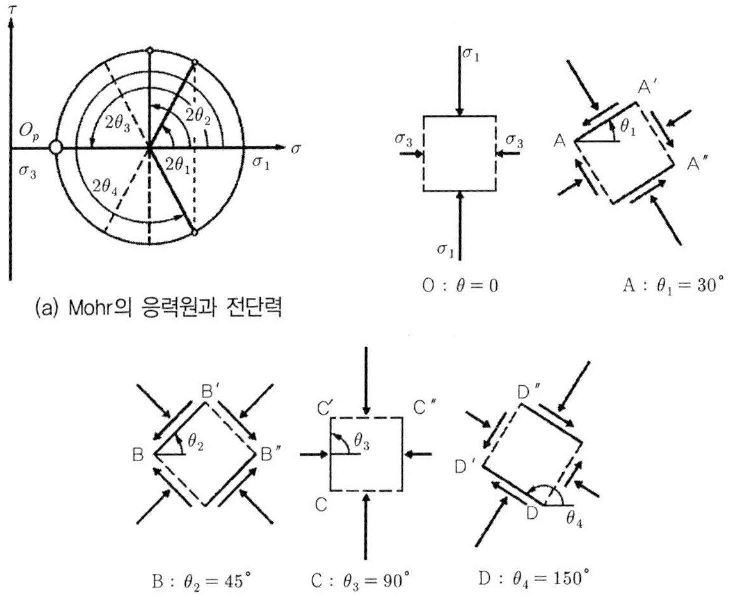

(a) Mohr의 응력원과 전단력

(b) 각 면 위에 작용하는 응력의 방향($\theta = 0 \sim 150°$)

그림 3-35 Mohr의 응력원과 각 면에 작용하는 응력

[문제 3-2]

그림 3-26 (a), (b)에 나타난 것과 같이 미소 요소에 응력이 작용하고 있다. 그림 중의 A-A' 면과 그것에 직교하는 B-B' 면에 작용하는 응력을 Mohr 응력원을 그려 구하시오.

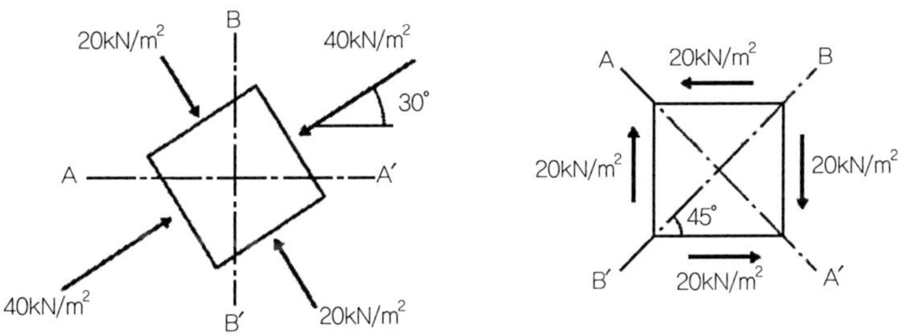

(a) (b)

그림 3-36 미소 요소에 작용하는 응력

[답]

그림 3-36(a)의 해답을 그림 3-37에 보인다. $\sigma - \tau$ 평면에서 점 (20, 0)과 점 (40, 0)의 2점을 지나는 응력원이 그림 3-36(a)의 응력 상태이다. A-A′ 면에 작용하는 응력은 $\sigma_A = 25.0\text{kN/m}^2$, $\tau_A = 8.7\text{kN/m}^2$으로 되며, B-B′에서는 $\sigma_B = 35.0\text{kN/m}^2$, $\tau_B = 8.7\text{kN/m}^2$이 된다.

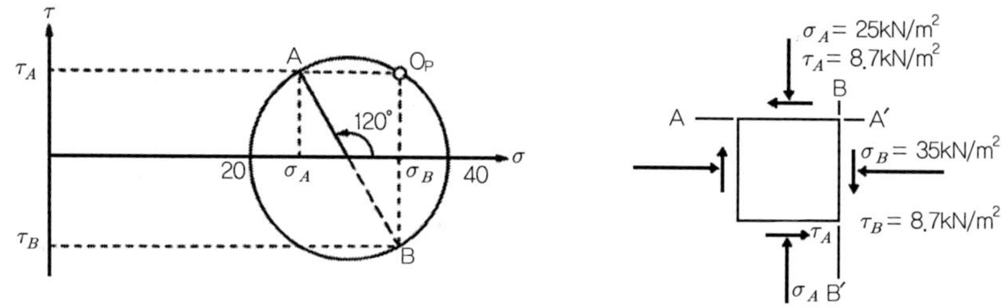

(a) Mohr의 응력원 (b) A − A′면, B − B′면에 작용하는 응력

그림 3-37 Mohr의 응력원과 작용면 응력[그림 3-36(a)]

그림 3-36(b)의 해답을 그림 3-38에 보인다. $\sigma - \tau$평면에서 점 (0, 20)과 점 (0, − 20)의 2점을 지나는 Mohr 원이 그림 3-36(b)의 응력 상태이다. A-A′ 면에서는 $\sigma_A = 20.0\text{kN/m}^2$, $\tau_A = 0$, B-B′ 면에서는 $\sigma_B = -20.0\text{kN/m}^2$, $\tau_B = 0$이 된다. A-A′ 면이 최대 주응력면, B-B′ 면이 최소 주응력면이다.

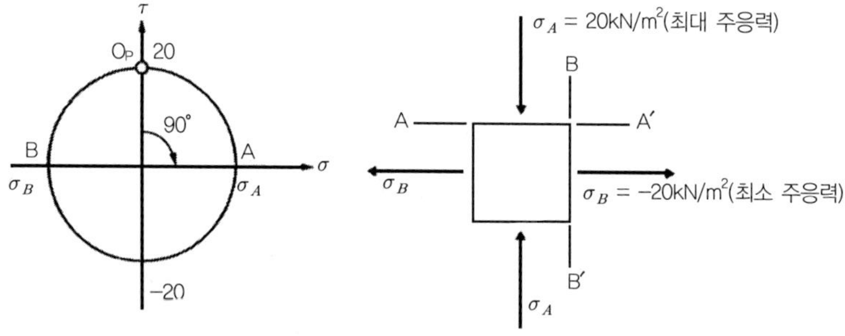

(a) Mohr의 응력원 (b) $A - A'$면, $B - B'$면에 작용하는 응력

그림 3-38 Mohr의 응력원과 작용 응력[그림 3-36(b)]

[문제 3-3]

흙 요소가 파괴되었을 때의 응력 성분이 그림 3-39(a)에, 응력 상태를 그림 (b)에 나타내었을 때 파괴응력면의 방향을 구하시오. 여기에서 σ_{xx}, σ_{yy}는 수직응력, σ_{xy}, σ_{yx}는 전단응력 성분을 나타낸다.

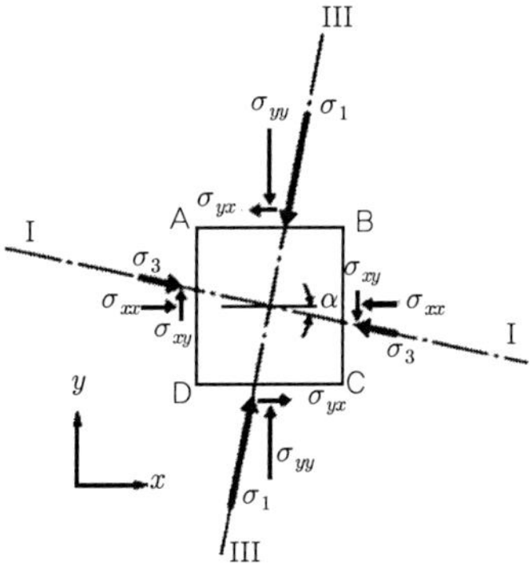

(a)

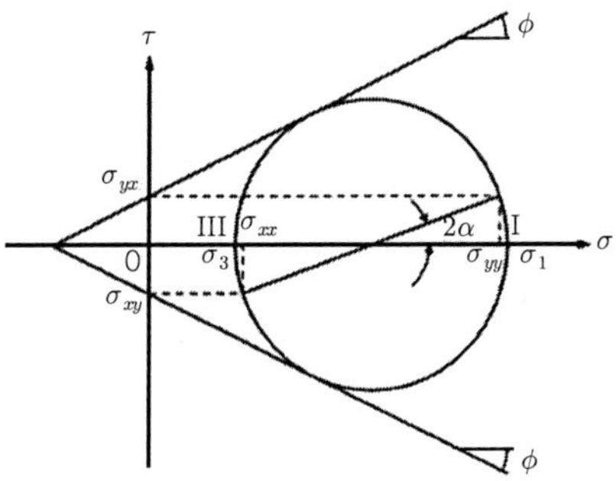

(b)

그림 3-39 파괴 시의 응력 상태

[답]

최대 주응력면은 수평면으로부터 각도 α만큼 기울어 있다. 그림 3-40(a)의 Mohr 원의 점 I로부터 최대 주응력면과 평행하게 직선을 그어 Mohr 원의 교점 O_p(극, ploe)가 구해진다. 파괴 응력점 S_1은 최대 주응력면으로부터 각도 θ만큼 기울어진 파괴 응력면상에서의 응력을 나타낸다. O_p-S_1은 최대 주응력과 각도 θ를 이루는 면과 평행으로 되며 파괴 응력면의 방향을 나타낸다. 마찬가지로 또 1개의 파괴 응력면의 방향이 O_p-S_2로 되므로 파괴응력면은 S_1-S_1과 S_2-S_2로 된다[그림 (b)]. 파괴 응력면 S_1-S_1과 S_2-S_2 상에 작용하고 있는 응력의 방향은 그림 (c)와 같다.

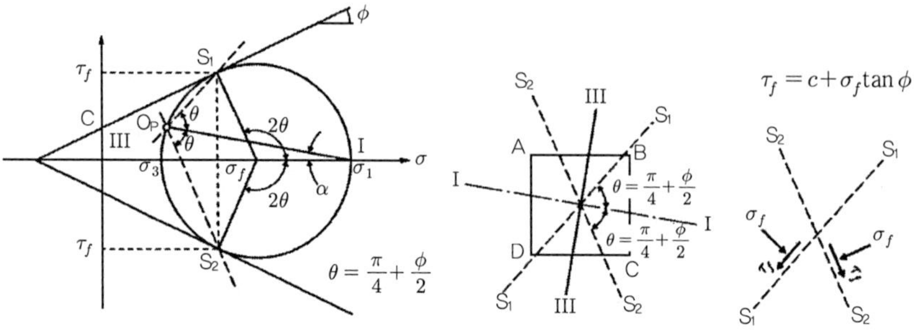

(a) Mohr의 응력원과 극 O_P (b) 주응력면과 파괴응력면 (c) 파괴응력면상의 응력

그림 3-40 파괴 응력면의 방향과 극(pole)

[문제 3-4]

포화점토를 삼축장치 내에서 400kN/m^{2}의 정규상태까지 등방압밀한 후, 측압이 일정한 U-전단을 하여 그림 3-41에 보인 결과를 얻었다. 축차 응력이 100, 200, 300kN/m^{2}으로 증가함에 따라 Skempton의 간극수압 계수 A는 어떻게 변화할까?

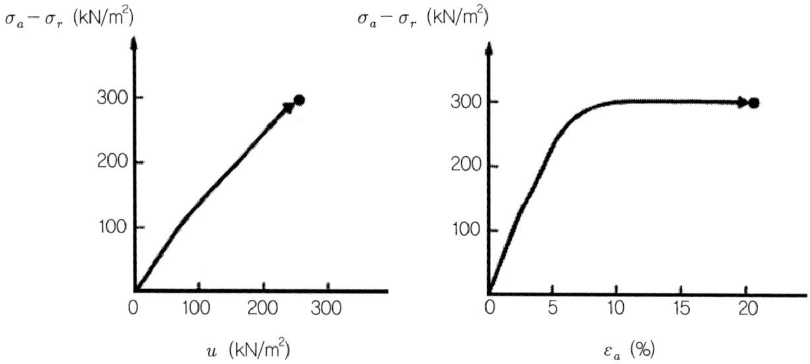

그림 3-41 삼축압밀 U-전단시험 결과

[답]

식 (3-2)에서 $\sigma_1 = \sigma_a, \sigma_3 = \sigma_{r0}$이며 측압은 일정($\Delta\sigma_r = 0$)하므로 $A = \dfrac{\Delta u}{\Delta\sigma_a}$이

다. 축차응력 $(\sigma_a - \sigma_r)$이 $100, 200, 300\text{kN/m}^2$의 u를 그림 3-41로부터 읽으면 각각 $70, 160, 250\text{kN/m}^2$이 된다. 그러므로 A는 $0.70, 0.80, 0.83$이 된다. 파괴 시의 간극수압 계수는 $A_f = 0.83$이다.

[문제 3-5]

일면 전단시험 장치를 이용하여 포화 점토 공시체를 100kN/m^2으로 정규 압밀한 후 등체적 전단을 하여 그림 3-42의 결과를 얻었다.

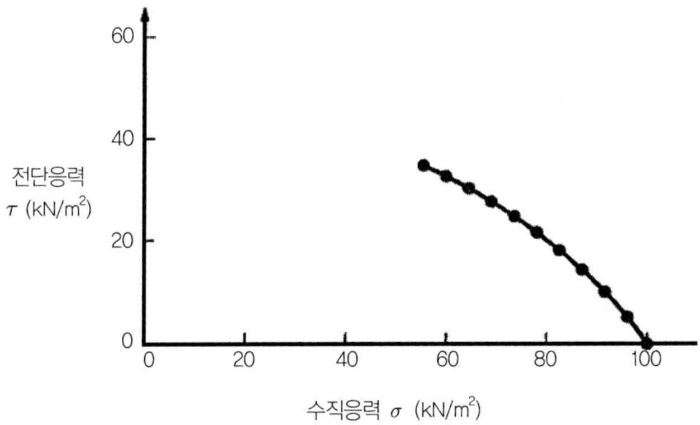

그림 3-42 등체직 일면 전단시험결과

(1) $c' = 0$으로 하여 파괴선을 그리고 유효 내부 마찰각 ϕ'을 구하시오.

(2) 파괴 시의 Mohr의 응력원을 그려서 최대 · 최소 주응력의 크기와 방향을 구하시오.

(3) 이 점토의 강도 증가율 $\dfrac{c_u}{p}$의 값을 구하시오.

(4) 수직응력을 100kN/m^2으로 유지한 상태에서 U-전단을 하면 간극수압은 얼마나 발생할까?

(5) 수직응력을 100kN/m^2으로 유지한 상태에서 U-전단을 하면 강도 τ_f는 얼마가 될까?

[답]

등체적 전단이란 공시체의 체적을 전단 중 일정하게 유지하도록 수직응력을 증감시키는 것이다. 이는 그림 3-43에서 확인할 수 있다.

(1) $c' = 0$으로 하여 파괴선을 그린다. $\tan\phi' = \dfrac{35}{55} = 0.64$로부터 $\phi' = 32.5°$

(2) 최대 주응력면의 기울기 θ는 최대 주응력면으로부터 $45 + \dfrac{\phi'}{2} = 61.3°$로 된다.

또 $(\sigma_\theta, \tau_\theta) = (\sigma_f, \tau_f) = (55, 35\text{kN/m}^2)$ 및 $2\theta = 122.5°$로부터, $\sigma_1{}' = 118.7\text{kN/m}^2$, $\sigma_3{}' = 35.8\text{kN/m}^2$으로 구해진다.

(3) $\dfrac{c_u}{p} = \dfrac{\sigma_1{}' - \sigma_3{}'}{2\sigma_{v0}{}'} = \dfrac{118.7 - 35.8}{2 \times 100} = 0.41$

(4) 전응력 경로는 I → A로 되며 점 A에서 파괴한다. 파괴 시의 간극수압은 $u_f = 45\text{kN/m}^2$이다.

(5) 수직응력을 100kN/m^2으로 유지한 상태로 D-전단을 하면 전응력과 유효응력의 변화는 모두 I → A → B로 되며 점 B에서 파괴한다(그림 3-43). 따라서 강도 $\tau_f = 100 \times \tan\phi' = 64\text{kN/m}^2$이다.

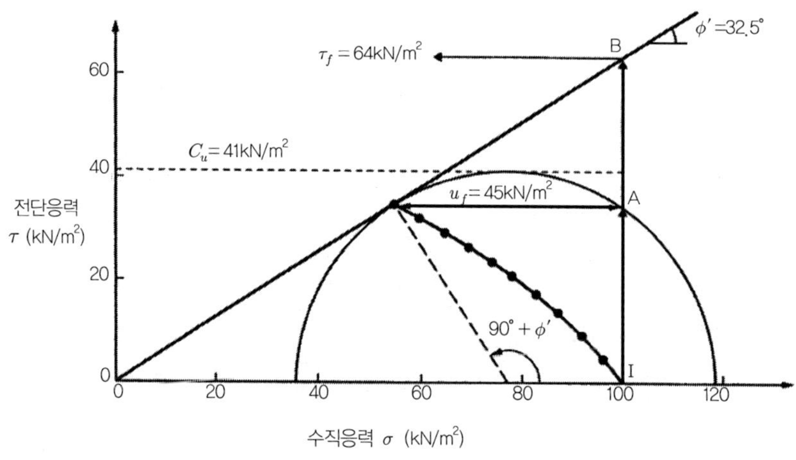

그림 3-43 일면 전단시험으로부터 구한 강도

[문제 3-6]

삼축압축 시험 장치로 점토 공시체를 600kN/m^{2}으로 정규 상태까지 등방압밀한 후 측압이 일정한 U-전단을 하여 표 3-2와 같은 결과를 얻었다.

표 3-2 삼축압축 U-전단시험 결과

축압 σ_a(kN/m^2)	측압 σ_r(kN/m^2)	간극수압 u(kN/m^2)	평균 유효응력 p'(kN/m^2)	축차응력 q(kN/m^2)
600	600	0	600	0
650	600	52	565	50
700	600	103	530	100
750	600	160	490	150
800	600	227	440	200
850	600	308	375	250
900	600	400	300	300

(1) 평균 유효응력 p'과 축차응력 q의 응력면 위에 유효응력 변화를 그리고 한계 응력비 M을 구하시오.

(2) 파괴 시의 Mohr의 응력원을 그리고 유효 내부 마찰각 ϕ'을 구하시오.

(3) 비배수 전단강도 c_u 및 강도 증가율 $\dfrac{c_u}{p}$를 구하시오.

(4) 상기와 같이 600kN/m^{2}으로 등방압밀한 후 D-전단을 하였다면 강도 τ_f는 얼마인가?

[답]

(1) 유효응력 경로는 그림 3-44에 보인다. $c'=0$으로 하여 한계 응력비 M을 구하면 $M=1.0$이다. 전응력 경로는 $d\sigma_r=0$이므로 기울기 $\dfrac{dq}{dp}=$

$$\frac{d(\sigma_a-\sigma_r)}{\frac{1}{3}(\sigma_a+2\sigma_r)}=\frac{3d\sigma_a}{d\sigma_a}=3$$ 의 직선으로 된다.

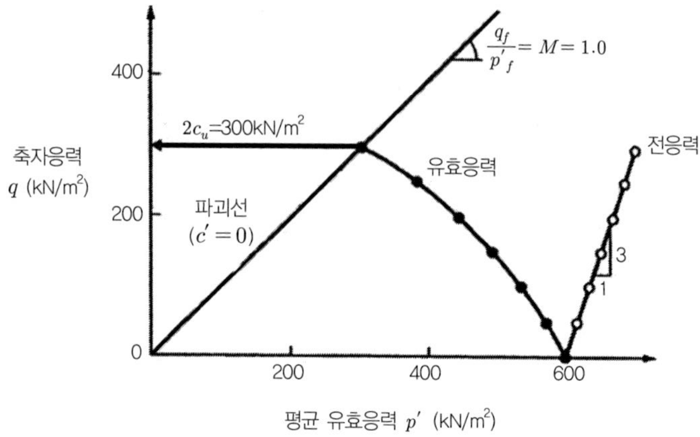

그림 3-44 삼축압밀 U-전단응력 경로

(2) 유효응력과 전응력의 Mohr 원은 그림 3-45에 나타낸다. $c' = 0$으로 하여 유효 내부 마찰각은 $\phi' = 25.4°$이다. 또 $M = 1.0$이므로 식 (3-9)로부터 $\phi' = 25.4°$로 구해도 좋다.

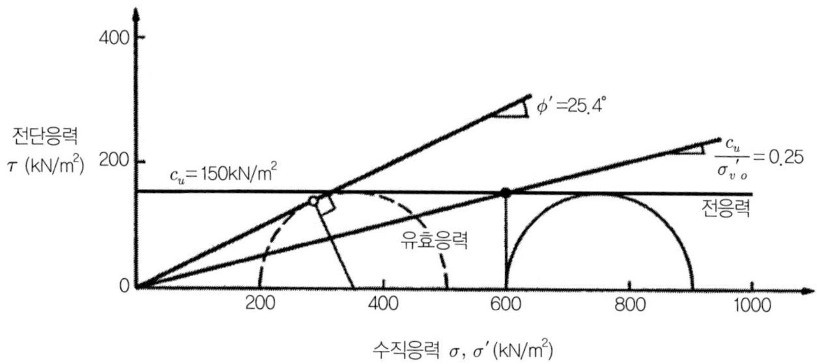

그림 3-45 삼축압밀 비배수 전단(CU)의 파괴 시 Mohr의 응력원

(3) $c_u = 150\text{kN/m}^2$이다. 또 압밀압력 $p' = \sigma_{v0}' = 600\text{kN/m}^2$으로부터 강도 증가율 $\dfrac{c_u}{p} = 0.25$이다.

(4) 응력 경로는 그림 3-46에 나타낸다. 참고를 위해 U-전단의 유효응력 경로도 그려져 있다. Mohr 응력원은 그림 3-47에 나타낸다. 배수 강도는 $\tau_f = 450$ kN/m^{2}이다.

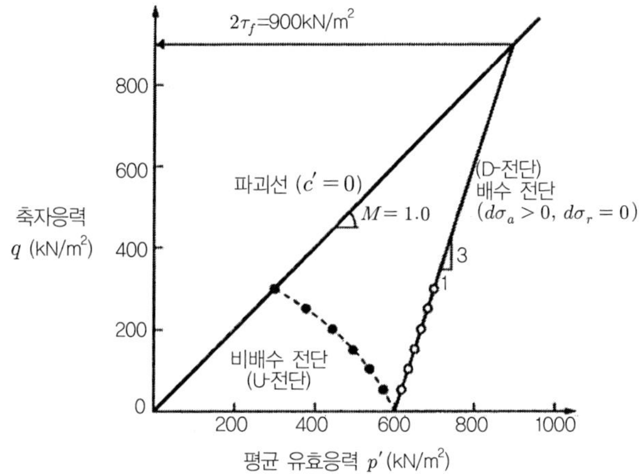

그림 3-46 삼축압밀 배수 전단(CD) 응력 경로

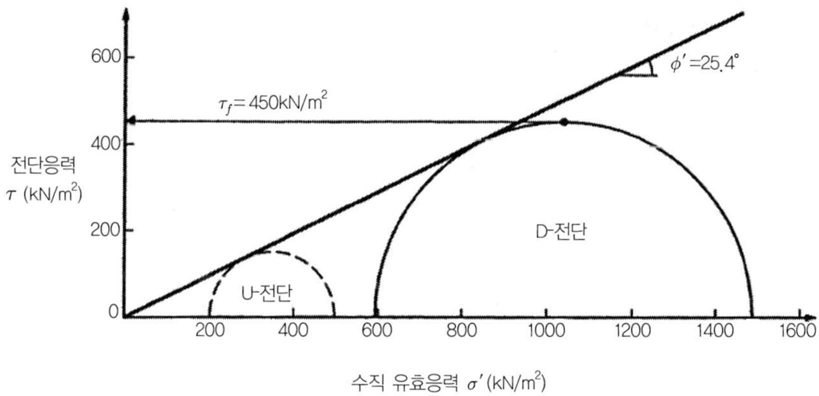

그림 3-47 삼축압밀 D-전단의 파괴 시의 Mohr의 응력원

[문제 3-7]

Q 3-4-2와 동일한 초기조건으로 U-전단하였다. 그때의 유효응력 변화를 $p' - q$의 관계로 나타내시오. 파괴 시의 강도 증가율 $\dfrac{c_u}{p}$를 구하시오.

[답]

$e = e_0 =$ 일정으로부터 $C_c \log_{10} \dfrac{p'}{p_0{}'} = -D(1+e_0)\dfrac{q}{p'}$가 성립한다. 이 식에 $p_0{}' = 98\,\mathrm{kN/m^2}$, $D(1+e_0) = 0.3$, $C_c = 1.5$를 대입하여 풀면 최종적으로 $q = 67.7\,\mathrm{kN/m^2}$, $p' = 56.4\,\mathrm{kN/m^2}$로 한계 상태선에 도달하는 $p' - q$ 관계(유효응력 경로)가 얻어진다. 강도 증가율은 $\dfrac{c_u}{p} = \dfrac{q_f}{2p_0{}'}$로부터 0.35가 된다.

제3장의 종합

★ 흙의 전단 파괴는 Mohr-Coulomb 규준에 따라서 발생한다. 바꾸어 말하면 흙의 강도는 Mohr-Coulomb의 규준에 이용되는 정수인 점착력 c와 내부 마찰각 ϕ로써 표현할 수 있다. Mohr의 응력원법은 이러한 강도정수의 영향을 파악할 수 있는 효과적인 방법이다.

흙은 분립체의 특징으로 전단에 따라 체적을 변화시키는 성질(다일러턴시)을 가진 재료이다. 게다가 다일러턴시의 발현은 정규 압밀 점토(또는 느슨히 채운 모래)와 과압밀 점토(밀하게 채운 모래)들에서 각각 다른 특징을 가진다.

포화 흙은 흙 입자 골격과 간극수와의 혼합체이며 흙의 변형·강도는 그 구조골격에 작용하는 유효응력에 지배된다. 따라서 전단 외력의 작용에 따른 유효응력 변화(유효응력 경로)를 아는 것이 중요하다. 실무상은 전응력에 기초를 둔 비배수 강도가 널리 이용되지만 이것은 유효응력 경로에 의해서 통일적으로 해석할 수 있는 강도이다.

흙의 변형과 강도는 불가분의 밀접한 관계에 있으며 특히 점성토의 경우, 간극비-유효응력-전단응력의 상호 간에는 $(e - p' - q)$의 유일한 관계가 존재한다. 그것은 상태 곡면이라 불리며 역학 거동을 표현할 때의 기본이 되고 있다.

제4장

지반 내의 응력

제4장

지반역학

지반 내의 응력

★ 구조물 축조 등에 따라 지중의 응력 상태가 변화하고 지반을 구성하는 흙(요소)에 변형이나 파괴가 발생한다. 그리고 쌓기나 기초의 침하·측방이동·경사 등을 발생시키므로 이러한 변형·파괴 거동을 예측하는 데 지반 내의 응력 상태를 파악하는 것이 중요하다.

하중 작용 전에서 지반 중에는 이미 흙의 자중으로 인한 응력이 발생하고 있다. 그 중에서도 수평 성층成層 지반에서는 흙의 밀도를 알면 연직방향 힘의 평형만으로 지반 중의 연직응력을 간단히 계산할 수 있다(제1장). 한편 부분적(국소적) 하중이 작용했을 때 지반 내 응력의 변화에 대해서는 이차원 또는 삼차원적으로 복잡한 분포 형상을 보이게 된다.

국소 하중에 의한 지반 내 응력 변화를 추정하고자 할 때는 지반을 선형 탄성체로 가정하여 유도된 해석해를 이용하는 것이 실용적이다. 또 Boussinesq 해 등에서는 지반의 변형계수가 식 속에 포함되지 않은 경우도 있어 응력 평가에 관한 한 탄성해의 정밀도는 나쁘지 않은 것으로 판단된다.

이 장에서는 구조물 등의 침하 문제에 관련하여 중요하다고 생각되는 수평지반 표면에 연직하중이 작용하는 경우에 대해서 탄성해를 이용한 지반 내 응력의 계산 방법을 공부한다. 원래 지반 중에는 자중 응력이 작용하고 있으나 특히 사전에 언급하지 않는 경우에는 자중 응력을 무시하고 외부 하중 부하에 의한 지반 내 응력의 변화분(증분)에 착안하고 있는 것을 주의하기 바란다.

4-1 집중하중 · 선하중에 의한 응력

1) 집중하중에 의한 지반 내 응력(Boussinesq 해)

수평지반을 균질한 반무한 등방선형 탄성체로 고려한다(등방이란 예를 들면 흙의 경도가 힘이 가해지는 방향에 따라 변화하지 않는 것). 지표면 상의 한 점에 연직 집중하중 Q가 작용한 경우에 지반 내에 발생하는 응력 증분은 지반의 포아슨 비를 ν로 하여 다음 식으로서 주어진다.

· 원통 좌표계 표시(그림 4-1)

$$\sigma_z = \frac{3Q}{2\pi z^2}\cos^5\psi = I_\sigma \frac{Q}{z^2}$$

$$\left(I_\sigma = \frac{3}{2\pi}\cos^5\psi = \frac{3}{2\pi}\left\{\frac{1}{1+(\gamma/z)^2}\right\}^{5/2} \text{ : 영향값} \right) \quad (4\text{-}1\text{-a})$$

$$\sigma_\gamma = \frac{Q}{2\pi z^2}\left\{3\cos^3\psi\sin^2\psi - (1-2\nu)\frac{\cos^2\psi}{1+\cos\psi^2}\right\} \quad (4\text{-}1\text{-b})$$

$$\sigma_t = -(1-2\nu)\frac{Q}{2\pi z^2}\left(\cos^3\psi - \frac{\cos^2\psi}{1+\cos\psi}\right) \quad (4\text{-}1\text{-c})$$

$$\tau_{rz} = \tau_{zr} = \frac{3Q}{2\pi z^2}\cos^4\psi\sin\psi \quad (4\text{-}1\text{-d})$$

$$\tau_{rt} = \tau_{tr} = \tau_{zt} = \tau_{tz} = 0 \quad (4\text{-}1\text{-e})$$

· 극좌표계 표시(그림 4-2)

$$\sigma_R = \frac{Q}{\pi R^2}\{(2-\nu)\cos\psi - (0.5-\nu)\} \quad (4\text{-}2\text{-a})$$

$$\sigma_s = -(1-2\nu)\frac{Q}{2\pi R^2}\frac{\cos^2\psi}{1+\cos\psi} \quad (4\text{-}2\text{-b})$$

$$\sigma_t = -(1-2\nu)\frac{Q}{2\pi R^2}\left(\cos\psi - \frac{1}{1+\cos\psi}\right) \quad (4\text{-}2\text{-c})$$

$$\tau_{Rs} = \tau_{sR} = (1-2\nu)\frac{Q}{2\pi R^2}\frac{\sin\psi\cos\psi}{1+\cos\psi} \tag{4-2-d}$$

$$\tau_{Rt} = \tau_{tR} = \tau_{st} = \tau_{ts} = 0 \tag{4-2-e}$$

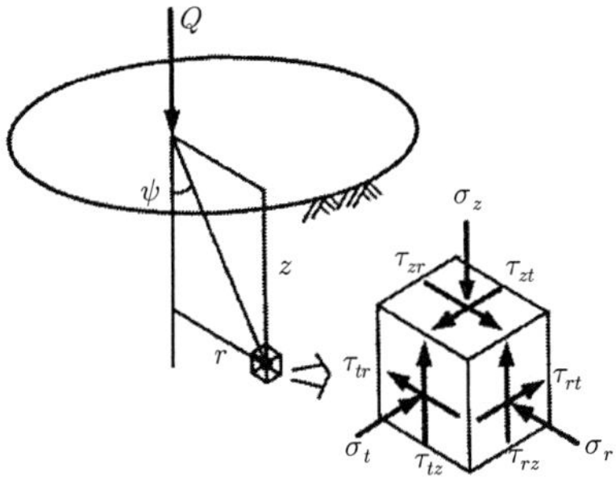

그림 4-1 원통 좌표계에서의 응력의 정의

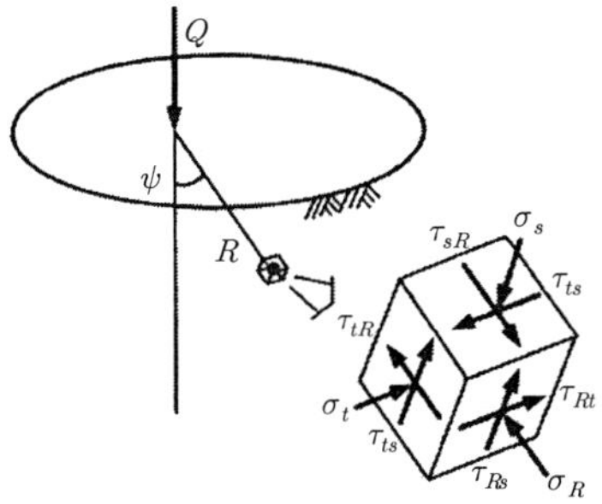

그림 4-2 삼차원 극좌표계에서의 응력의 정의

2) 등분포 선하중에 의한 지반 내 응력

그림 4-3에 보인 바와 같이 지표면에 무한 길이의 등분포 선모양 하중이 작용하는 경우, 하중 연장(y축)방향으로 지반 내의 변형이나 응력이 일정하게 되어 이것에 직교하는 xz면 내의 평면 변형 문제로 하여 이차원적으로 처리할 수 있다. Boussinesq 해[식 (4-1)]를 토대로 당해 문제의 응력해를 유도하면 단위 길이당 하중을 q로 하여 다음 식이 유도된다.

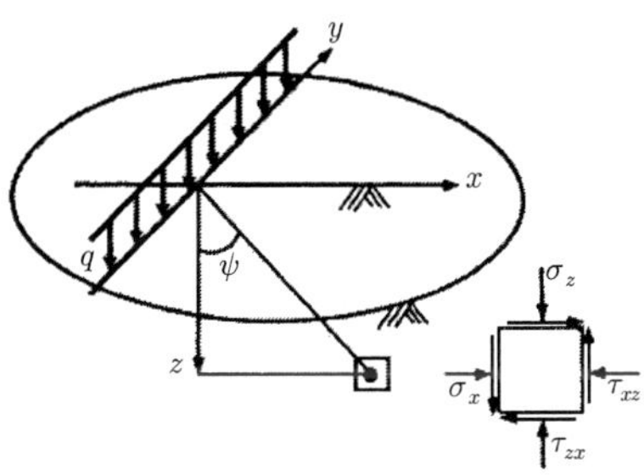

그림 4-3 등분포 선하중에 의한 지반 내 응력

$$\sigma_z = \frac{2q}{\pi z}\cos^4\psi = I_\sigma \frac{q}{z}\left(I_\sigma = \frac{2}{\pi}cos^4\psi = \frac{2}{\pi}\left\{\frac{1}{1+(x/z)^2}\right\}^2\right) \tag{4-3-a}$$

$$\sigma_x = \frac{2q}{\pi z}cos^2\psi\sin^2\psi \tag{4-3-b}$$

$$\tau_{xz} = \frac{2q}{\pi z}\cos^3\psi\sin\psi \tag{4-3-c}$$

Q 4-1-1

지표면 상의 2점 A, B에 연직 집중하중이 작용하고 있다(그림 4-4). 점 C 직하의 점 D에서의 지표면 하중에 의한 연직응력 σ_z, 수평응력 σ_x 및 수평 전단응력 τ_{zx}를 계산하시오. 다만 지반의 포아슨 비는 0.5로 한다.

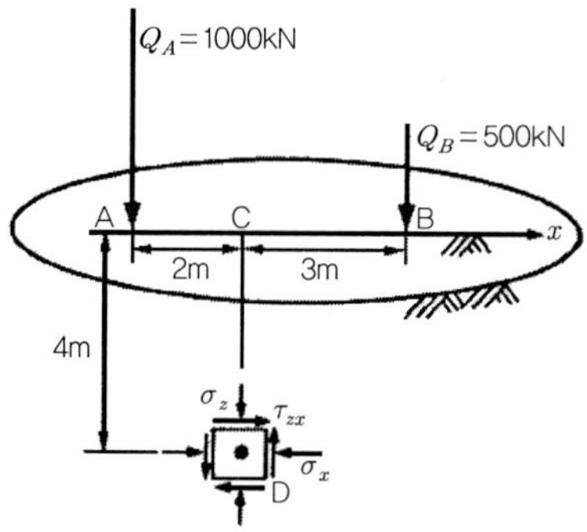

그림 4-4

(1) 하중 Q_A에 의한 응력 변화(그림 4-5 참조)

$$\cos\psi_A = \frac{z}{\sqrt{{r_A}^2+z^2}} = \frac{4}{\sqrt{2^2+4^2}} = \frac{2}{\sqrt{5}}$$

$$\sin\psi_A = \frac{r_A}{\sqrt{{r_A}^2+z^2}} = \frac{1}{\sqrt{5}}$$

으로부터 식 (4-1)을 이용하여

$$\sigma_{zA} = \frac{3Q_A}{2\pi z^2}\cos^5\psi_A = \frac{3\times 1000}{2\pi\times 4^2}\left(\frac{2}{\sqrt{5}}\right)^5 \approx 17.08\mathrm{kN/m^2}$$

$$\sigma_{xA} = \sigma_{rA} = \frac{Q_A}{2\pi z^2}\left\{3\cos^3\psi_A\sin^2\psi_A - (1-2\nu)\frac{\cos^2\psi_A}{1+\cos\psi_A}\right\}$$

$$= \frac{1000}{2\pi\times 4^2}\left\{3\left(\frac{2}{\sqrt{5}}\right)^3\left(\frac{1}{\sqrt{5}}\right)^2 - (1-2\times 0.5)\frac{(2/\sqrt{5})^2}{1+2/\sqrt{5}}\right\}$$

$$\approx 4.27\mathrm{kN/m^2}$$

$$\tau_{zxA} = \tau_{zrA} = \frac{3Q_A}{2\pi z^2}\cos^4\psi_A\sin\psi_A$$

$$= \frac{3\times 1000}{2\pi\times 4^2}\left(\frac{2}{\sqrt{5}}\right)^4\frac{1}{\sqrt{5}} \approx 8.54\mathrm{kN/m^2}$$

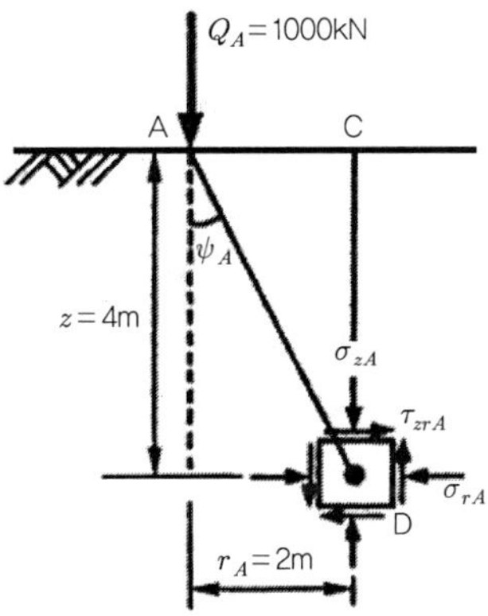

그림 4-5

(2) 하중 Q_B에 의한 응력 변화(그림 4-6 참조)

$$\cos\psi_B = \frac{z}{\sqrt{r_B^2+z^2}} = \frac{4}{5}$$

$$\sin\psi_B = \frac{r_B}{\sqrt{r_B^2 + z^2}} = \frac{3}{5}$$

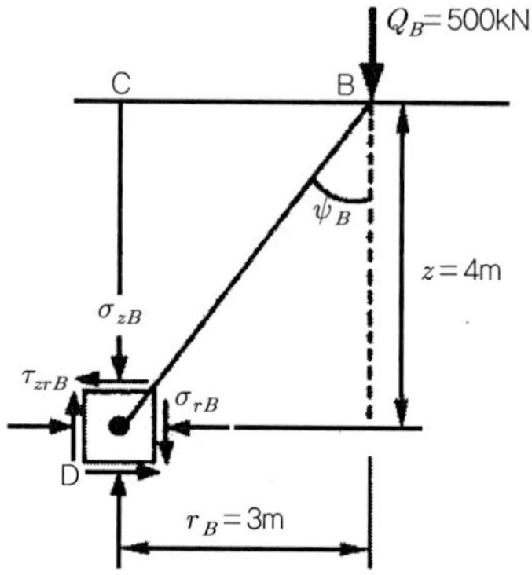

그림 4-6

으로부터

$$\sigma_{zB} = \frac{3Q_B}{2\pi z^2}\cos^5\psi_B \approx 4.89\text{kN/m}^2$$

$$\sigma_{xB} = \sigma_{rB} = \frac{Q_B}{2\pi z^2}\left\{3\cos^3\psi_B\sin^2\psi_B - (1-2\nu)\frac{\cos^2\psi_B}{1+\cos\psi_B}\right\} \approx 2.75\text{kN/m}^2$$

$$\tau_{zrB} = \frac{3Q_B}{2\pi z^2}\cos^4\psi_B\sin\psi_B \approx 3.67\text{kN/m}^2$$

여기에서 τ_{zrB}의 정방향이 z_{zxB}의 정방향과 역인 것에 주의하면 $\tau_{zxB} = -\tau_{zrB} = -3.67\text{kN/m}^2$이 된다.

두 점에 하중이 작용하는 경우의 응력 증분 σ_z, σ_x, τ_{zx}는 지반을 선형 탄성체로 가정하여 각각 단독 하중에 의한 응력 증분을 중합시켜 다음과 같이 구할 수 있다.

$$\sigma_z = \sigma_{zA} + \sigma_{zB} = 21.97\text{kN/m}^2$$

$$\sigma_x = \sigma_{xA} + \sigma_{xB} = 7.02\text{kN/m}^2$$

$$\tau_{zx} = \tau_{zxA} + \tau_{zxB} = 4.87\text{kN/m}^2$$

Q 4-1-2

연직 등분포 선하중이 작용할 때의 지반 내의 연직응력해[식 (4-3-a)]를 유도하시오.

그림 4-7에 나타낸 직교 좌표계 O-xyz를 고려한다. 지표면 위의 B점을 중심으로 하는 미소 구간 dy에 작용하는 분포하중을 B점에 작용하는 집중하중 $dQ = qdy$로 치환하여 고려한다. dQ의 3작용에 의한 xz면($y = 0$)내의 점 A에서의 연직응력의 변화 $d\sigma_z$는 식 (4-1-a)로부터, $d\sigma_z = \dfrac{3dQ}{2\pi z^2}\cos^5\psi = \dfrac{3q}{2\pi z^2}\cos^5\psi dy$이며 여기에서 $\cos\psi = \dfrac{z}{R} = \dfrac{z}{\sqrt{x^2+y^2+z^2}}$이다.

등분포 선하중의 작용에 의한 연직응력 증분은 y축 상의 모든 점에 대해 $d\sigma_z$를 계산하고 이것을 중합시킴으로써(적분함으로써)계산할 수 있다. 즉,

$$\sigma_z = \int_{y=-\infty}^{+\infty} d\sigma_z = \int_{-\infty}^{+\infty} \frac{3q}{2\pi z^2}\cos^5\psi dy$$

$$= \frac{3qz^3}{2\pi}\int_{-\infty}^{+\infty}\left(\frac{1}{x^2+y^2+z^2}\right)^{5/2} dy$$

여기에서 $y = \sqrt{x^2+z^2}\tan\theta$, 더욱더 $t = \sin\theta$인 변수 변환을 하면 위 식은 다음과 같이 전개할 수 있다.

$$\sigma_z = \frac{3qz^3}{2\pi}\int_{-\infty}^{+\infty}\left(\frac{1}{x^2+y^2+z^2}\right)^{5/2}dy = \frac{3qz^3}{2\pi}\left(\frac{1}{x^2+z^2}\right)^2\int_{-\pi/2}^{\pi/2}\cos^3\theta d\theta$$

$$= \frac{3q}{2\pi z}\left(\frac{z}{\sqrt{x^2+z^2}}\right)^4\int_{-1}^{1}(1-t^2)dt = \frac{2q}{\pi z}\cos^4\phi$$

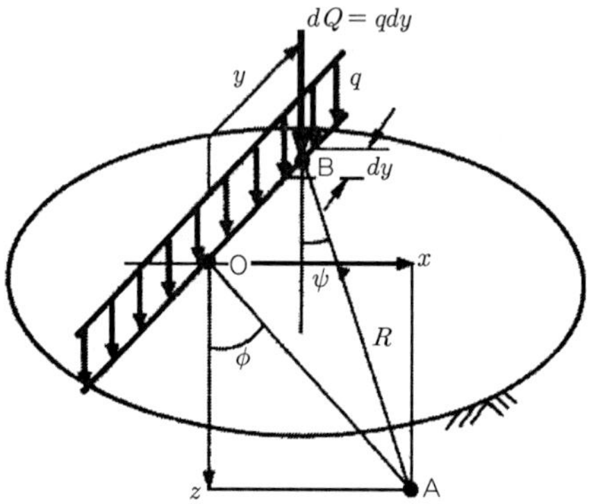

그림 4-7

J. Boussinesq(1842～1929)

★ 탄성체 지반 내의 응력·변위 분포를 구하였다(1885). 탄성체 역학의 분야에서 Boussinesq의 문제로 알려져 있다.

중학교 수학 교사를 거쳐 31세에 릴(Lille) 대학, 뒤에 소르본(Sorbonne) 대학의 수리물리학 교수를 역임했다. 프랑스 과학학사원 회원이며 옹벽토압, 분체의 구성 관계 외에도, 유체역학, 수리학, 열전도 등 다방면의 연구를 다루었다.

19세기 최대의 탄성역학자 Saint-Venant의 첫 번째 제자이다.

말년까지 명예욕과는 무관한 청렴한 학자생활을 보냈다.

Q 4-1-3

삼차원 극좌표계 표시의 Boussinesq 해[식 (4-2)]에서 지반의 포아슨 비를 $\nu=0.5$라 하면 $\sigma_R=\dfrac{3Q}{2\pi R^2}cos\psi$이며 σ_R이외의 응력 성분은 영(0)으로 된다. 즉, 응력은 하중 작용점을 중심으로 하여 방사상으로 직진한다.
마찬가지로 응력의 직진성을 가정하여, 다음과 같은 응력 분포를 설정한다.

$$\sigma_R=A\frac{Q}{R^2}\cos^{\mu-2}\psi(\mu\geq 3) \tag{1}$$

$$\sigma_s=\sigma_t=\tau_{Rs}=\tau_{sR}=\tau_{st}=\tau_{ts}=\tau_{tR}=\tau_{Rt}=0$$

이때 하중 작용점을 중심으로 한 반경 R의 반구에 작용하는 힘의 평형을 고려하여 계수 A를 결정하시오(그림 4-8 참조). 또 식 (1)을 토대로 원통 좌표계에서의 연직응력 σ_z, 수평응력 σ_r, 전단응력 τ_{rz}를 구하는 식을 유도하시오.

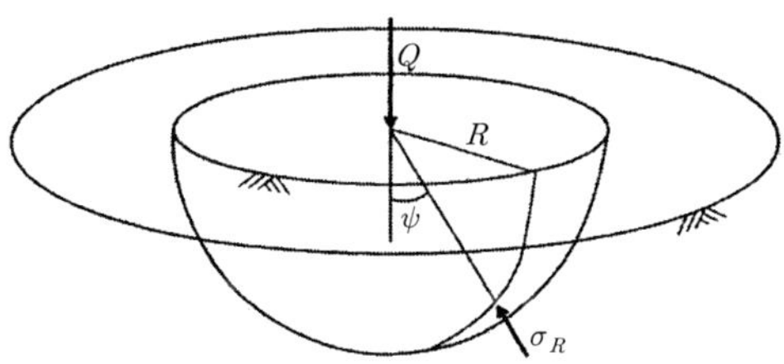

그림 4-8

구면 위에 미소 면요소를 고려한다(그림 4-9 참조).

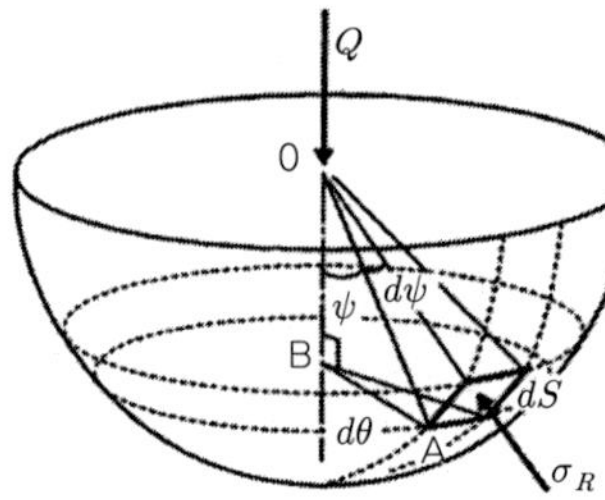

그림 4-9

미소 면요소의 면적 dS는

$$dS = (OA \cdot d\psi) \times (AB \cdot d\theta)$$
$$= Rd\psi \cdot R\sin\psi d\theta$$
$$= R^2 \sin\psi d\psi d\theta$$

미소 면요소에 작용하는 중심[中心](하중 작용점) 방향의 힘을 dF라 하면 $dF = \sigma_R dS$이며, dF의 연직 상향성분 dF_V는 $dF_V = dF\cos\psi$가 된다.

반구의 자중을 무시하면 dF_V를 반구면 S 위에서 서로 더한(적분한)힘은 하중 Q와 같다.

$$Q = \int_S dF_V = \int_{\theta=0}^{2\pi}\int_{\psi=0}^{\pi/2} \sigma_R R^2 \cos\psi \sin\psi d\psi d\theta = 2\pi AQ \int_{\psi=0}^{\pi/2} \cos^{\mu-1}\psi \sin$$

$$= -2\pi AQ \int_1^0 t^{\mu-1} dt = \frac{2\pi AQ}{\mu}$$

위 식의 ψ에 관한 적분 계산에서는 $t = \cos\psi$인 변수 변환을 하고 있다. 위 식으로부터 $A = \frac{\mu}{2\pi} \Rightarrow \sigma_R = \frac{\mu Q}{2\pi R^2}\cos^{\mu-2}\psi$이다.

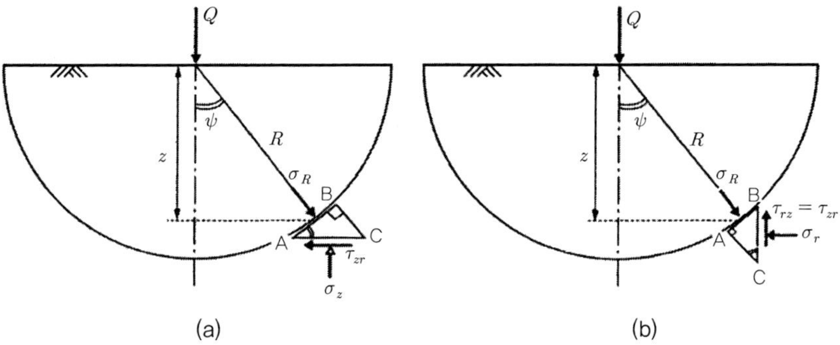

그림 4-10

다음에 그림 4-10(a)에 보인 요소 ABC의 연직방향의 힘의 평형으로부터 $\frac{z}{R} = \cos\psi$에 주의하여 구하면 다음과 같다.

$$\mathrm{AB} \cdot \sigma_{\mathrm{R}} \cos\psi = \mathrm{AC} \cdot \sigma_z \Rightarrow$$

$$\sigma_z = \sigma_R \cos\psi \frac{\mathrm{AB}}{\mathrm{AC}} = \sigma_R \cos^2\psi = \frac{\mu Q}{2\pi R^2}\cos^{\mu}\psi = \frac{\mu Q}{2\pi z^2}\cos^{\mu+2}\psi \qquad \text{(4-4-a)}$$

또 그림 (b)에 보인 요소 ABC의 힘의 평형으로부터

$$\mathrm{AB} \cdot \sigma_{\mathrm{R}} \sin\psi = \mathrm{BC} \cdot \sigma_{\gamma} \Rightarrow$$

$$\sigma_{\gamma} = \sigma_R \sin\psi \frac{\mathrm{AB}}{\mathrm{BC}} = \sigma_R \sin^2\psi = \frac{\mu Q}{2\pi R^2}\cos^{\mu-2}\psi \sin^2\psi = \frac{\mu Q}{2\pi z^2}\cos^{\mu}\psi \sin^2\psi \qquad \text{(4-4-b)}$$

$$\mathrm{AB} \cdot \sigma_{\mathrm{R}} \cos\psi = \mathrm{BC} \cdot \tau_{\gamma z} \Rightarrow$$

$$\tau_{\gamma z} = \sigma_R \cos\psi \frac{\mathrm{AB}}{\mathrm{BC}} = \sigma_R \cos\psi \sin\psi = \frac{\mu Q}{2\pi R^2}\cos^{\mu-1}\psi \sin\psi \qquad \text{(4-4-c)}$$

$$= \frac{\mu Q}{2\pi z^2}\cos^{\mu+1}\psi \sin\psi$$

[보충] 실 지반 내의 응력 분포는 지반의 성층이나 심도 방향의 압축성 감소 등에 기인하여 Boussinesq 해에 의한 응력 분포와 비교하여 하중 직하에 응력이 집중하는 경향이 있다. Fröhlich는 응력집중계수 μ를 도입하여 Boussinesq 해의 수정 근사해를 제안하였다. 응력집중계수 μ와 지반의 포아슨 비 ν와의 사이에는 $\mu=(1/\nu)+1$인 관계가 있으며 모래지반에 대해 $\mu=4\sim5$, 점토 지반에 대해 $\mu=3$이 타당한 것으로 하고 있다. $\mu=3$의 경우 본 해는 지반의 포아슨 비를 0.5로 하였을 때의 Boussinesq 해에 일치한다.

4-2 띠하중(帶狀荷重)에 의한 응력

1) 등분포 띠하중에 의한 지반 내 응력

일정 폭으로 무한의 길이를 갖는 등분포 띠하중에 의한 탄성 지반 내 응력은 단위면적 당의 하중을 q로 하여 다음 식에 의해 주어진다(그림 4-11).

$$\sigma_z=\frac{q}{\pi}(2\theta+\sin 2\theta\cos 2\phi) \tag{4-5-a}$$

$$\sigma_x=\frac{q}{\pi}(2\theta-\sin 2\theta\cos 2\phi) \tag{4-5-b}$$

$$\tau_{xz}=\frac{q}{\pi}\sin 2\theta\sin 2\phi \tag{4-5-c}$$

여기에서,

$$2\theta=\alpha_2-\alpha_1,\ 2\phi=\alpha_2+\alpha_1 \tag{4-5-d}$$

다만 각도의 단위는 라디안(rad)이다.

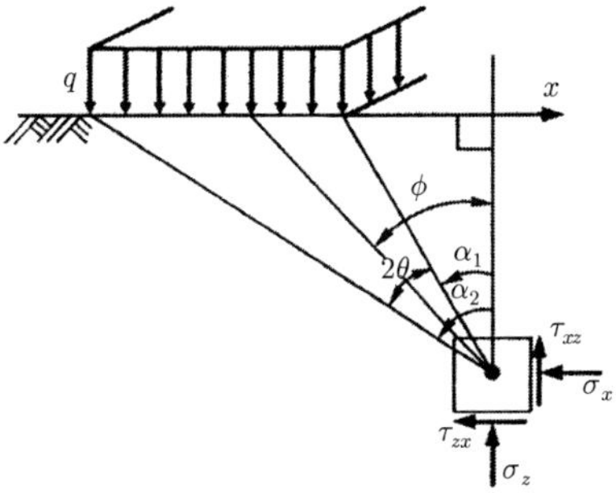

그림 4-11

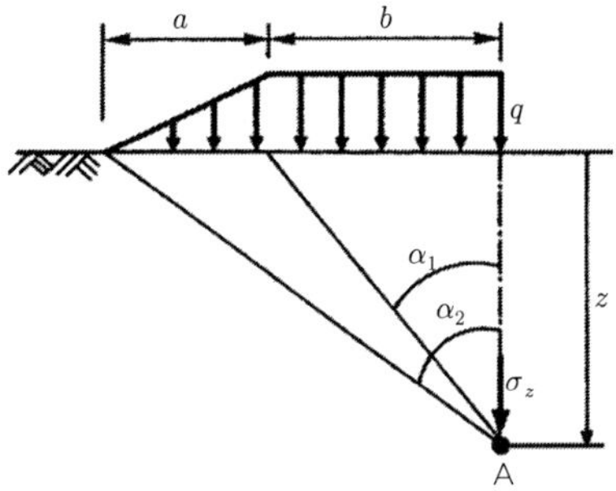

그림 4-12

2) 사다리꼴형 띠하중에 의한 지반 내 응력

그림 4-12에 보인 사다리꼴형 띠하중이 작용할 때의 A점에서의 연직응력 증분은 다음 식으로 주어진다.

$$\sigma_z = \frac{q}{\pi}\left\{\left(\frac{a+b}{a}\right)\alpha_2 - \frac{b}{a}\alpha_1\right\} = I_\sigma q \tag{4-6-a}$$

$$I_\sigma = \frac{1}{\pi}\left\{\left(\frac{a+b}{a}\right)\alpha_2 - \frac{b}{a}\alpha_1\right\} = I_\sigma\left(\frac{a}{z}, \frac{b}{z}\right) \tag{4-6-b}$$

$$\alpha_1 = \tan^{-1}\left(\frac{b}{z}\right),\ \alpha_2 = \tan^{-1}\left(\frac{a+b}{z}\right) \tag{4-6-c}$$

다만 q는 사다리꼴 하중의 평탄부에서의 하중 강도이다. 또 각도의 단위는 라디안(rad)이다.

식 (4-6-b)로부터 $\frac{a}{z}$ 및 $\frac{b}{z}$에 대해 영향값 I_σ를 도시한 것이 Osterberg의 도표(그림 4-13)이다. 도로 쌓기 흙 구조물에서 볼 수 있는 것과 같은 사다리꼴 띠하중에 의한 지반 내 각 점에서의 연직응력을 구하기 위해서는 Osterberg의 도표를 이용한다.

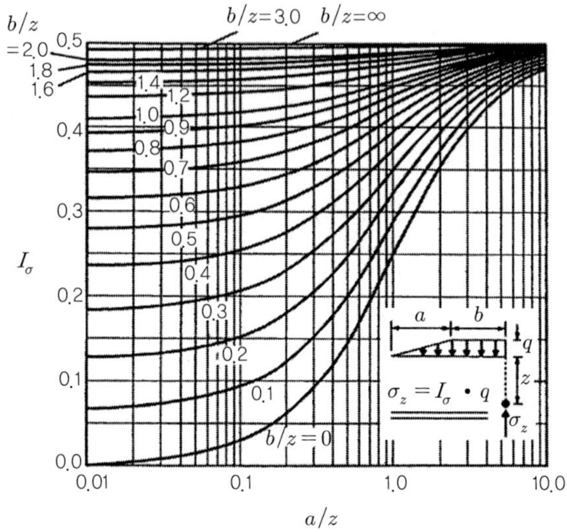

그림 4-13 사다리꼴 띠하중에 의한 지반 내 연직응력을 구하기 위한 Osterberg 도표

Q 4-2-1

그림 4-14와 같이 폭 $B = 5\text{m}$, 하중 강도 $q = 50\text{kN/m}^2$의 등분포 띠하중이 수평지반 표면에 작용하는 경우를 생각한다.

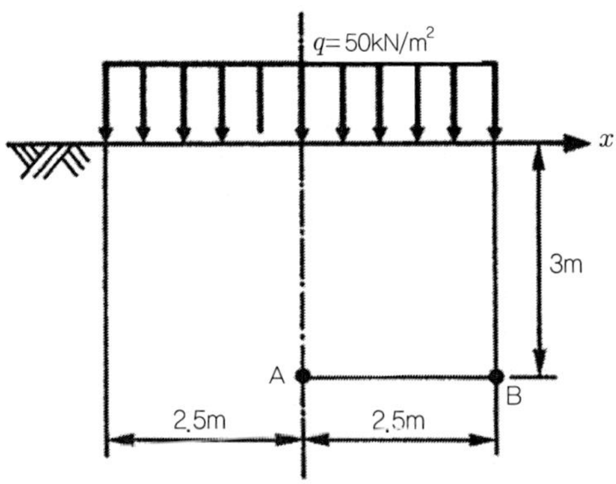

그림 4-14

(1) 하중 중앙 직하 3m (A) 및 하중 단부 직하 3m (B) 지점에서의 지표면 재하에 의해 생기는 연직응력 σ_z, 수평응력 σ_x, 전단응력 τ_{xz}를 계산하시오.

(2) A점 및 B점에서의 최대 주응력 σ_1, 최소 주응력 σ_3를 계산하시오. 또 주응력 방향을 구하시오. 다만, 지반의 자중에 의한 응력을 무시한다.

(1) 그림 4-15를 참고로 점 A에 대해서

$$\alpha_{2A} = \tan^{-1}\left(\frac{B/2}{z}\right),\ \alpha_{1A} = -\tan^{-1}\left(\frac{B/2}{z}\right) \Rightarrow$$

$$2\theta_A = \alpha_{2A} - \alpha_{1A} = 2\tan^{-1}\left(\frac{B/2}{z}\right) = 2\tan^{-1}\left(\frac{2.5}{3}\right) \approx 1.389\text{rad}$$

$$2\phi_A = \alpha_{1A} + \alpha_{2A} = 0$$

따라서 식 (4-5)로부터,

$$\sigma_{zA} = \frac{q}{\pi}(2\theta_A + \sin 2\theta_A \cos 2\phi_A) \approx 37.8\text{kN/m}^2$$

$$\sigma_{xA} = \frac{q}{\pi}(2\theta_A - \sin 2\theta_A \cos 2\phi_A) \approx 6.5\text{kN/m}^2$$

$$\tau_{xzA} = \frac{q}{\pi}\sin 2\theta_A \sin 2\phi_A = 0$$

점 B에 대해서

$$\alpha_{2B} = \tan^{-1}\left(\frac{B}{z}\right),\ \alpha_{1B} = 0 \Rightarrow$$

$$2\theta_B = \alpha_{2B} - \alpha_{1B} = \tan^{-1}\left(\frac{B}{z}\right) \approx 1.030\text{rad}$$

$$2\phi_B = \alpha_{1B} + \alpha_{2B} = \tan^{-1}\left(\frac{B}{z}\right) \approx 1.030\text{rad}$$

로부터

$$\sigma_{zB} = \frac{q}{\pi}(2\theta_B + \sin 2\theta_B \cos 2\phi_B) \approx 23.4\text{kN/m}^2$$

$$\sigma_{xB} = \frac{q}{\pi}(2\theta_B - \sin 2\theta_B \cos 2\phi_B) \approx 9.4\text{kN/m}^2$$

$$\tau_{xzB} = \frac{q}{\pi}\sin 2\theta_B \sin 2\phi_B \approx 11.7\text{kN/m}^2$$

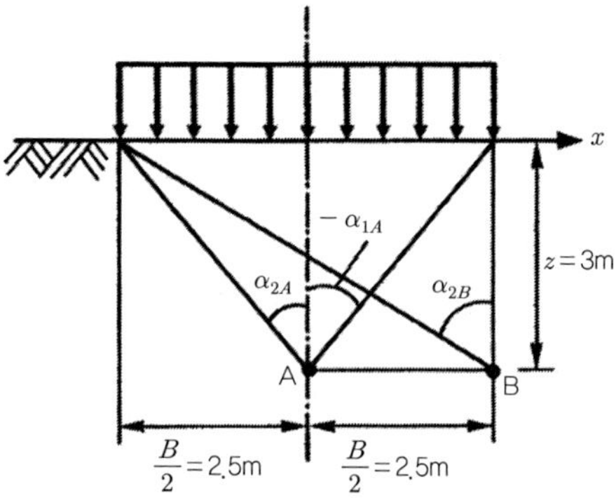

그림 4-15

(2) 지반의 자중 응력을 무시함으로서 A점에서는 $\tau_{xzA} = 0$이고 $\sigma_{zA} > \sigma_{xA}$이므로 최대 주응력은 $\sigma_{1A} = \sigma_{zA}$, 최소 주응력은 $\sigma_{3A} = \sigma_{xA}$이다. 최대 주응력 방향은 연직방향, 최소 주응력 방향은 수평방향으로 된다.

B점에서의 최대 및 최소 주응력은

$$\sigma_{1B} = \frac{\sigma_{zB} + \sigma_{xB}}{2} + \sqrt{\left(\frac{\sigma_{zB} - \sigma_{xB}}{2}\right)^2 + \tau_{zxB}^2} \approx 30.0\text{kN/m}^2$$

$$\sigma_{3B} = \frac{\sigma_{zB} + \sigma_{xB}}{2} + \sqrt{\left(\frac{\sigma_{zB} - \sigma_{xB}}{2}\right)^2 + \tau_{zxB}^2} \approx 2.8\text{kN/m}^2$$

한편, 최대 주응력 방향과 연직방향이 이루는 각을 δ_B라 하면,

$$\tan 2\delta_B = \frac{2\tau_{xz}}{\sigma_z - \sigma_x} \approx 1.671$$

이며, 최대 주응력 방향은 연직방향으로부터 $\delta_B = 0.516\text{rad} = 29.6°$만큼 반시계 방향으로 기울어져 있다. 또 최소 주응력 방향은 최대 주응력 방향에 직교한다.

Q 4-2-2

(1) 등분포 띠하중에 의한 지반 내 응력해 [식 (4-5)]로부터 최대 및 최소 주응력을 구하는 식을 유도하시오. 다만 지반의 자중 응력은 무시한다.

(2) (1)의 결과를 토대로 하여 등주응력선[等主應力線]은 띠하중의 하중 양단점을 지나는 원호가 되는 것을 설명하시오. 또 최대 및 최소 주응력 방향에 대해서 고찰하시오.

(1) 이차원 응력 상태에서의 최대 주응력 σ_1 및 최소 주응력 σ_3은 다음 식으로 계산할 수 있다.

$$\sigma_1 = \frac{\sigma_z + \sigma_x}{2} + \sqrt{\left(\frac{\sigma_z - \sigma_x}{2}\right)^2 + \tau_{zx}^{\ 2}}\ ,$$

$$\sigma_3 = \frac{\sigma_z + \sigma_x}{2} - \sqrt{\left(\frac{\sigma_z - \sigma_x}{2}\right)^2 + \tau_{zx}^{\ 2}}$$

위 식에 식 (4-5)를 대입하면 다음 식과 같다.

$$\sigma_1 = \frac{q}{\pi}(2\theta + \sin 2\theta),\ \sigma_3 = \frac{q}{\pi}(2\theta - \sin 2\theta)$$

(2) (1)로부터 σ_1 및 σ_3은 응력 착안점과 하중 양끝점을 연결하는 두 직선의 교차각 2θ만의 함수가 된다. 즉, 교차각이 같은 점에서는 최대 및 최소 주응력이 같다. 여기에서 하중 양단점을 지나는 원을 고려하면 원 위의 모든 점에서 원주각은 같으므로 원주 위의 각 점에서의 최대 및 최소 주응력은 같다. 따라서 등주응력선은 하중 양끝점을 지나는 원호로 된다(그림 4-16).

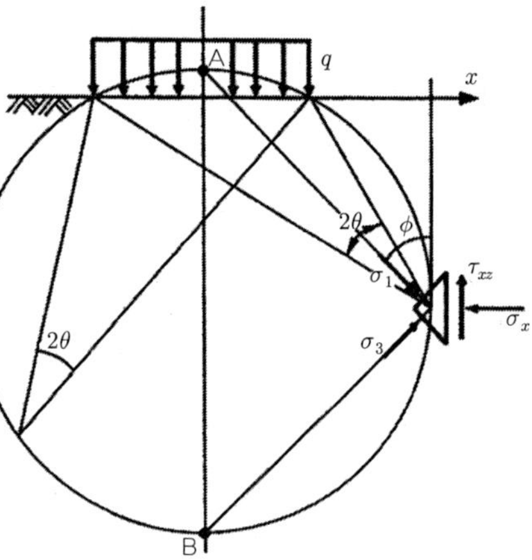

그림 4-16

최대 주응력 방향의 연직방향으로부터의 경사각 δ는 $\tan 2\delta = \dfrac{2\tau_{xz}}{\sigma_z - \sigma_x}$이다. 본 식에 식 (4-5)를 대입하면 $\tan 2\delta = \tan 2\phi$로부터 $\delta = \phi = \dfrac{\alpha_1 + \alpha_2}{2}$로 되며, 최대 주응력 방향은 각 2θ를 이등분한다. 등주응력선을 나타내는 원을 고려하면 주응력 방향은 원주각의 이등분선으로 되므로 원의 최상부(그림 4-16의 점 A)를 통과하게 된다. 최소 주응력 방향은 최대 주응력 방향에 직교하므로 원의 최저부(그림 4-16의 점 B)를 통과하게 된다.

Q 4-2-3

그림 4-17에 나타낸 쌓기 축조 후의 점 A, B에서의 연직응력을 계산하시오. 다만 기초 지반의 단위 체적중량을 $\gamma_0 = 15\text{kN/m}^3$, 쌓기 재료의 단위 체적중량을 $\gamma_1 = 18\text{kN/m}^3$으로 한다.

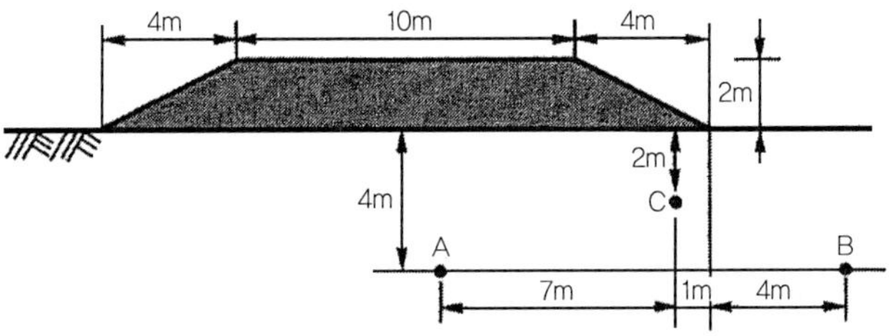

그림 4-17

지금까지는 지표면 하중의 작용에 의한 지반 내 응력의 변화 부분을 취급하여 왔으나 실제로는 하중 작용 전에 흙의 자중에 의한 토피압이 작용하고 있다. 본 문제에서는 자중 부분도 포함한 지반 내 응력을 고려한다.

우선 쌓기 축조 전의 연직응력을 계산한다. 점 A, B는 모두 수평지반면 아래 4m의 위치에 있으므로 같은 심도까지의 연직응력(토피압)은 다음 식과 같다.

$$\sigma_{z0} = \gamma_0 z = 15 \times 4 = 60\text{kN/m}^2$$

다음으로 쌓기 축조에 의한 응력 변화를 탄성해로부터 구한다. 쌓기에 따른 지표면 하중을 쌓기 형상과 유사한 사다리꼴형 띠하중으로써 취급한다. 중앙 평탄부에서의 하중 강도는 쌓기 높이를 h로 하면 다음과 같다.

$$q = \gamma_1 h = 18 \times 2 = 36\text{kN/m}^2$$

점 A에서의 연직응력 증분은 사다리꼴형 띠하중 DIHG 및 IEFH 각각에 의한 응력 증분의 합으로 계산한다(그림 4-18). 구체적으로는 식 (4-6) 또는 Osterberg의 도표(그림 4-13)를 이용하여 영향값을 구하고 이것에 하중 강도 q를 곱하면 된다.

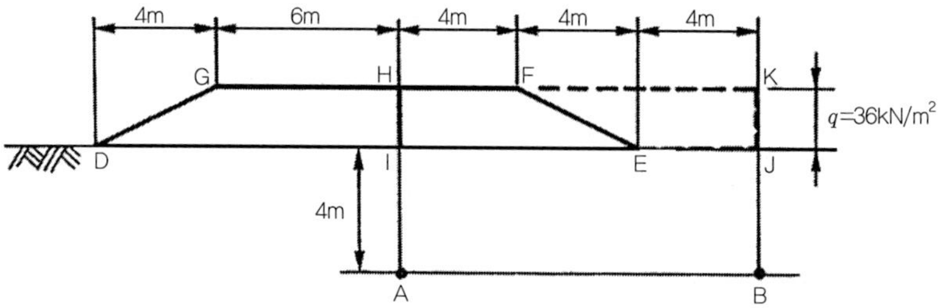

그림 4-18

(1) 사다리꼴형 하중 DIHG의 영향값 $I_{\sigma DIHG}$

$$z = 4\text{m},\ a = 4\text{m},\ b = 6\text{m} \Rightarrow a/z = 1.0,\ b/z = 1.5$$

$$\Rightarrow I_{\sigma DIHG} \approx 0.478$$

(2) 사다리꼴형 하중 IEFH의 영향값 $I_{\sigma IEFH}$

$$z = 4\text{m},\ a = 4\text{m},\ b = 4\text{m} \Rightarrow a/z = 1.0,\ b/z = 1.0$$

$$\Rightarrow I_{\sigma IEFH} \approx 0.455$$

따라서 쌓기 축조에 의한 응력 변화는 $\sigma_{z1A} = (I_{\sigma DIHG} + I_{\sigma IEFH})q \approx (0.478 + 0.455) \times 36 = 33.6\text{kN/m}^2$로 되며 축조 후의 연직응력은 $\sigma_{zA} = \sigma_{z0} + \sigma_{z1A} = 93.6\text{kN/m}^2$이 된다.

점 B에서의 연직응력 증분은 그림 4-18의 사다리꼴형 하중 DJKG에 의한 응력 증분으로부터 사다리꼴 하중 EJKF에 의한 영향을 뺀 값이 된다.

(3) 사다리꼴 하중 DJKG의 영향값 $I_{\sigma DJKG}$

$$z = 4\text{m},\ a = 4\text{m},\ b = 18\text{m} \Rightarrow a/z = 1.0,\ b/z = 4.5$$
$$\Rightarrow I_{\sigma DJKG} \approx 0.498$$

(4) 사다리꼴 하중 EJKF의 영향값 $I_{\sigma EJKF}$

$$z = 4\text{m},\ a = 4\text{m},\ b = 4\text{m} \Rightarrow a/z = 1.0,\ b/z = 1.0$$
$$\Rightarrow I_{\sigma DJKG} \approx 0.455$$

따라서 쌓기 축조에 의한 응력 변화는 $\sigma_{z1B} = (I_{\sigma DJKG} - I_{\sigma EJKF})q \approx (0.498 - 0.455) \times 36 = 1.5\text{kN/m}^2$이며 축조 후의 연직응력은 다음과 같다.

$$\sigma_{zB} = \sigma_{z0} + \sigma_{z1B} = 61.5\text{kN/m}^2$$

Q 4-2-4

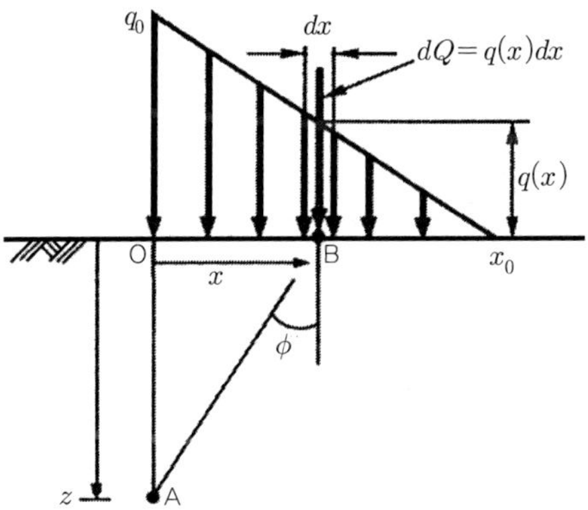

그림 4-19

(1) 삼각형 띠하중이 작용하는 경우, 점 A에서의 연직응력 증분을 구하시오(그림 4-19 참조).

(2) (1)의 결과를 토대로 사다리꼴 띠하중에 의한 연직응력 증분의 계산식 (4-6)을 유도하시오.

(1) 그림 4-19에서 B부근의 미소 구간 dx를 추출하면 폭 dx에는 하중강도 $dQ = q(x)dx$의 선하중이 작용한다. B점에서의 선하중 영향을 받아 A점의 연직응력은 $d\sigma_z$ 증가한다고 하면 식 (4-3-a)로부터

$$
\begin{aligned}
d\sigma_z &= \frac{2q(x)dx}{\pi z}\cos^4\phi \\
&= \frac{2q(x)}{\pi z}\left\{\frac{z}{\sqrt{x^2+z^2}}\right\}^4 dx
\end{aligned}
$$

하중 분포형으로서 $q(x)$=$q_0(1-x/x_0)$를 사용하여 하중의 적용 범위($x = 0 \sim x_0$)로써 적분한다.

$$
\sigma_z = \int_0^{x_0} \frac{2q_0(1-x/x_0)}{\pi z}\left\{\frac{z}{\sqrt{x^2+z^2}}\right\}^4 dx
$$

여기에서 변수 변환 $x = z\tan\theta$를 하여 식을 전개하면 최종적으로 다음 식을 얻는다.

$$
\sigma_z = \frac{q_0}{\pi}\alpha, \alpha = \tan^{-1}\frac{x_0}{z}
$$

(2) 사다리꼴 하중을 2개의 삼각형 하중 조합에 의해 표현한다. 즉, 그림 4-20을

참고로 사다리꼴 하중 ABCD에 의한 응력 증분은 삼각형 하중 ABE에 의한 응력 증분으로부터 삼각형 하중 CDE에 의한 응력 증분을 차인함으로써 구해진다.

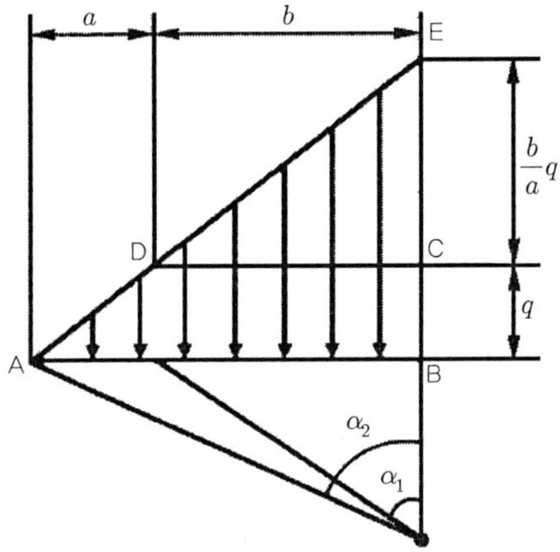

그림 4-20

삼각형 하중 ABE에 의한 응력 증분

$$\sigma_{zABE} = \frac{(1+b/a)q}{\pi}\alpha_2 \ , \ \alpha_2 = \tan^{-1}\frac{a+b}{z}$$

삼각형 하중 CDE에 의한 응력 증분

$$\sigma_{zCDE} = \frac{(b/a)q}{\pi}\alpha_1 , \ \alpha_1 = \tan^{-1}\frac{b}{z}$$

다만, q는 사다리꼴형 하중의 평탄부의 하중 강도이다(그림 4-20 참조).

이상으로부터 $\sigma_z = \sigma_{zABE} - \sigma_{zCDE}$라 하면 식 (4-6)을 얻는다.

4-3 면하중에 의한 응력

1) 등분포 원형 하중에 의한 중심 직하의 연직응력

지표면 상의 반경 R의 원형 영역에 등분포 하중(하중 강도 q)이 작용했을 때의 하중 중심 직하 z에서의 연직응력 증분은 다음과 같다.

$$\sigma_z = q\left[1 - \left\{\frac{1}{1+(R/z)^2}\right\}^{\frac{3}{2}}\right] \qquad (4\text{-}7)$$

2) 등분포 직사각형 하중에 의한 지반 내 연직응력

지표면 상의 직사각형 영역에 등분포 하중이 작용하는 경우의 직사각형 각점 직하에서의 연직응력 증분은 직사각형 영역의 2변의 길이를 B, L로 하여 다음 식과 같이 계산할 수 있다(그림 4-21 참조).

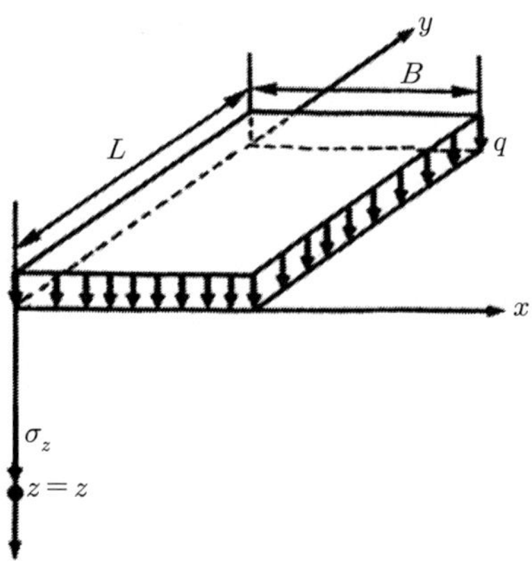

그림 4-21

$$\sigma_z = I_\sigma q \tag{4-8-a}$$

$$I_\sigma = \frac{1}{2\pi}\left(\frac{mn}{\sqrt{m^2+n^2+1}} \times \frac{m^2+n^2+2}{(m^2+1)(n^2+1)} + \sin^{-1}\frac{mn}{\sqrt{(m^2+1)(n^2+1)}}\right) \tag{4-8-b}$$

$$m = B/z, n = L/z \tag{4-8-c}$$

본 해에 대해서도 사다리꼴형 하중에 관한 Osterberg 도표와 마찬가지로 기하 파라미터 m, n을 토대로 영향값을 독취하기 위한 Newmark 도표가 제공되어 있다(그림 4-22).

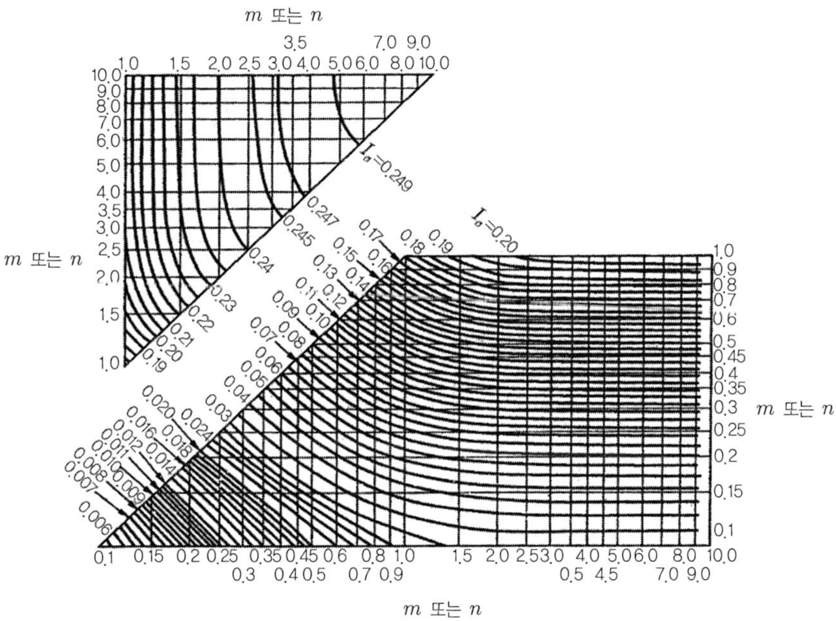

그림 4-22 등분포 직사각형 하중에 의한 우각부 직하의 연직응력을 구하는 Newmark 도표

3) Kögler에 의한 근사해

이 해법에서는 지표면에 등분포 띠하중이나 직사각형 하중이 작용하는 경우에 심도 방향으로 일정 각도로 응력이 분산한다. 그림 4-23과 같이 폭 B, 길이 L의 직사각형 영역에 하중 강도 q의 등분포 하중이 작용할 때 심도 z에서의 연직응력 증분은 영향 범위 밖에서는 영(0), 영향 범위에서는 수평면 내에서 등분포로 하여 다음 식으로 계산한다.

$$\sigma_z = \frac{qBL}{(B+2z\tan\alpha)(L+2z\tan\alpha)} \tag{4-9}$$

여기에서 α는 응력의 분산을 규정하는 각도 파라미터로써 $\tan\alpha = 0.5$ 또는 $\alpha = 30^{\circ}$로 가정하는 경우가 많다.

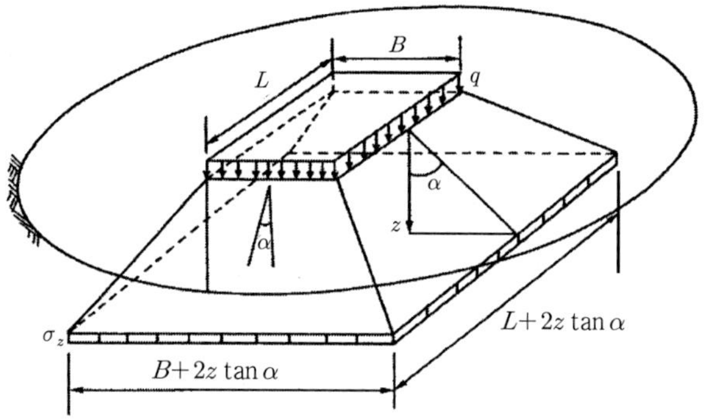

그림 4-23

Q 4-3-1

수평지반 상의 직사각형 영역 ABCD에 하중 강도 $q = 50\text{kN/m}^2$의 등분포 하중이 작용하는 경우(그림 4-24), 이때 그림 중의 점 R, S에서의 연직응력 증분을 계산하시오.

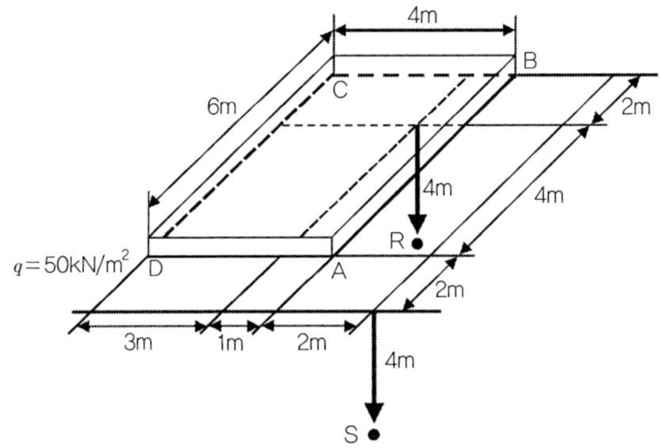

그림 4-24

(1) 점 R에서의 연직응력 증분

직사각형 영역 ABCD를 그림 4-25에 4개의 직사각형 영역 I ~ IV로 분할한다. 영역 ABCD에 등분포 하중이 작용할 때의 응력 변화는 영역 I ~ IV 각각에 하중이 작용할 때의 응력 변화[식 (4-8) 또는 그림 4-22에서 구할 수 있다]를 중합시켜 계산할 수 있다. 즉,

$$\sigma_{zR} = \sigma_{zRI} + \sigma_{zRII} + \sigma_{zRIII} + \sigma_{zRIV}$$
$$= (I_{\sigma I} + I_{\sigma II} + I_{\sigma III} + I_{\sigma IV})q$$

각 영역에 대한 영향값은 다음과 같다.

영역 I : $B = 1\text{m},\ L = 4\text{m},\ z = 4\text{m}$

$\Rightarrow m = B/z = 0.25,\ n = L/z = 1.0$

$\Rightarrow I_{\sigma\,\text{I}} = 0.067$

영역 II : $B = 1\text{m},\ L = 2\text{m},\ z = 4\text{m}$

$\Rightarrow m = 0.25,\ n = 0.5$

$$\Rightarrow I_{\sigma II} = 0.048$$

영역 III : $B = 3\text{m},\ L = 2\text{m},\ z = 4\text{m}$

$$\Rightarrow m = 0.75\,,\ n = 0.5$$

$$\Rightarrow I_{\sigma III} = 0.107$$

영역 Ⅳ : $B = 3\text{m},\ L = 4\text{m},\ z = 4\text{m}$

$$\Rightarrow m = 0.75\,,\ n = 1.0$$

$$\Rightarrow I_{\sigma IV} = 0.155$$

이상으로부터 $\sigma_{zR} = 18.9\text{kN/m}^2$을 얻는다.

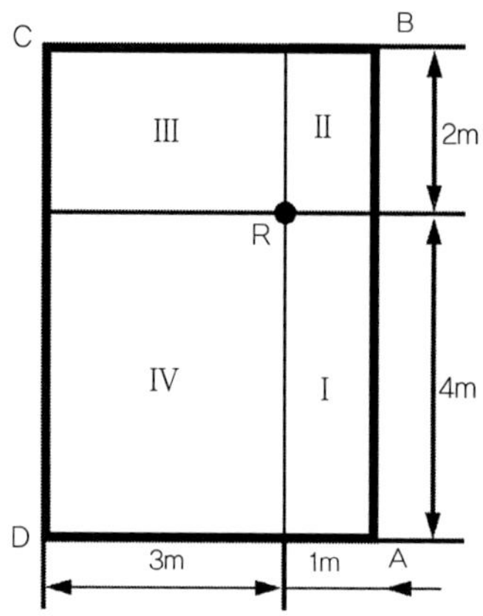

그림 4-25

(2) 점 S에서의 연직응력 증분

마찬가지로 그림 4-26에 보인 바와 같이 직사각형 영역 I ~ IV를 고려한다. 영역 ABCD(영역 III)에만 하중이 작용하는 경우의 응력은 영역 I + II + III + IV(전체)에 하중이 작용할 때의 응력으로부터 영역 I + II 및 영역 I + IV에 하중이 작용할 때의 응력을 차인하여(지금까지에서는 영역 I의 하중의 영향을 이중으로 차인하게 되므로) 영역 I에 하중이 작용할 때의 응력을 더한다. 즉,

$\sigma_{zS} = \sigma_{zSIII} = \sigma_{zSI+II+III+IV} - \sigma_{zSI+II} - \sigma_{zSI+IV} + \sigma_{zSI}$

$= (I_{\sigma I+II+III+IV} + I_{\sigma I} - I_{\sigma I+II} - I_{\sigma I+IV})q$

영역 I+II+III+IV : $B = 4+2 = 6\text{m}$, $L = 6+2 = 8\text{m}$, $z = 4\text{m} \Rightarrow m = 1.5$, $n = 2.0 \Rightarrow I_{\sigma I+II+III+IV} = 0.224$

영역 I : $B = 2\text{m}$, $L = 2\text{m}$, $z = 4\text{m} \Rightarrow m = 0.5$, $n = 0.5 \Rightarrow I_{\sigma I} = 0.084$

영역 I+II : $B = 2\text{m}$, $L = 8\text{m}$, $z = 4\text{m} \Rightarrow m = 0.5$, $n = 2.0 \Rightarrow I_{\sigma I+II} = 0.135$

영역 I+IV : $B = 6\text{m}$, $L = 2\text{m}$, $z = 4\text{m} \Rightarrow m = 1.5$, $n = 0.5 \Rightarrow I_{\sigma I+IV} = 0.131$

이상으로부터 $\sigma_{zS} = 2.1\text{kN/m}^2$이다.

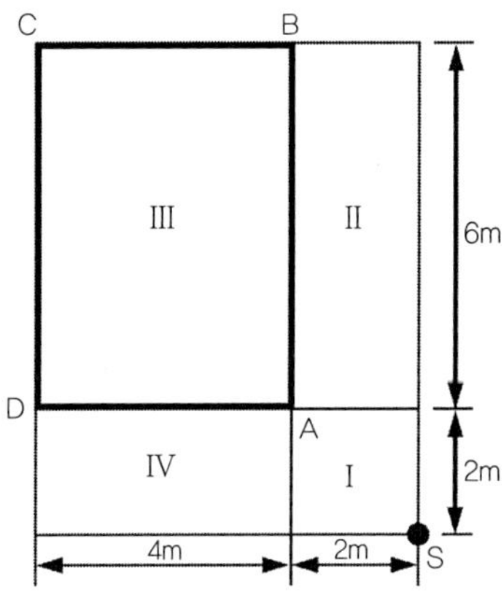

그림 4-26

Q 4-3-2

하중강도 $q = 50\text{kN/m}^2$의 등분포 하중이 수평지반 표면에 작용하고 있다. 이하의 경우에서 하중 대역 중앙의 연직응력 분포를 비교하시오.

(1) 직경 4m의 원형 범위

(2) 1변 4m의 정사각형 범위

(3) 폭 4m의 띠모양 범위

등분포 원형 하중의 경우, 식 (4-7)에 $q = 50\mathrm{kN/m^2}$, $R = 2\mathrm{m}$ 및 깊이 z를 대입한다. 정사각형 하중의 경우, 우선 재하부의 1/4의 정사각형 ($B_0 = L_0 = 2\mathrm{m}$)에 관한 영향값 $I_{\sigma 0}$를 식 (4-8)로부터 계산 또는 그림 4-22로부터 읽어 $\sigma_z = 4I_{\sigma 0}q$를 통해 연직응력을 구한다.

띠하중의 경우, 식 (4-5)에 $\phi = 0$, $\theta = \tan^{-1}(B/(2z))$를 대입한다.

여기에서는 $z = 0.5 \sim 1.0\mathrm{m}$의 8개의 심도에서 응력을 계산하였다. 지표면에서는 각 계산법에서 $z \to 0$의 극한을 취함으로서 접지압($50\mathrm{kN/m^2}$)과 같은 응력값을 얻는다. 각각의 케이스에 의한 연직응력의 심도 분포를 그림 4-27에 보인다. 원형 또는 정사각형 하중에서는 띠하중과 비교하여 깊은 곳에서 응력값이 작아진다. 띠하중의 경우, 이차원적으로 하중이 작용하므로 응력의 분산 경향이 약하기 때문이다.

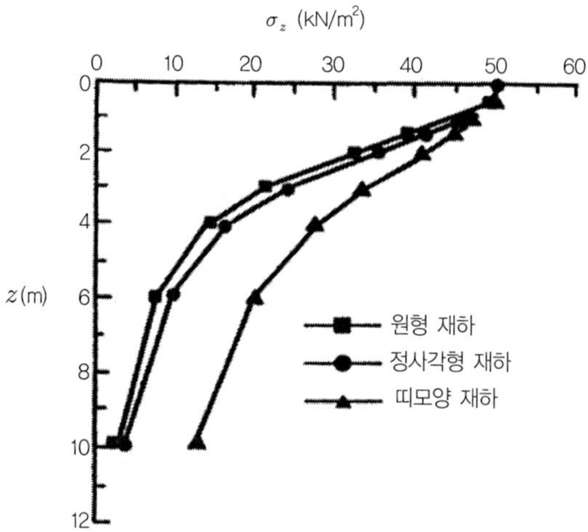

그림 4-27

4-4 접지압 분포

지금까지 지표면 하중에 의한 지반 내 응력을 계산할 때에 등분포나 사다리꼴 분포 등 간단한 하중 분포에서 해를 구했다. 그러나 강성이 큰 구조물 기초와 지반 간의 접지압 분포는 복잡한 형상을 보인다. 예를 들면 Boussinesq에 따르면 탄성 지반 상의 강한 띠기초(기초 폭 B)에 등분포 선하중 q가 작용하였을 때의 접지압 분포는 다음 식으로 주어지며 하중 단부($x = B/2$)에서 응력은 무한대가 된다.

$$p = \frac{2q}{\pi B} \frac{1}{\sqrt{1-(2x/B)^2}}$$

실제로 흙은 탄성체가 아니고 하중 단부 응력도 유한값에 수렴하는 것을 고려하여 Ohde는 하중끝 부근(하중 둘레 가장자리로부터 $0.07B$의 구간)을 계산식의 대상에서 제외하고 있다.

Q 4-4-1

강한 띠 기초의 접지압 분포를 사질토 지반과 점성토 지반을 대비하여 설명하시오.

점성토 지반에서의 강한 기초의 접지압 분포는 하중 단부에서 크고 중앙부에서 작아지는데, 이것은 탄성해와 유사한 것으로 알려져 있다[그림 4-28(a)]. 여기서 사질토 지반은 중앙 부근에서 극대가 되며 단부에서 영(0)의 분포가 된다[그림 (b)]. 기초 끝 부근의 외측에서는 구속압이 저하하여 입자간 마찰이 약해지기 때문에 반력이 생기지 않는다.

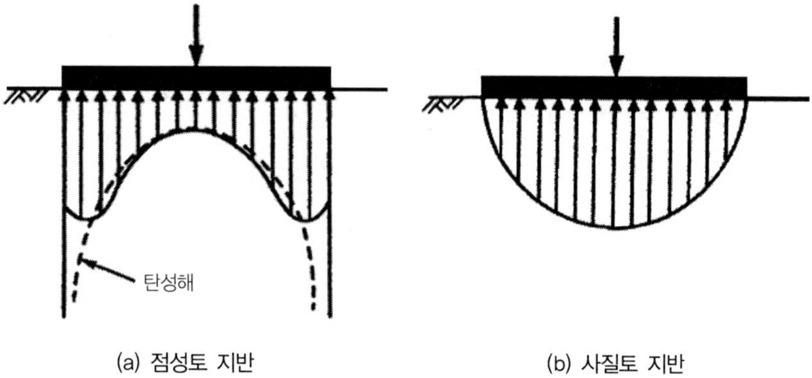

그림 4-28 강한 기초의 접지압 분포

관련 문제

[문제 4-1]

수평지반 상의 한 점에 연직 집중하중 $Q = 1000\text{kN}$이 작용할 때 지표면 5m 아래에서 그림 4-29에 나타낸 A ~ F의 6개 점에서 연직응력 증분을 계산하여 수평위치에 대해 그래프를 작성하시오. 다만 응력집중계수를 $\mu = 5$로 한다.

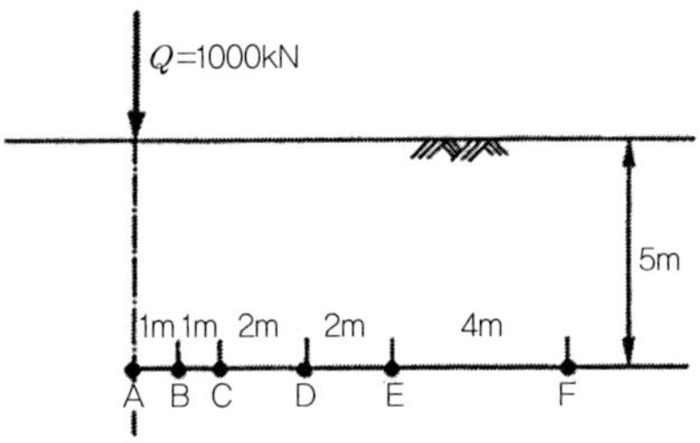

그림 4-29

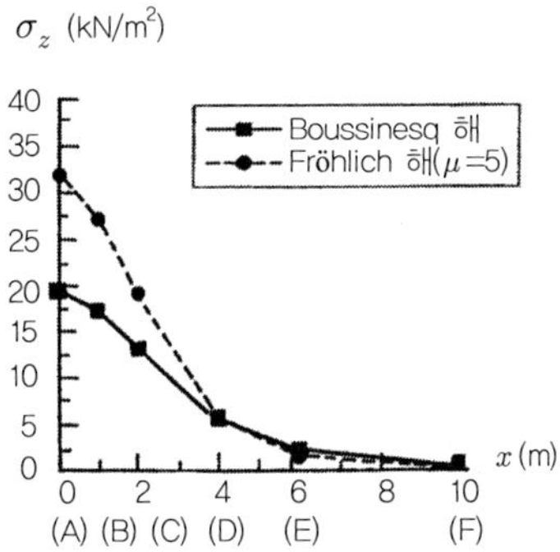

그림 4-30

[답]

식 (4-1-a), (4-4-a)에 $x = 0 \sim 10\text{m}$, $z = 5\text{m}$, $Q = 1000\text{kN}$을 대입한다. 계산 결과는 그림 4-30을 참조한다.

[문제 4-2]

그림 4-31과 같이 지표면 상에 등분포 선하중 및 2점 A, B에 집중하중이 작용하고 있다. 점 A 직하의 점 C에서의 연직응력 증분을 계산하시오.

[답]

선하중에 의한 기여분 : $\sigma_{z1} = 2.03\text{kN/m}^2$

Q_A 에 의한 기여분 : $\sigma_{z2} = 5.31\text{kN/m}^2$

Q_B에 의한 기여분 : $\sigma_{z3} = 2.16\text{kN/m}^2$

이것으로부터 $\sigma_z = 9.50\text{kN/m}^2$

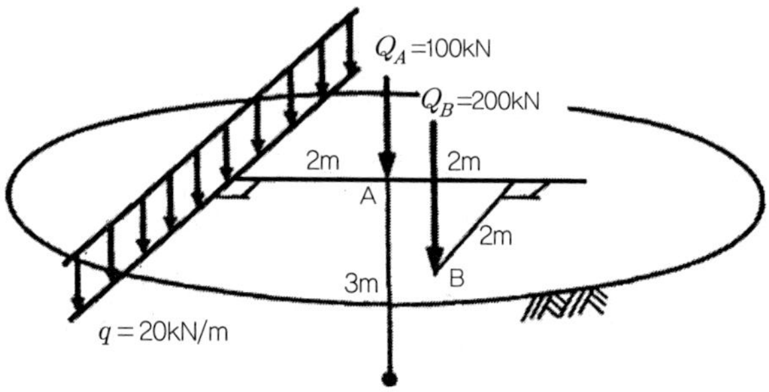

그림 4-31

[문제 4-3]

수평지반 상에 무한히 계속되는 등분포 선하중이 작용하고 있다. 이 경우 지반 내의 각 점에서 하중 연장 방향(그림 4-3의 y축 방향)의 변위는 영(0)이며 연직 변형도 $\varepsilon_y = 0$으로 된다(평면 변형 상태). 등방선형 탄성체의 응력-변형 관계에 식 (4-3)을 대입하고 평면 변형 조건을 고려하여 y축 방향의 연직응력 σ_y를 구하시오.

[답]

등방선형 탄성체의 연직변형-응력 관계로부터, E는 탄성 계수, ν를 포아슨 비로 하여 평면 변형 상태에서는 $\varepsilon_y = \dfrac{1}{E}\{\sigma_y - \nu(\sigma_z + \sigma_x)\} = 0 \Rightarrow \sigma_y = \nu(\sigma_z + \sigma_x)$

이며, 식 (4-3-a)과 (4-3-b)를 대입하면 다음과 같다.

$$\sigma_y = \nu\frac{2q}{\pi z}(\cos^4\phi + \cos^2\phi\sin^2\phi) = \nu\frac{2q}{\pi z}\cos^2\phi$$

[문제 4-4]

압력 구근에 대해서 설명하시오.

[답]

연직 집중하중이나 등분포 띠하중이 작용할 때 연직응력이 같은 점을 연결해놓은 선은 구근의 단면형상과 유사하므로 이것을 압력구근이라 부른다. 예를 들어 등분포 띠하중에 의한 등연직응력선은 그림 4-32와 같다.

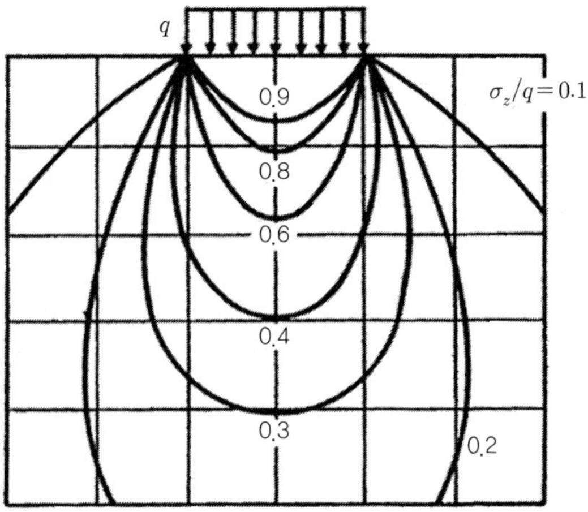

그림 4-32

[문제 4-5]

Q 4-2-3에서 그림 4-17의 점 C에서의 연직응력(지반의 자중분을 포함)을 계산하시오.

[답]

자중 응력 : $\sigma_{z0} = \gamma_0 z = 30\text{kN/m}^2$

쌓기 하중에 의한 응력(그림 4-33 참조)

$\sigma_{z1} = I_{\sigma DLNG}q - I_{\sigma DLEM}q_1 - I_{\sigma MNF}q_2 = 10.8\text{kN/m}^2$

따라서 $\sigma_z = \sigma_{z0} + \sigma_{z1} = 40.8\text{kN/m}^2$

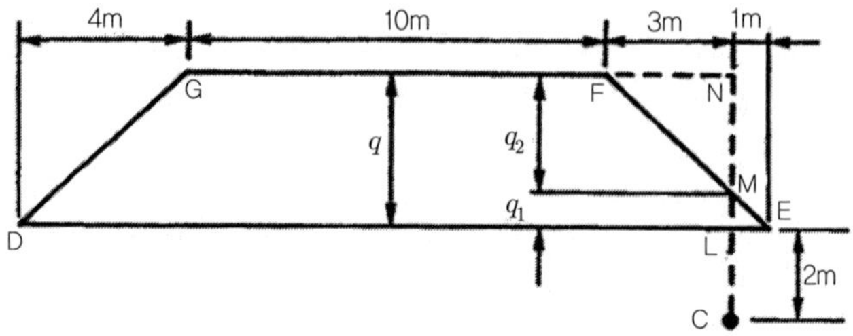

그림 4-33

[문제 4-6]

등분포 띠하중에 의한 지반 내 응력해[식 (4-5)]를 유도하시오.

[답]

그림 4-34를 참고로 점 B에 선하중 qdx가 작용할 때 점 A에서의 응력 변화를 식 (4-3)으로 구하며 이것을 하중작용 범위 $x = x_2 \sim x_1$으로 적분한다.

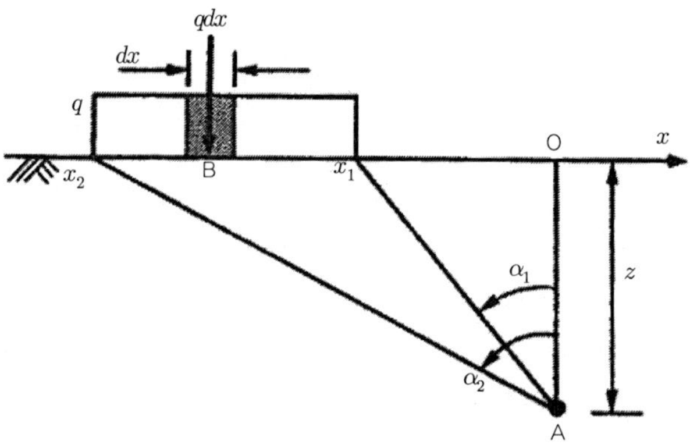

그림 4-34

[문제 4-7]

그림 4-35에 보인 위치에 2동의 건물 A, B를 건설한다. A동을 완성한 후에 B동의 건설을 시작한다. A동 및 B동의 접지압은 각각 $q_A = 100\text{kN/m}^2$, $q_B = 150$

kN/m^{2}으로 추정된다. A동 건설 직후에 A동 중앙(그림 4-35의 C점) 직하 5m에서의 연직응력 변화를 계산하시오. 또 B동 건설 후의 같은 지점에서의 연직응력 변화를 계산하시오.

[답]

A동에 의한 C점 직하 5m에서의 연직응력 증분 : $\sigma_{zA} = 80\text{kN/m}^2$

B동에 의한 연직응력 증분 : $\sigma_{zB} = 0.3\text{kN/m}^2$

따라서 B동 건축 후에는 A동 건축 전에 비해 연직응력이 80.3kN/m^2 증대한다.

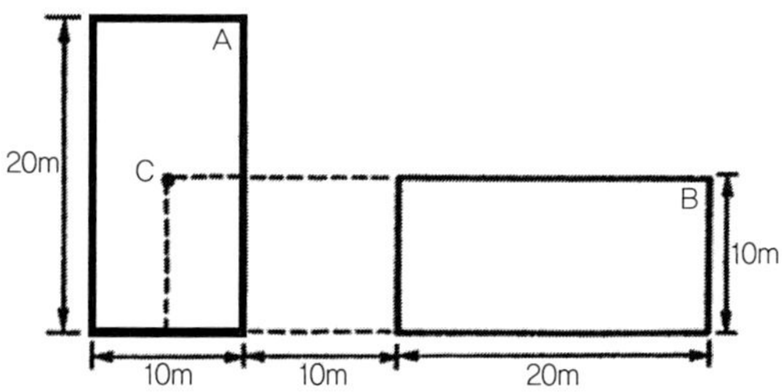

그림 4-35

제4장 종합

★ 지표면에 연직하중이 작용할 때, 지반 내의 응력 변화를 산정하기 위해서는 Boussinesq 해와 그 중합을 기본으로 한다.

이 장에서 취급한 띠하중이나 면하중에 의한 지중 응력은 실제 지반의 변형 문제를 다룰 때에 활용된다.

강한 기초와 지반과 접지압 분포를 다룬 연습 문제를 통하여 모래지반과 점토지반의 분포 형상이 전혀 다른 것임을 알 수 있다.

제 5 장

지반의 변형

제 5 장

지 반 역 학

지반의 변형

★ 자연적으로 퇴적된 지반에 쌓기 하중을 가하거나 굴착에 의해서 지반 내 응력을 해방하면 지반 속에는 새로운 응력이 발생하고 동시에 변형을 일으킨다. 여기에서 지반의 변형 문제를 간단한 일차원적 거동으로 파악하기 위해 스프링 저울 위에 토피압 상당의 중량이 놓인 상태를 가정한다. 지반 위에 새로이 쌓기를 구축하면 당연히 스프링 저울에 새로운 중량이 부가되고 지반을 굴착하면 스프링 저울의 중량은 가벼워진다. 이와 같은 중량의 변동에 의해 저울의 스프링은 압축되거나 신장되는데 이것이 지반의 침하나 융기에 상당한다.

이 장에서는 우선 점토 지반의 침하량을 산출하는 방법을 설명한다. 이를 위해 제2장과 제4장의 결과를 응용한다. 그리고 지반의 변형을 정확히 예측하기 위해 시행되는 관측적 수법(Observational Method)의 사고방식 및 그 실시 예를 소개한다. 또 지반의 측방 변형과 파괴 현상과의 관련성에 대해서도 설명한다.

5-1 점토 지반의 침하량

· 점토층 두께에 비해 재하폭이 큰 일차원 압밀의 경우, 최종 침하량 S_f는 다음의 방법으로 구한다. 모든 방법은 압밀 시험 결과에 근거를 두고 있다.

[사용하는 기호]

p_0 : 초기 유효토피압, e_0 : 초기 간극비, H : 점토층 두께, Δp : 증가압력

$$S_f = \frac{e_0 - e}{1 + e_0} \tag{5-1}$$

식 중의 e는 $e - \log p$ 곡선으로부터 $p_0 + \Delta p$에 대응하는 간극비로써 구해진다. 압축지수 C_c를 이용하여,

$$S_f = \frac{C_c}{1 + e_0} H \log_{10} \frac{p_0 + \Delta p}{p_0} \tag{5-2}$$

체적 압축계수 m_v를 이용하여

$$S_f = m_v \Delta p H \tag{5-3}$$

· 최종 침하량 S_f를 추정할 수 있으면 임의 시각 t에서의 침하량 S_t는 평균 압밀도 U[식 (2-13)]를 이용하여 구한다.

$$S_t = S_f U \tag{2-13 bis}$$

시각 t에서의 압밀도 U와 시간 계수 T_v와의 사이에는 그림 2-10의 관계가 있으므로 U를 지정하면 T_v가 정해진다. 따라서 소정의 압밀도에 달하기까지의 압밀시간 t는,

$$t = T_v H^2 / c_v \tag{2-14 bis}$$

다만, H는 최대 배수 거리이므로 양면 배수일 때는 $H/2$를 취한다.

· 점토층 두께에 비해 재하폭이 작은 국부 재하의 경우, 실무상은 부분적으로 탄성해를 이용하고 압밀 시험 결과를 이용한 침하 추정법(K_0 법 또는 오이도미터 법)이 사용된다.

Q 5-1-1

점토 지반의 즉시 침하량을 구하시오.

점토 지반에서는 모래 지반과 달리 재하 직후의 압밀침하는 없다. 그러나 국부적 재하의 경우에는 전단 변형이 생겨 즉시 비배수 침하가 발생한다. 점토 지반은 모래 지반보다도 응력 분산 능력이 크기 때문에 탄성체로 보아 일반적으로 즉시 침하를 탄성해석으로써 구하는 경우가 많다.[19)]

연직 등분포 하중 q_0에 대한 지표면 침하는 다음 식과 같다.

$$S_e = Bq_0 \frac{(1-\nu^2)}{E_u} I_s \qquad (5\text{-}4\text{-}a)$$

상기 식에서 포아슨 비 ν는 0.5로 한다. 여기에서, E_u : 비배수 탄성 계수, B : 재하면의 대표 길이, I_s : 침하계수이다. I_s는 재하면 형상, 침하를 고려하는 점의 위치 및 탄성체 두께 H에 의해서 바뀐다.

식 (5-4-a)는 강제 탱크와 같이 기초가 얇아 처짐이 발생하기 쉬운 구조물에 적용되지만 기초가 강하면 원형(직경 B) → $I_s = 0.79$, 직사각형(변길이 B) → $I_s = 0.98$로 된다.

점토의 비배수 탄성 계수 E_u는 불교란 점토 시료에 대한 삼축압축 시험으로 구한다. 그때 다이얼 게이지나 비접촉형 변위계를 이용한 축변위 측정을 시행하고 있으며, 공시체의 상하단면과 시험 장치 사이의 불완전 접촉에 의한 측정 오차가 생기기 쉽다. 이 오차는 점토의 탄성 계수를 과소하게 평가하기 때문에 공시체 측면에서 축 변형을 국소변형 측정장치(LDT, Local Deformation Transducer)를 이용하여 계측하는 방법을 시도하고 있다. 그림 5-1은 삼축압축 시험에서의 LDT을 이용한 계측방법이다.

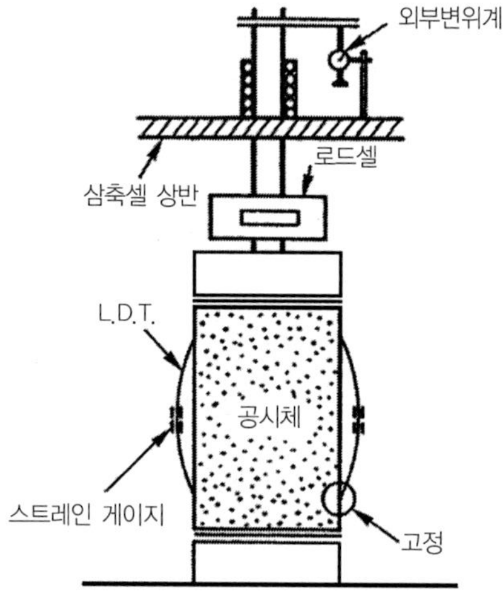

그림 5-1 삼축시험에서의 국소변위 계측법

Q 5-1-2

압밀 침하량을 산출하는 K_0 법(오이도미터 법)을 설명하시오.

점토 지반 상에 국소 재하를 한 경우의 침하량 산정법에서 일차원 압밀 계산과의 차이는 지반 내의 연직응력 σ_z가 깊이 방향으로 분산하여 감소한다는 점이다. 이하 문헌[19]에 따라서 설명한다.

그림 5-2에는 유효토피압 $p_v{}'$, 압밀 항복응력 p_c 및 σ_z의 깊이 방향 분포를 나타내고 있으며 그림의 경우에는 $(p_v{}' + \sigma_z) > p_c$로 하고 있다.

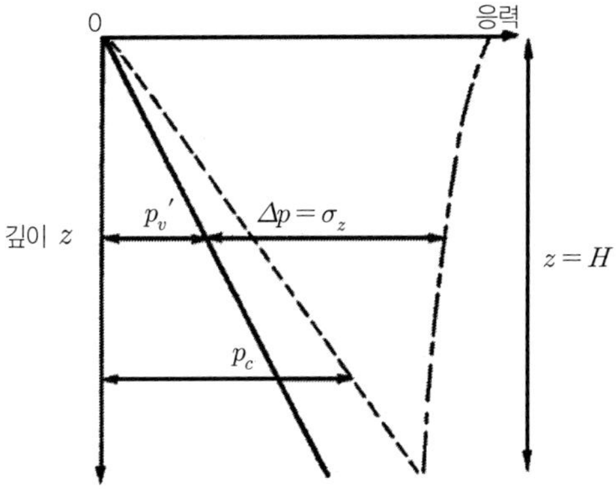

그림 5-2 과압밀 지반의 응력 상태

층두께를 H, 과압밀과 정규 압밀 영역의 압축지수를 각각 C_s, C_c라 하면, 침하량 S_c는 다음과 같다.

$$S_c = \int_0^H \frac{C_s}{1+e_0} \log_{10} \frac{p_c}{p_v{}'} dz + \int_0^H \frac{C_c}{1+e_0} \log_{10} \frac{p_v + \sigma_z}{p_c} dz \quad (5\text{-}5)$$

다음에 그림 5-2에서의 $(p_v{}' + \sigma_z)$와 p_c의 대소 관계가 역전하여, $(p_v{}' + \sigma_z) < p_c$의 경우에는 다음과 같다.

$$S_c = \int_0^H \frac{C_s}{1+e_0} \log_{10} \frac{p_v{}' + \sigma_z}{p_v{}'} dz \quad (5\text{-}6)$$

이상은 $p_c > p_v{}'$의 과압밀 점토 지반에 대한 침하량인데 $p_c = p_v{}'$의 정규 압밀 점토 지반이라 하면 다음과 같다.

$$S_c = \int_0^H \frac{C_c}{1+e_0} \log \frac{p_v{}' + \sigma_z}{p_v{}'} dz \quad (5\text{-}7)$$

위에서 설명한 것과 같이 σ_z가 깊이 방향으로 다른 점이 일차원 압밀 방법과 다르지만, 일차원 압밀(K_0-압밀)에 준한 침하 산정법이므로 K_0 법 또는 오이도미터 법이라 한다.

여기에서 보인 식은 압축지수 C_c, C_s를 이용한다. 이것에 대해 체적 압축계수 m_v, m_{vs}로써 표현된 산정법이 '관련 문제 5-1-3'에서 유도되므로 참조하기 바란다.

Q 5-1-3

지표에 원형 등분포 재하를 하였을 때, K_0 법(오이도미터 법)에 의한 침하량을 Boussinesq 해와 비교하시오.

(1) Boussinesq는 반무한 탄성체(탄성 계수 E, ν)의 표면에 수직 집중하중 Q를 가하였을 때에 생기는 응력과 변위를 해석적으로 구하였다. 앞 장의 그림 4-1을 참조하여 깊이 z에서의 연직응력 σ_z는 다음과 같다.

$$\sigma_z = \frac{3Q}{2\pi z^2}\cos^5\psi = \frac{Q}{z^2}\left[\frac{3}{2\pi}\left(\frac{z^2}{z^2+r^2}\right)^{5/2}\right] \tag{4-1-a bis}$$

위 식 중 [ ] 내는 영향값이다.

지표면에서의 연직방향의 변위 w_0는 다음과 같다.

$$w_0 = \frac{Q(1-\nu^2)}{\pi E r} \tag{1}$$

지표에서의 등분포 하중을 q_0라 하면 원형에서는 $dQ = q_0 r dr d\theta$ (그림 5-3)이며 다음과 같다.

$$dw_0 = \frac{dQ(1-\nu^2)}{\pi E r} = \frac{q_0(1-\nu^2)}{\pi E} dr d\theta \tag{2}$$

반경 a 인 원형 재하면에 대해서 식 (2)를 적분하면 침하량의 탄성해 S_e가 구해진다. 즉,

$$S_e = q_0 \frac{(1-\nu^2)}{\pi E} \int_0^{2\pi} d\theta \int_0^a dr$$

$$= 2aq_0 \frac{(1-\nu^2)}{E} \tag{5-4-b}$$

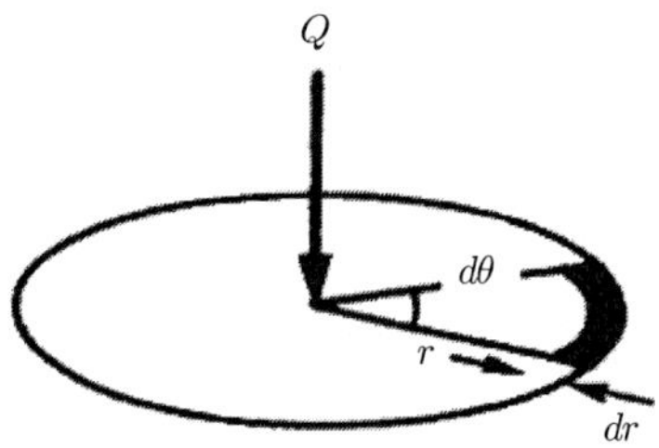

그림 5-3

(2) K_0 법에 의한 침하계산에서는 우선 식 (4-1-a)로부터 원의 중심 직하에서의 σ_z를 구한다.

$$\sigma_z = \frac{3}{2\pi} Q \frac{z^3}{(z^2+r^2)^{5/2}} \tag{3}$$

다음에 압밀 침하량 S_c는 층두께를 H, 체적 압축 계수를 m_v로 하여

$$S_c = \int_0^H m_v \sigma_z dz \tag{5-8}$$

이므로 식 (3)을 식 (5-8)에 대입하여 $H \to \infty$ 로 하면 된다.[19] 즉,

$$S_c = \int_0^\infty m_v dz \int_0^{2\pi} d\theta \int_0^a \frac{3}{2\pi} q_0 \frac{r}{z^2} \left(\frac{z^2}{z^2 + r^2} \right)^{5/2} dr$$
$$= q_0 m_v \int_0^\infty \left\{ 1 - \frac{z^3}{(a^2 + z^2)^{3/2}} \right\} dz = 2aq_0 m_v \quad (5\text{-}9)$$

(3) K_0 법에 의한 S_c와 Boussinesq 해의 S_e를 비교하면

$$\frac{S_c}{S_e} = \frac{Em_v}{1-\nu^2} \quad (4)$$

여기에서 제2장 [Q 2-1-3]으로부터,

$$\frac{1}{m_v} = \frac{(1-\nu)}{(1+\nu)(1-2\nu)} E \quad (2\text{-}10\ bis)$$

를 이용하면 다음과 같다.

$$\frac{S_c}{S_e} = \frac{(1-2\nu)}{(1-\nu)^2} \quad (5)$$

정규 압밀 점토에 볼 수 있는 $K_0 = 0.5$ 에서는 $\nu = 1/3$ 이며 $\nu = 1/3$ 의 경우에 식 (5)는 $S_c / S_e = 0.75$가 된다.

여기에서는 $H \to \infty$ 로 하였으나 유한한 층 두께를 고려하면 S_c / S_e는 1에 가깝다.[19] 즉시 침하의 계산에서는 $\nu = 0.5$ 이므로 이 경우에는 $S_c \ll S_e$가 되어 K_0 법의 오차가 커진다. 즉, 즉시 침하의 계산에는 K_0 법은 적합하지 않다고 할 수 있다.

Q 5-1-4

그림 5-4와 같이 점증 재하의 경우, 침하-시간 관계는 어떻게 구할까?

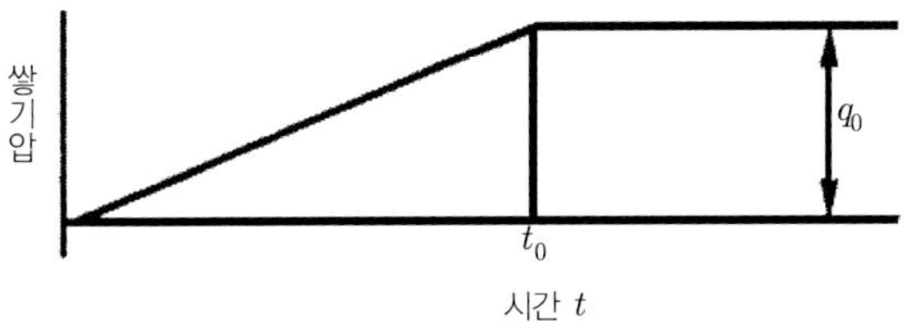

그림 5-4

침하-시간 관계는 도해법 또는 해석해에 의해 구하지만 전자의 근사해법[20]이 일반적이다.

하중 q_0가 $t=0$에 순간 재하되었을 때의 침하-시간 관계를 우선 구한다. 시간 t에서의 점증 압력을 $q(t)$, 침하량을 $S(t)$로 적는다. 주어진 조건에서는

$$q(t)=(t/t_0)\times q_0(0\le t\le t_0),\ \ q(t)=q_0(t_0<t) \tag{1}$$

점증 하중에 의한 시간 t에서의 침하량 $S(t)$는 $q(t)$를 $t=0$으로 순간에 재하하여 $t/2$ 경과하였을 때의 침하량 $S_i(q(t),\ t/2)$와 같다고 가정한다. 즉,

$$\text{가정 1}:\ S(t)=S_i(q(t),\ t/2) \tag{2}$$

평균 압밀도 U의 개념을 이용하면, $S_i(q(t),\ t/2)=S_i(q(t),\ \infty)\times U(t/2)$이므로

$$S(t)=S_i(q(t),\ \infty)\times U(t/2) \tag{3}$$

순간 재하에 의한 최종 침하량은 재하압에 비례한다고 가정한다. 즉,

$$가정\ 2 : S_i(q(t),\ \infty) = S_i(q_0,\ \infty) \times q(t)/q_0 \tag{4}$$

점증재하조건식 (1)을 이용하여

$$S_i(q(t),\ \infty) = S_i(q_0,\ \infty) \times t/t_0 \tag{5}$$

이것을 식 (3)에 대입하여,

$$S(t) = S_i(q_0,\ \infty) \times U(t/2) \times t/t_0 \tag{6}$$

식 (6)에 의하면 하중 강도 q_0에 의한 순간 재하 침하곡선을 이용하여 점증 재하에 의한 침하곡선을 나타낼 수 있다(그림 5-5).

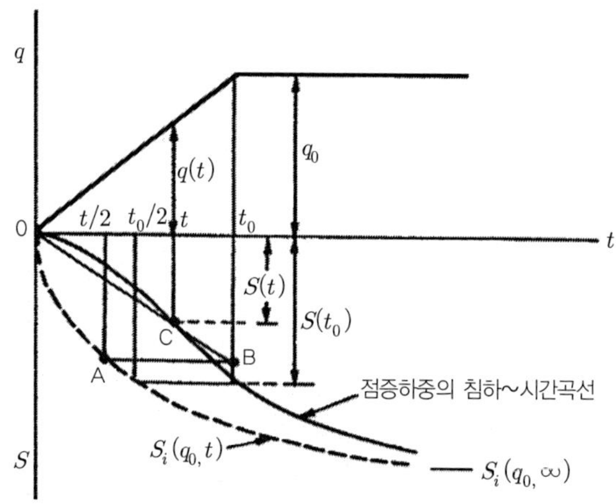

그림 5-5 점증 재하에 의한 침하량 추정

그림에서 시간 $t/2$로부터 그은 연직선과 순간 재하곡선과의 교점을 A, 점 A를 통하여 수평선을 그어 t_0로부터 내린 연직선과의 교점을 B, 점 B와 원점을 연결한 직선을 그어 그것과 t로부터 내린 연직선과의 교점을 C라 한다. 점 C가 시간 t에서의 점증 재하 시의 침하량을 나타낸다. 시간 $t > t_0$에서는 순간 재하곡선을 평행 이동한다.

5-2 현장계측과 침하예측

시공 중에 지반의 거동 관찰을 실시하고 그 결과로부터 이후의 변형-시간 관계, 최종 변형량 예측이나 안정성 검토를 하는 방법을 제안하였다. 현장에서 얻은 각 데이터는 사전의 예측값과 비교하여 만약 양자의 차가 큰 경우에는 지반 파라미터의 재설정, 나아가서는 예측 방법의 변경 등이 검토된다.

Q 5-2-1

침하예측의 관측적 방법에 대해서 기술하시오.

Terzaghi가 제안한 Observational Method는 일본에서는 관측적 수법, 현장계측공법, 동태 관측 또는 정보화 시공 등의 호칭으로 널리 시행되고 있다. 이 방법은 지반·암반을 대상으로 하여 규모가 큰 쌓기나 굴착공사에서 실시하지만 여기에서는 침하예측을 예로 들어 그림 5-6에 따라 설명한다.

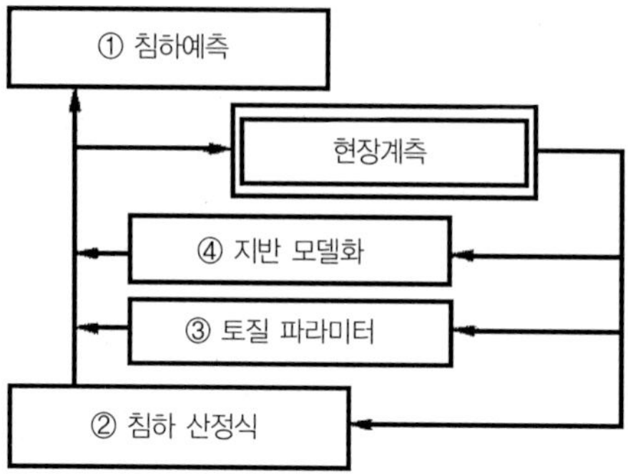

그림 5-6 침하예측의 관측적 수법

그림에서 ① 침하예측을 하기 위해서는 우선 ② 침하 산정식을 선정한다. 이 식에는 ③ 파라미터(C_c, m_v, c_v 등)가 포함되므로 불교란 점토시료에 대해서 이러한 것을 구한다. 또 ④ 압밀층과 배수층의 선정 등 지반의 모델화가 필요하다. 설계 단계에서는 이러한 ②, ③, ④를 거쳐 ①로 진행하는 것이 일반적이며 이를 A등급 예측이라 한다.

그렇지만 지반 공학 분야에서는 A등급 예측의 성공 예는 매우 드문 경우이다. 그 이유는 자연 퇴적 지반이 복잡하여 정확한 모델화가 용이하지 않은 점, 토질 파라미터에 편차가 큰 점 및 침하계산에 이용하는 대푯값 선정 방식이 어려운 점 등이다.

그래서 시공 도중까지의 침하량이나 간극수압을 현장에서 계측하고 지반 거동이 당초 예측과 일치하고 있는지 여부를 검토한다. 현장계측값과 예측값의 차이가 없으면 그대로 공사는 속행되지만 그렇지 않은 경우는 ②, ③, ④의 타당성 여부를 재점검하여 수정을 한다. 이와 같은 일련의 피드백 시스템이 Observational Method이며 B등급 예측이라고도 한다. 또한 현장 데이터 → 설계 수정 → 공사 속행을 즉시(실시간, real time) 실시하는 방법을 정보화 시공이라 한다.

지금까지 지반의 침하예측을 예로 들어 설명하였는데, 쌓기나 터널 공사에서의 안정성 체크에도 널리 적용되고 있다.

Q 5-2-2

침하계산에서의 쌍곡선법을 설명하시오.

쌓기 시공 중의 현장계측에 의해서 침하-시간 관계가 얻어져 있을 때에 그 후의 침하를 추정하는 방법으로 다음 식을 이용한다(일본 도로 공단·설계 요령).

$$\left.\begin{aligned} S_t &= S_0 + \frac{t}{a+bt} \\ S_f &= S_0 + \frac{1}{b} \end{aligned}\right\} \tag{5-10}$$

여기에서 S_t : 시간 t 에서의 침하량, S_f : 최종 침하량, S_0 : 초기 침하량, a, b : 계수이다.

이 방법은 '침하의 평균속도가 쌍곡선적으로 감소한다'라는 가정에 근거를 둔 것으로써 침하 계산의 구체적 순서는 다음과 같다(그림 5-7).

(1) 쌓기 종료일을 $t=0$ 으로 하여 기점일 ($t=0$)을 결정한다.

(2) 각 실측값에 대해서 $t/(S_t - S_0)$를 계산한다.

(3) t와 $t/(S_t - S_0)$의 관계를 그림 5-8과 같이 그려서 계수 a, b를 결정한다.

(4) 식 (5-10)을 이용하여 S_t와 S_f를 계산한다.

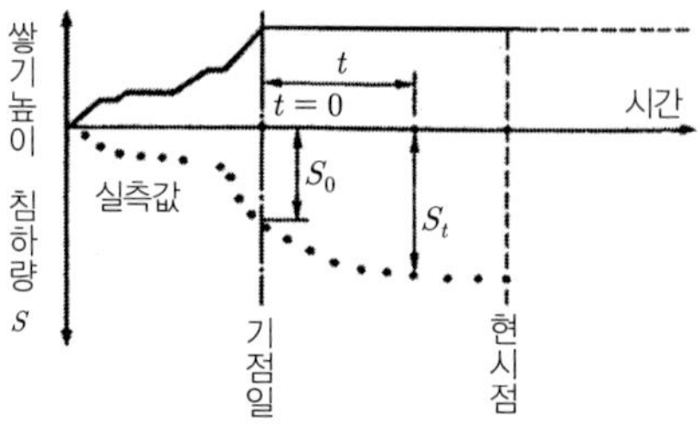

그림 5-7 식 (5-10) 중의 S_0와 S_t의 정의

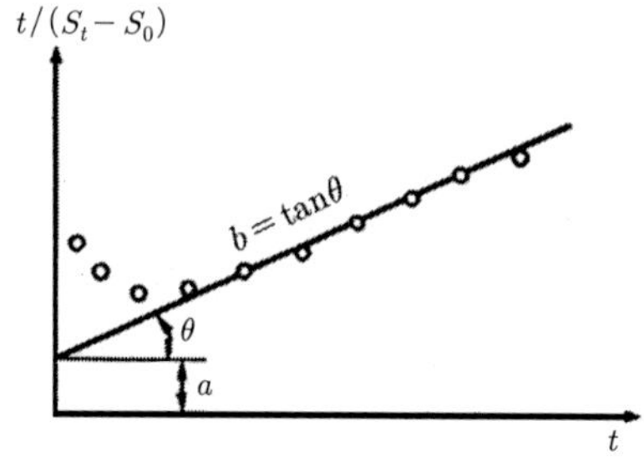

그림 5-8 식 (5-10) 중의 계수 구하는 방법

Q 5-2-3

침하예측법 중에서, 아사오카浅岡 법[21]이란 어떠한 것인가?

일차원 압밀의 경우, 시간 t 에서의 침하량을 $S(t)$, 압밀도를 $U(t)$라 하면 다음과 같이 표현된다.

$$S(t) = S_f U(t) \tag{1}$$

여기에서 S_f는 최종 침하량이며, 식 (1)은 하중이 일정하다고 하는 조건에서는 근사적으로 다음과 같은 값임을 증명할 수 있다.

$$S + c_1 \dot{S} = S_f \tag{2}$$

그리고 계수 c_1은 다음과 같다.

$$\left.\begin{aligned} \text{양면배수의 경우} : c_1 &= \frac{1}{3!}\left(\frac{H^2}{c_v}\right) \\ \text{편면배수의 경우} : c_1 &= \frac{1}{2!}\left(\frac{H^2}{c_v}\right) \end{aligned}\right\} \tag{3}$$

여기에서 c_v : 압밀 계수, H : 점토층 두께이다.

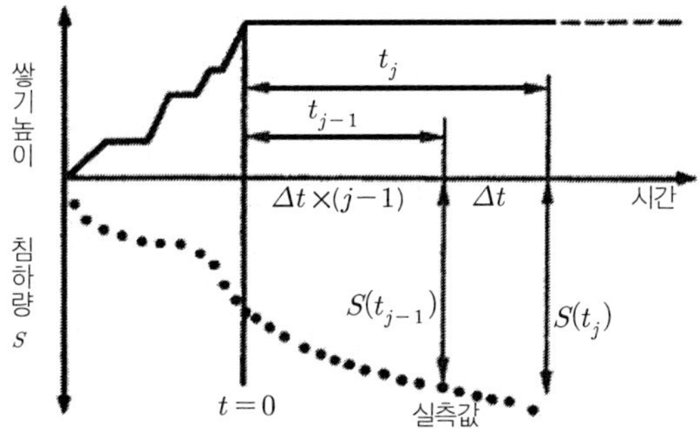

그림 5-9 아사오카[浅岡] 법의 기호 설명

이 해법에서 관측 시간을 취하는 방법은 그림 5-9에 보인 바와 같이 하중이 일정하게 되었던 시점을 $t=0$으로 하고, 관측의 시간 간격을 Δt라 한다. Δt를 취하는 방법은 샌드 드레인이 타설되었거나 점토층 두께가 얇은 경우는 5 ~ 15일간을, 점토층 두께가 두꺼워 침하에 장시간을 요하는 경우에는 1 ~ 3개월을 대략의 기준으로 고려한다.

여기에서 Δt를 이용하여 식 (2)를 차분 형식으로 표현하면

$$\left.\begin{array}{l} S(t_j) = \beta_0 + \beta_1 S(t_{j-1}) \\ t_j = \Delta t \times j,\ j = 1,\ 2, \cdots \end{array}\right\} \tag{4}$$

의 결과를 얻으므로 식의 의미를 구체적으로 설명하여 둔다.

이제 임시로 $\Delta t = 30$일로 하여 침하 관측값은 다음과 같이 얻는 것으로 한다.

$S(0\text{일}),\ S(30\text{일}),\ S(60\text{일}),\ S(90\text{일})$

이것으로부터 $[S(30\text{일}),\ S(0\text{일})]$, $[S(60\text{일}),\ S(30\text{일})]$, $[S(90\text{일}),\ S(60\text{일})]$이

라고 하는 것과 같이 $[S(t_j), S(t_{j-1})]$의 3개조가 만들어진다.

그렇게 하면 그림 5-10과 같이 $S(t_j)$를 세로축에, $S(t_{j-1})$을 가로축으로 하는 좌표 상에서 이러한 조가 모두 1개의 직선상에 놓인 다는 것이 식 (4)의 의미이다 (그림의 경우는 7개조). 그림에서 구한 β_0, β_1을 이용하면 최종 침하량 S_f나 임의 시각의 침하량 $S(t_j)$를 추정할 수 있다. 또 최종 침하량에 대해서는 실측값으로부터 만들어진 직선이 $S(t_j) = S(t_{j-1})$직선, 즉 45도선과 교차하는 점에 의해서 도식적으로 구하는 것도 가능하다.

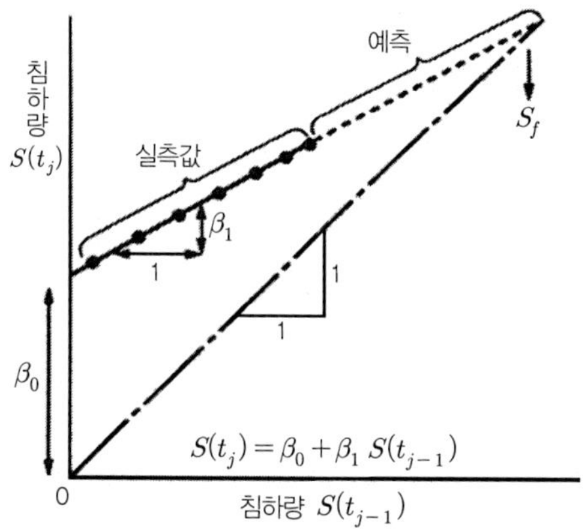

그림 5-10 아사오카[浅岡] 법에 의한 침하예측 수법

또한 식 (4)에 포함된 계수 β_0와 β_1에 대해서는

$$\left.\begin{aligned} \beta_0 &= S_f(1-\beta_1) \\ \beta_1 &= \exp(-\Delta t/c_1) \end{aligned}\right\} \quad (5)$$

의 관계가 성립한다. 여기에서 c_1은 하중의 크기와는 무관하고, 지반의 침하특성에 의해서 결정되는 계수이며 c_1이 구해지면 식 (3)과 조합시켜 지반 전체로 c_v/H^2의 값을 추정할 수 있다.

Q 5-2-4

아사오카[浅岡] 법의 적용 예를 기술하시오.

세토[瀨戸] 내해[內海] 연안의 염전 흔적지에 공장 부지를 만들기 위해 쌓기가 시행되었다. 부지 내의 쌓기 높이에는 단차가 있어 쌓기 하중이 67kN/m^2(No.1 지점)과 49kN/m^2(No.2 지점)인 2지점에 대해서 약 3년간의 지표면 침하 관측이 실시되었다. 이하는 문헌[22]으로부터 인용하여 설명한다.

지반 개황은 그림 5-11 중에 보인 것과 같으며 G.L. − 2m 이하에 층두께 14m의 부식토를 포함한 실트질 점토가 존재한다. G.L. − 18m 이하 깊이는 홍적 점토층으로 되어 있다.

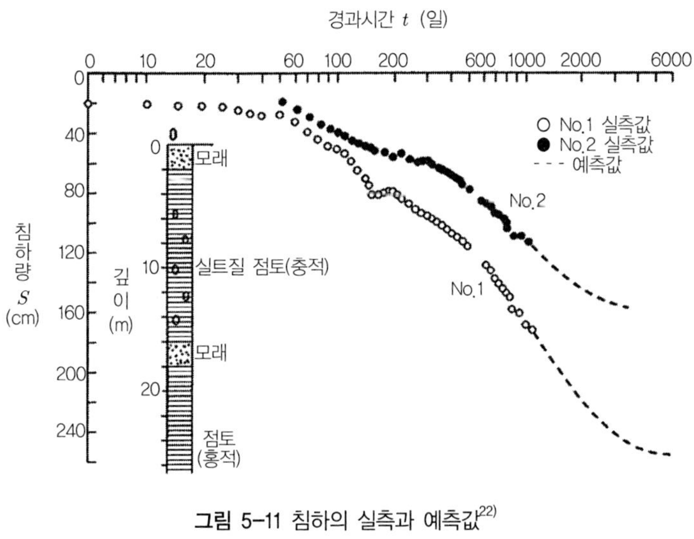

그림 5-11 침하의 실측과 예측값[22]

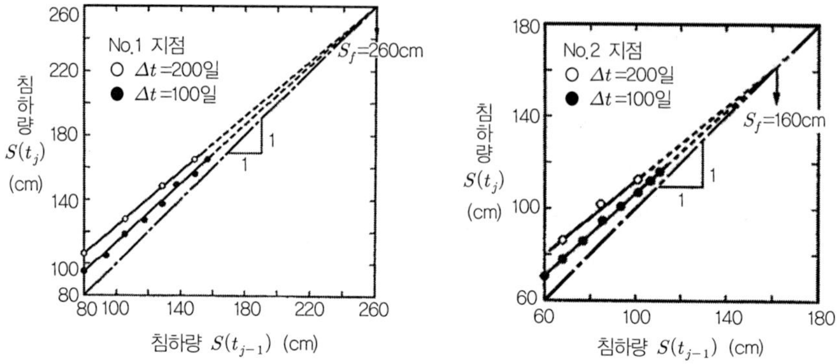

그림 5-12 침하예측의 예[22)]

그림 5-11의 플롯은 No.1과 No.2 지점에서의 침하 기록이다.

여기에서 아사오카[浅岡] 법에 의해 관측시간 간격을 100일과 200일 2종류로 하였을 때의 예측결과를 그림 5-12에 나타낸다. 그림에서 $\Delta t = 100$일의 경우를 예로 들어 설명하면 우선 100일 경과 시의 침하량(가로축)에 대해서 200일 경과 시의 침하량(세로축)을, 다음에 200일 침하량(가로축)에 대해서 300일 침하량(세로축)을… 라고 하는 방법으로 $S(t_{j-1})$과 $S(t_j)$의 관계를 점차 도식화하여 만들어진 것이다. 그리고 그림 5-12로부터 최종 침하량 S_f는 No.1 지점 : 260cm, No.2 지점 : 160cm로 추정되며 공사 도중의 침하 경과도 그림 5-10 중의 점선 곡선과 같이 예측할 수 있다. 또 그림 5-12에서 유의해야 할 것은 No.1과 No.2에서 관측시간 Δt가 공통의 직선(즉, 동일한 기호의 직선)은 거의 평행으로 되어 있다. 이것은 앞 문제의 식 (5)에서 설명한 바와 같이 c_1이 하중의 크기와는 무관하게 결정되는 정수이므로 No.1과 No.2에서 재하압이 달라도 Δt를 동일하면 직선의 경사 β_1은 같아진다.

Q 5-2-5

관측적 수법에 의한 압밀 침하예측의 실시 예는?

간사이[関西]국제공항의 1기 매립 조성지(510ha)에서는 이미 약 6ha의 조사 공구를 설정하여 매립 공사를 선행시킴과 동시에 각종 현장계측을 실시하였다. 당해 지반의 토질 성상은 그림 5-13에 나타난 것과 같으며 수심 18m의 해저면으로부터 약 20m 두께의 충적 점토층이 지반 개량(샌드 드레인)의 대상으로 되었다.

침하량과 침하속도는 각각 m_v법과 Barron의 식을 이용하여 구한다. 당초 예측에 이용한 점토의 파라미터(p_c, m_v, c_h, γ_t)에 의한 침하의 예측 결과는 그림 5-13의 점선과 같으며 실측값(굵은 실선)에 비교하여 약 1.3배 큰 값이었다.

그래서 토질 파라미터 수정 시에는 쌓기의 단위 체적중량을 현장 조사에 기초를 두어 변경하였다. 또 계측 데이터로부터 m_v 값을 검토하기 위해서는 침하-시간 관계의 설정이 필요하여 쌍곡선을 가정하였다. 이를 통하여 수정 후의 침하곡선(가는 실선)은 쌓기 후 9개월 정도에서 대부분 종료하는 침하 추이를 잘 표현하고 있다. 여기에서 m_v와 c_h에 대해서 당초 예측 → 수정 후의 값을 나타내면 $m_v = 0.18^{-1.08}$ $\mathrm{cm^2/kgf} \rightarrow 015$, $c_h = 90\mathrm{cm^2/day} \rightarrow 100$이었다. 이상은 문헌[23]을 요약한 것으로 m_v와 c_h의 단위는 문헌대로이다.

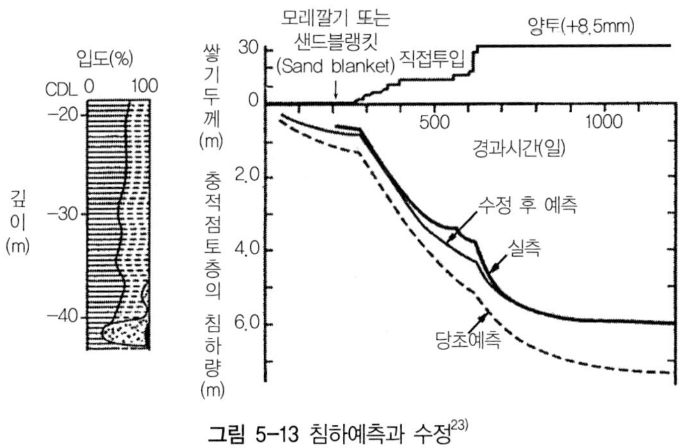

그림 5-13 침하예측과 수정[23]

5-3 지반의 측방유동

연약 지반 상에 도로 쌓기나 하천 제방 등을 구축할 때에는 지반의 침하뿐만 아니라 측방유동에도 충분한 주의를 기울일 필요가 있다. 지반의 측방 변위량이 커지면 최종적으로는 파괴에 이르기 때문이다. 지반의 파괴와 관련이 깊은 척도로는 토압, 간극수압, 침하, 측방 변위 및 그 측정값의 시간적 변화율이 고려된다. 이러한 척도를 이용하여 파괴를 일으키지 않기 위한 안정 관리법에 과거부터 여러 가지 연구를 진행해왔다.

Q 5-3-1

점토 지반의 측방유동은 어떠한 패턴을 그리는가?

그림 5-14는 점토 지반의 파괴 임박한 유동 상황을 비배수 조건에서의 유한요소 해석에 기초를 두어 나타낸 것이다.[24] 여기에서 q는 쌓기에 의한 재하압, q_f는 극한 지지력이다. 그림에서 법면의 가운데 점을 중심으로 하는 원호 활동과 유사한 움직임이 발생하고 있는 것을 알 수 있다.

어느 기간에 걸쳐 쌓기 높이를 일정하게 유지한 경우의 변상 패턴은 어떨까? 이 경우 일반적으로 압밀이 진행하므로 지반의 변형량은 시시각각 변화한다. 그림 5-15(a)는 재하압 레벨이 낮고 지반이 거의 탄성적으로 거동하고 있을 때의 압밀 변형 패턴이다. 비탈 끝 부근에서는 측방 변위가 연직이던지 약간 쌓기 측으로 향하는 것이 특징이라 할 수 있다. 한편 재하압 레벨이 커져 소성 변형이 탁월한 상황에서 측방 변위는 쌓기의 외측으로 향하는 압밀 침하와 연동하면서 발생한다[그림 (b)].

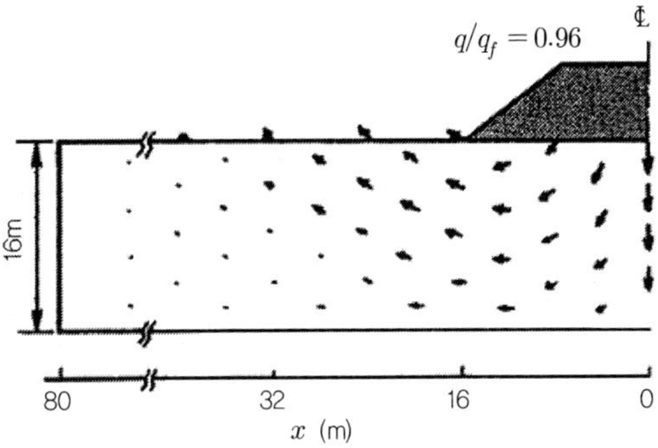

그림 5-14 비배수 상태에서의 변형[24)]

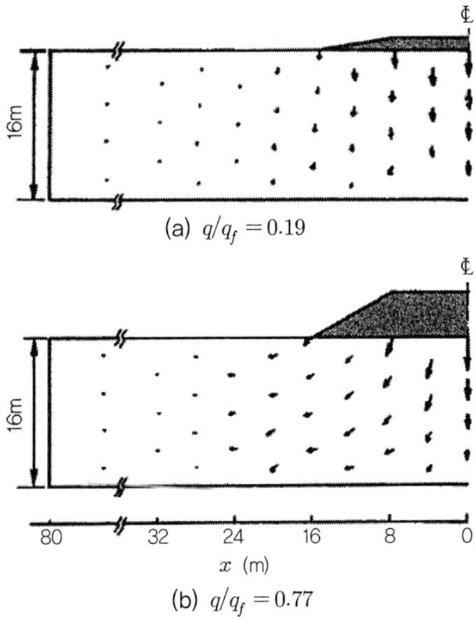

그림 5-15 부분 배수 상태에서의 변형[24)]

이상은 계산 결과인데 현실에서도 이와 같은 압밀과 전단(측방유동)이라고 하는 성질이 다른 변형이 복잡하게 조합되어 발생한다. 그리고 압밀변형의 진행에 비해 전단 변형이 과대할 때는 파괴로 연결되며 반대의 경우는 안정하다. 통상의 현장계측에서는 쌓기의 침하와 지반의 측방 변위 측정을 주로 하고 있으나 침하가 커도 기초 지반이 외측으로 변위하지 않거나 또는 내측으로 변위하는 경우는 안정하다. 한편, 지반이 외측으로 변위하여 융기하는 경우는 파괴에 이르는 경향이 있다.

이상으로부터 연약 지반의 극한적인 파괴가 파괴에 이르기까지의 지반의 변형량 크기와 밀접하게 관계가 있으므로 쌓기의 파괴 예측에 관해 지반의 변형이 중요한 지표가 된다는 점이 이해될 것이다.

Q 5-3-2

쌓기의 현장계측에 근거를 둔 안정 관리법에는 어떠한 방법이 있는가?

가장 간단한 것으로 쌓기 중앙부의 침하량 S와 쌓기 비탈 끝부의 지중 측방 변위 δ를 합쳐서 계측하여 δ/S 값의 변화를 보는 방법이 있다(토미나가[富永] · 하시모토[橋本25)]). 쌓기 하중이 작은 단계에서 계측된 $S-\delta$ 관계는 S 축에 대해 임의 기울기를 가진 직선 위를 진행한다. 그런데 파괴에 가까우면 δ의 증가가 현저하므로 δ/S 값이 급증하여 '쌓기 파괴가 가깝다'라고 판단하는 것이다.

(1) 마쓰오[松尾] · 카와무라[川村]의 제안[26)]

쌓기의 파괴 사례를 수없이 조사한 결과, 쌓기의 기하 형상이나 기초 지반의 토질 성상의 차이에 관계없이 파괴 때의 S와 δ/S의 관계는 그림 5-16의 파괴 규준식으로 제시된 1개의 곡선 위에 위치하는 것을 알 수 있었다. 그림에 이용한 δ로써 비탈 끝부 지표의 값을 취한다.

더욱이 쌓기 시공 중의 변위 과정을 $S-\delta/S$ 그림 위에 도식화한 경우, 그 궤적을 추적함으로서 쌓기 파괴 또는 안정 예측이 가능하도록 하였다. 결국 이 그림에서 q_f는 최종적인 파괴 하중을, q는 파괴에 도달하기까지의 임의의 쌓기 하중을 나타내는 것으로 하여 q/q_f를 파라미터로 하는 곡선 군이 그려져 있으므로 쌓기 도중의 $S-\delta/S$ 관계가 이러한 곡선 중 어디에 위치하는가에 따라서 그 안정성을 판단할 수 있다. 또한 지금까지의 경험에 의하면 $q/q_f = 0.8 \sim 0.9$ 에서 쌓기의 각 위치에 균열의 발생을 본 경우가 많다고 하는 사실을 확인할 수 있었다.

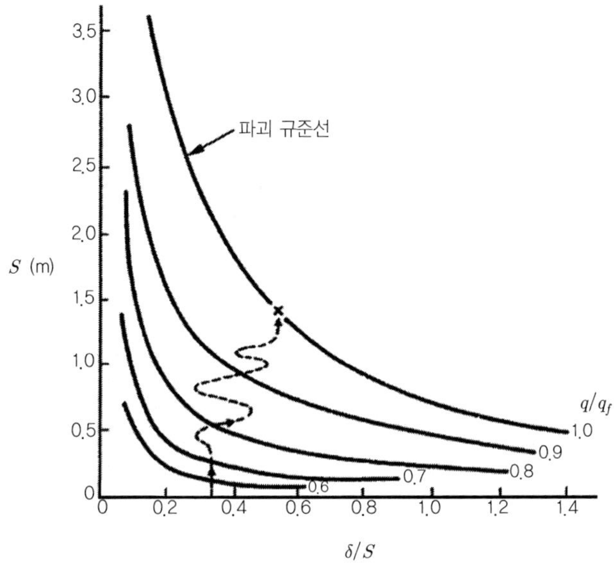

그림 5-16 마쓰오松尾 · 카와무라川村 법에 의한 쌓기의 시공 관리도[26)]

(2) 시바타柴田 · 세키구치關口의 제안[24)]

그림 5-17과 같이 쌓기를 단계적으로 시공하였을 때 각 단계에서의 쌓기 개시 시점을 $t=0$으로 하고 그로부터 Δt시간 후의 측방 변위량을 $\Delta\delta$로 한다. 다만 Δt는 등간격의 값을 취한다. 쌓기압의 증분 Δq에 대한 $\Delta\delta$를 구하면 $\Delta q/\Delta\delta$를 측방 변형 계수라 부르며 이것과 쌓기압 q의 관계를 도시한다. 이때 q대신에 쌓기 높이 h를 사용해도 좋다.

결과를 나타내면 그림 5-18에 나타낸 바와 같이 q가 작은 동안은 $\Delta q/\Delta\delta$의 값이 크지만 어느 정도 q가 커지면 오른쪽 아래의 직선 관계를 나타내게 된다. 그 직선을 연장하여 가로축과의 교점을 구하면 그것이 극한 하중 강도 q_f(또는 한계 쌓기 높이 h_f)가 된다.

이렇게 하여 q_f를 추정할 수 있으면 쌓기 도중에서의 안정성 q/q_f의 기준이 수립되어 합리적인 시공관리에 연결된다. 또한 일차쌓기 후, 방치기간을 사이에 두고 이차쌓기로 옮기면 지반의 압밀에 의한 강도 증가 때문에 일차와 이차에서는 그림 5-18과 같이 q_f의 위치가 어긋나는 것에 유의한다.

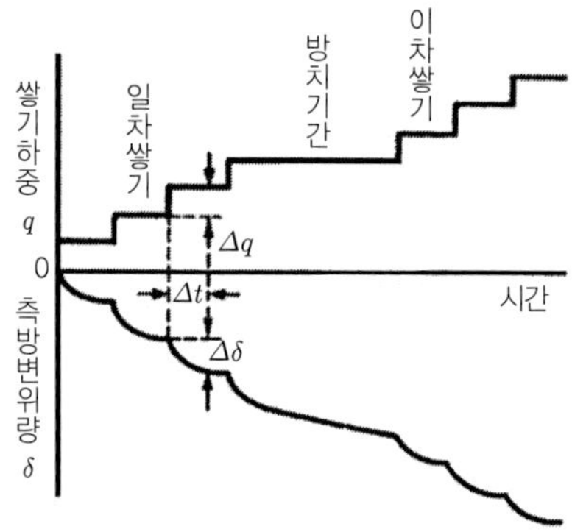

그림 5-17 시바타柴田·세키구치関口 법의 기호 설명

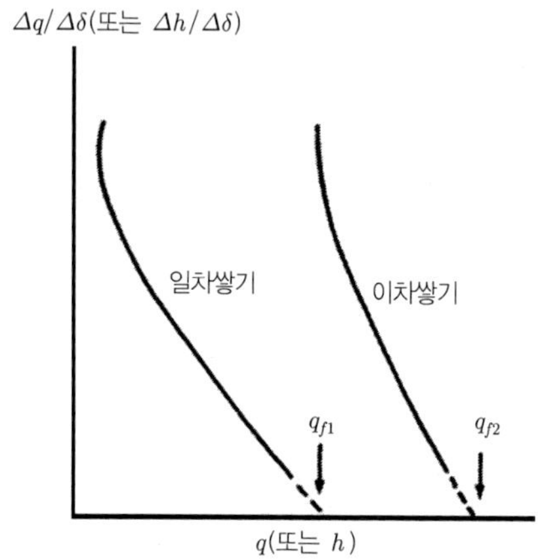

그림 5-18 시바타柴田·세키구치関口 법에 의한 파괴예측의 모식도

이상에 설명한 (1), (2) 외에 쌓기 비탈 끝부의 측방 변위 속도 $\Delta\delta/\Delta t$가 어느 한계값을 넘지 않도록 안정관리를 하는 방법도 있다(쿠리하라栗原 · 이치모토一本[27]). 이 방법에서는 $\Delta\delta/\Delta t$의 값이 2cm/day를 넘지 않는 것을 기준으로 하고 있다.

Q 5-3-3

측방유동에 의한 구조물 피해의 실 예는 어떠한가?

임해 매립지에 건설된 고가도로교의 교각 기초 말뚝에 변상을 일으킨 예가 있다.[28] 대상으로 되는 교각의 평면 배치는 그림 5-19와 같으며 그림과 같이 공원 쌓기의 영향으로 연약 지반에 측방유동이 생겨 결국 기초 말뚝의 보강 공사를 할 수밖에 없었다.

도로교에 연한 종단 방향의 지층과 말뚝의 근입을 그림 5-20에 보인다. 매립 시에 투기된 쓰레기층이 7 ~ 14m 두께를 차지하고 그 아래 위치에 퇴적된 충적 점토(층두께 24 ~ 30m)는 구 해저 표층부에 해당한다. 교각 번호 P17 ~ 19에서는 OP − 40m, P20 ~ 22에서는 OP − 65m까지 말뚝이 근입되었다.

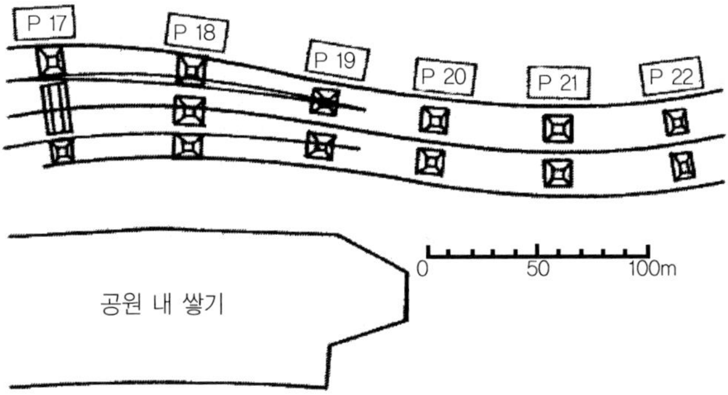

그림 5-19 교각과 공원의 평면 배치[28]

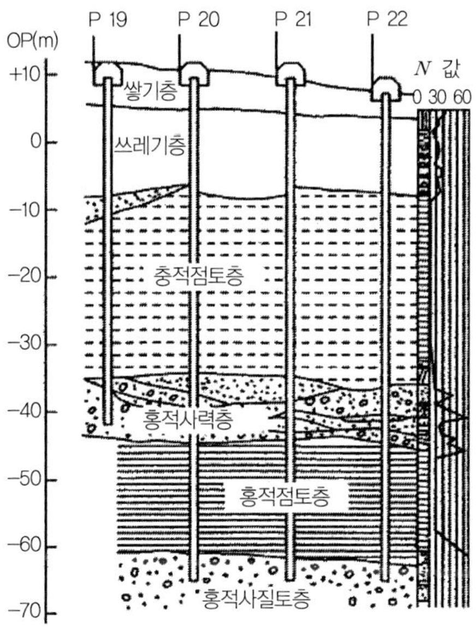

그림 5-20 지층과 말뚝[28]

그림 5-21(a)는 각 교각의 측방이동의 시간경과에 따른 변화를 나타내고 있다. 그림에 의하면 이동량은 P 22 교각에서 약 90cm로 가장 크다. 또 P 19, 20이 P 21, 22보다도 공원 쌓기 구조물에 가까움에도 불구하고 P 21, 22가 더 많이 움직인 것이 특징이다.

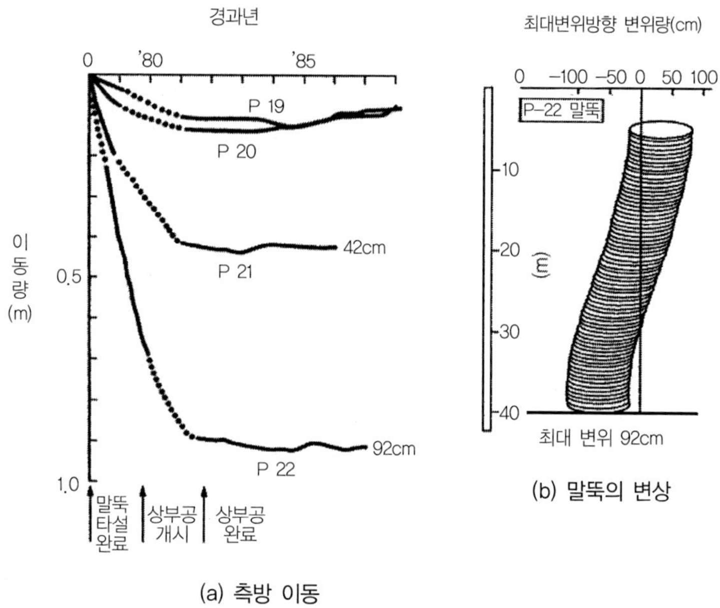

그림 5-21 변상 계측의 결과[28)]

강관 말뚝의 변상을 확인하기 위해 조사를 시행하였다. 그 방법은 기초 상면으로부터 천공하여 말뚝 내부의 토사를 제거한 후, 사람이 직접 강관 내로 들어가 말뚝 내벽의 변형량을 측정하는 것이다. 합계 8본의 말뚝을 대상으로 조사하였는데 그 예를 그림 (b)에서 알 수 있다. P 22 말뚝에서는 최대 92cm의 변형이 측정되고 이것은 그림 (a)의 결과와 거의 일치한다.

관련 문제

[문제 5-1]

점토층에 국부 재하된 경우의 압밀 침하산정법이 K_0 법으로서 식 (5-5)~(5-7)에서 제시되었다. 이러한 식에서 압축지수 C_c 대신에 체적 압축 계수 m_v를 이용한 식을 유도하라.

[해설]

식 (5-5)의 우변 제1항

$$\log_{10}\frac{p_c}{p_v{}'} = 0.435\log_e\frac{p_c}{p_v{}'} = 0.435\log_e\left(1+\frac{p_c-p_v{}'}{p_v{}'}\right) \fallingdotseq 0.435\frac{p_c-p_v{}'}{p_v{}'},$$ 및

$0.435\dfrac{C_s}{1+e_0}\dfrac{1}{p_v{}'} = m_{vs}$의 관계가 있으므로

$$\int_0^H \frac{C_s}{1+e_0}\log_{10}\frac{p_c}{p_v{}'}dz = \int_0^H m_{vs}(p_c-p_v{}')dz$$

[답]

과압밀 점토의 경우

$$(p_v{}'+\sigma_z) > p_c : S_c = \int_0^H m_{vs}(p_c-p_v{}')dz + \int_0^H m_v(p_v{}'+\sigma_z-p_c)dz$$

$$(p_v{}'+\sigma_z) < p_c : S_c = \int_0^H m_{vs}\sigma_z dz$$

정규 압밀 점토의 경우

$$S_c = \int_0^H m_v \sigma_z dz$$

[문제 5-2]

두께 5m의 점토층이 양면 배수 상태에 있다. 이 점토층에 60kN/m^{2}의 압력을 재하하고 나서 1년 후에 압밀도는 $U = 30\%$에 달하였다. 점토의 투수 계수가 $k = 10^{-8}$cm/sec라 하면 1년 후의 침하량은 얼마일까?

[해설]

표 2-3으로부터 $U=30\%$에 대한 시간 계수는 $T_v = 0.071$이다.

$$k = 10^{-8}\text{cm/sec} = 8.64 \times 10^{-6}\text{m/day},$$

$$c_v = 0.071 \times 2.5^2/365 = 1.22 \times 10^{-3}\text{m}^2\text{/day}$$

$$m_v = k/(c_v \gamma_w) = 8.64 \times 10^{-6}/(1.22 \times 10^{-3} \times 9.8) = 7.23 \times 10^{-4}\text{m}^2\text{/kN}$$

$$S_f = m_v \cdot p \cdot 2H = 7.23 \times 10^{-4} \times 60 \times 5 = 21.7\text{cm}$$

[답]

$S_{U=30\%} = 0.3 \times 21.7 = 6.5\text{cm}$

[문제 5-3]

앞의 문제에서 1년 후의 침하 속도는 얼마인가?

[해설]

[Q 2-3-1]로부터 $U < 52\%$에서는 $U^2 = (4/\pi)T_v$로 근사할 수 있다.

따라서 $t = (H^2/c_v)(\pi/4)(1/S_f^2)S^2 = 8.6 \times 10^4 S^2$

각각의 단위는 t : day, S : m

위 식으로부터 $dS/dt = 1/(2 \times 8.6 \times 10^4 \times S)$

[답]

3.2cm/년

[문제 5-4]

그림 5-22는 Terzaghi의 압밀 이론에 의한 압밀도(U)-시간 계수(T_v) 관계를 나타내고 있다. U를 침하량 S로, T_v를 시간 t로 바꾸어 읽으면 아사오카[浅岡] 법을 적용할 수 있는지 확인하시오.

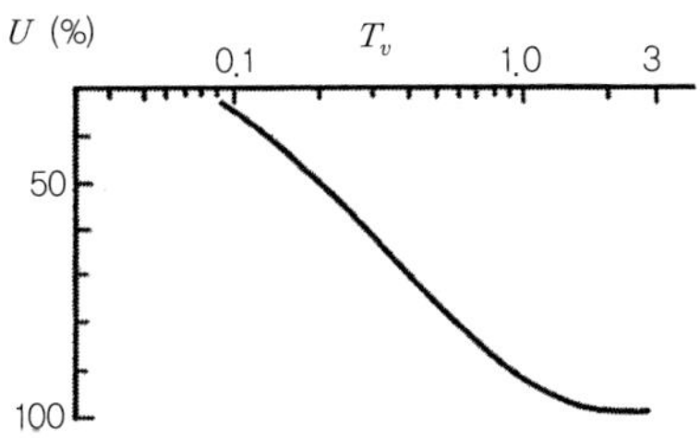

그림 5-22 압밀도와 시간 계수의 관계

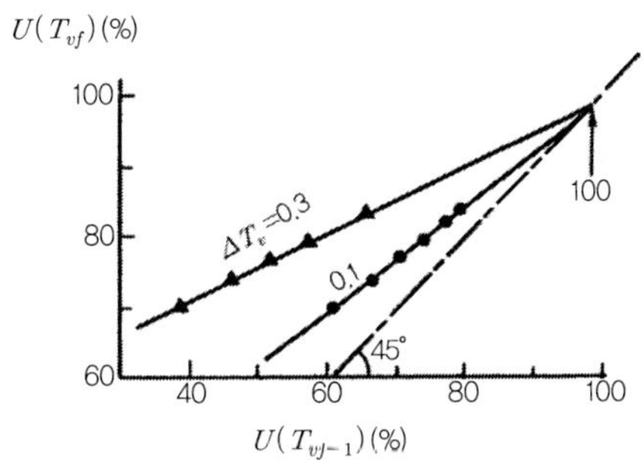

그림 5-23 아사오카[浅岡] 법의 해답 예

[답]

$\Delta T_v = 0.1$과 $\Delta T_v = 0.3$으로 한 경우의 해답 예를 그림 5-23에 확인할 수 있다.

[문제 5-5]

어느 장소에서 실시된 시험 쌓기의 결과를 그림 5-24에 나타냈다. 이 그림은 쌓기 높이, 침하량과 시간관계이며 2차와 3차의 2번에 걸친 긴 하중 방치기간이 설정되어 있다. 각각의 시기에 대한 최종 침하량의 예측을 쌍곡선법과 아사오카[浅岡] 법으로 비교하여 보시오.

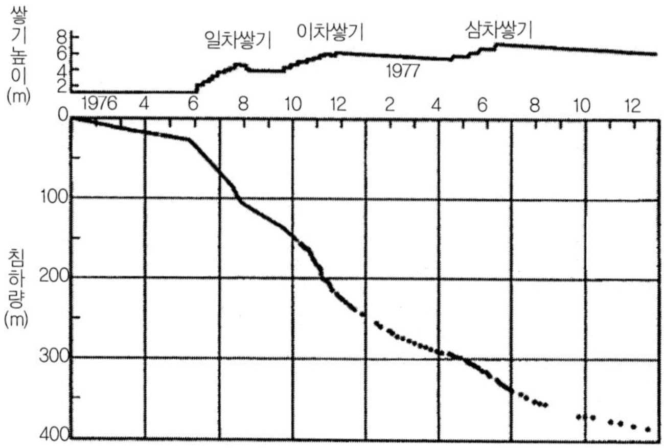

그림 5-24 시험 쌓기의 침하량-시간 관계

[답]

그림 5-25, 5-26에 해답 예를 알 수 있다. 최종 침하량은 쌍곡선법에서 [이차쌓기 → 약 3.8m, 삼차쌓기 → 약 4.0m], 아사오카[浅岡] 법에서 [이차쌓기 → 약 3.3m, 삼차쌓기 → 약 3.9m]로 된다.

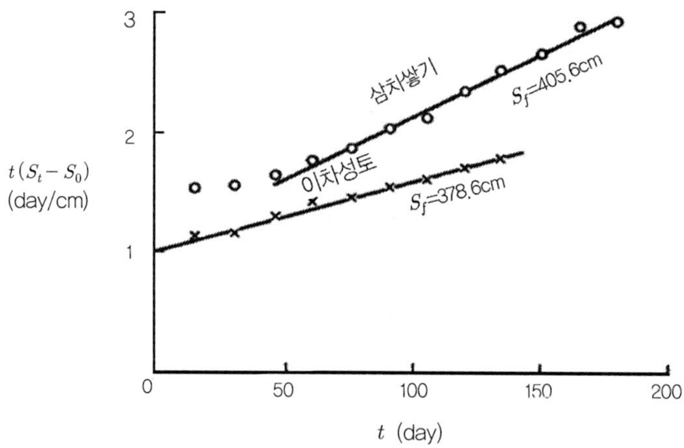

그림 5-25 쌍곡선법에 의한 최종 침하량 예측

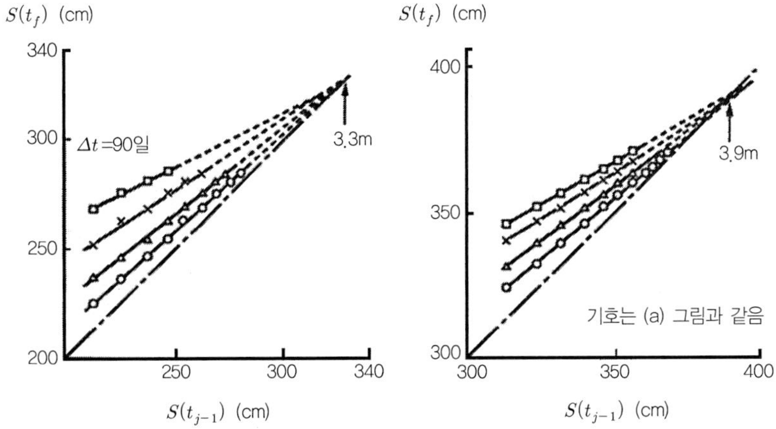

(a) 이차쌓기 (b) 삼차쌓기

그림 5-26 아사오카[浅岡] 법에 의한 최종 침하예측

제5장의 종합

★점토 지반의 침하 산정법에 대해서 총괄하였다. 즉시 침하, 최종 침하, 침하의 시간 경과에 따른 변화 등 외에 점토층 두께에 비해 재하폭이 작은 국소 재하, 또는 쌓기의 점증 재하 등 실무적인 재하조건 하에서의 산정법을 중시하고 있다.

지반의 변형 예측에서 A등급법이라 알려져 있는 방법은 현상에서는 성공시키는 것이 매우 어렵다. 그래서 B등급 = 관측적 수법(Observational Method)이 널리 실시되는 상황이다.

현장 관측 데이터로부터 최종 침하량을 추정하는 방법에 아사오카[浅岡] 법이 있다. 몇몇 적용 예에 의해서 그 유용성을 보였다.

연약 지반 상에 쌓기 등의 하중이 가해지면 지반은 반드시 측방으로 유동한다. 이 측방유동량은 지반 안정성의 지표로 될 수 있으므로 이것에 주목한 안정 관리 방법이 몇 가지 제안되어 있으며, 관리 방법의 적용 및 측방유동에 의한 피해 예에 대해서도 소개하였다.

제 6 장

지반의 강도

제6장 지반역학

지반의 강도

★ 지반 위에 직접 기초를 두고 하중을 가하면 어떠한 현상이 일어날까? 그림 6-1은 그 때의 지반 내의 상황을 나타낸 것이다. 지반 내에 몇 개의 활동면이 형성되고 그 활동면이 진행해나가는 모습을 알 수 있다.

이러한 활동면을 전단대[剪斷帶]라고도 부르며 지반의 변형이 커짐에 따라 전단변형이 좁은 범위에 집중하여 형성되는 것이다. 이러한 활동면에는 활동을 저지하는 방향으로 전단이 작용하고 있으며 지반이 견딜 수 있는 힘의 한계는 활동면에서 발휘되는 전단강도에 의해서 결정된다.

지반은 자연 재료로 변화가 많은 특성을 가지고 있을 뿐만 아니라 동일한 흙이라도 여러 요인에 의해서 발휘할 수 있는 전단강도가 달라진다. 따라서 지반의 강도를 정확히 산정하기 위해서는 지반에 외력이 작용하였을 때에 나타나는 흙의 거동과 파라미터로써의 강도 특성에 대한 폭넓은 지식이 필요하다.

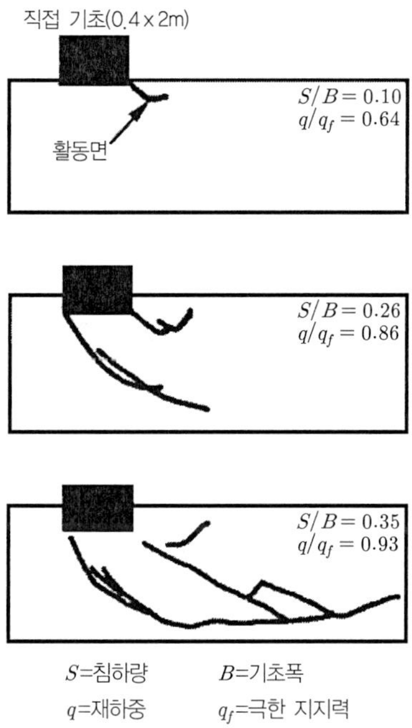

그림 6-1 직접 기초의 재하에 의한 지반의 파괴[29)]

6-1 지반강도의 특징

지반 흙의 강도는 다른 토목 재료와는 달리 단순히 하나의 값으로 결정되지 않는 특징이 있다. 예를 들면 배수 조건에서 점토의 c_u(비배수 강도)와 c_d(배수 강도)의 대소 관계는 과압밀 점토 $c_d < c_u$, 정규 압밀 점토 $c_d > c_u$가 대략 성립한다. 이것은 다일러턴시 성질에 의해 과압밀 점토는 전단 시에 팽창이 발생하고 정규 압밀 점토는 수축이 일어나기 때문이다.

동일한 점토 지반에서도 하중이 가해지는 속도, 즉 시공 속도에 의해서 완전 배수와 비배수 및 부분 배수 상태가 나타난다. 이러한 종류의 문제는 [A 6-1-1]~[Q 6-1-3]에서 기술하였다.

점토의 비배수 강도 c_u를 더욱 복잡하게 하는 것은 이방성이다. 이것에는 점토 입자의 배열 구조에 기인한 선천적(inherent)인 이방성과, 시험법의 차이에 의해서 생기는 겉보기 이방성이 있다. 후자는 파괴에 이르기까지의 응력 조건의 차이라고 해도 좋다. [Q 6-1-4]에서는 c_u의 이방성을 다룬다.

Q 6-1-1

지반이 발휘할 수 있는 강도는 점토와 모래에서 어떻게 다른가? 투수성의 대소로부터 고려해보시오.

지표면 일부에 외력이 가해지고 그 외력이 커져서 어느 한도를 넘으면 그림 6-2(a)에 보인 활동면에 연하여 파괴가 생긴다. 여기에서 지반의 지하수위는 지표면에 있는 것으로 한다. 그림 (b)는 활동면 상의 점 A에 주목하여 이 점에서의 응력 변화를 모식적으로 나타낸 것으로 점 I와 I′는 외력이 가해지기 전의 전응력과 유효응력 상태이다. 지하수위 아래에서의 간극수압은 정수압과 같으므로 재하 전의 초기상태에서 수직 유효응력=(수직 전응력－정수압)으로 된다. 또 점 A를 지나는 활동면은 수평방향이므로, 이 지표면 상에서의 초기의 전단력은 영(0)이다.

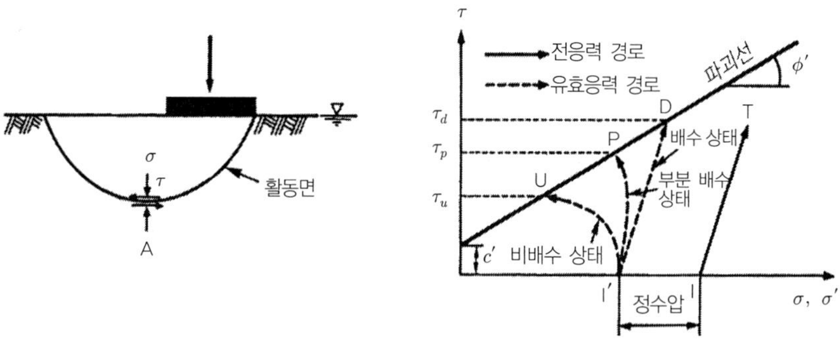

(a) (b)

그림 6-2 배수 상태에 의한 전단강도의 차이

외력의 작용에 의해서 수직응력과 전단응력이 함께 커지면, 응력 상태가 I → T와 같이 변화한다. 이 전응력의 변화에 따라서 과잉 간극수압이 발생한다. 이 과잉 간극수압은 전단변형이 집중하는 활동면 부근에서 특히 큰 값이 되지만, 그것을 둘러싼 주변부로 향하여 소산한다. 과잉 간극수압의 소산 정도는 지반의 투수 계수 k의 크기에 따라서도 좌우되며 모래질 지반(k가 큼)에서는 소산이 빠르므로 지반은 배수 상태에 가까운 상태로 전단된다(D-전단). 이때 간극수압은 원래의 정수압인 상태이기 때문에 유효응력은 I′ → D의 경로를 거쳐 파괴하고 배수 상태에서 발휘되는 전단강도는 τ_d로 된다.

투수 계수가 상당히 작은 점성토 지반에서는 비배수에 가까운 상태에서 전단된다(U-전단). 이때 유효응력은 I′ → U와 같이 변화하고, 전단강도는 τ_u로 된다. 또 모래와 점토의 중간 투수 계수를 가진 지반에서는 과잉 간극수압이 다소라도 남은 상태에서 전단되어 부분 배수 상태로 된다. 이때 유효응력의 변화는 배수·비배수 상태의 중간인 I′ → P의 경로를 거치며 전단강도도 양자의 중간인 τ_p로 된다. 이상을 정리하면 강도의 대소 관계는 다음과 같다.

$$\tau_d(\text{배수 강도}) > \tau_p(\text{부분 배수 강도}) > \tau_u(\text{비배수 강도})$$

여기에서는 활동면 상의 한 점 A에 주목하여 설명하였으나 활동면 상의 다른 점의 강도에 대해서도 마찬가지로 대소관계가 성립한다.

지반 위 쌓기 시 지반의 투수 계수와 지지력 관계를 강소성 유한요소법에 의해서 조사한 결과에 의하면[30] 투수 계수의 로그값과 지반 지지력의 관계는 그림 6-3과 같은 S자형으로 되어 비배수, 부분 배수, 배수의 3가지 상태로 나뉜다. 즉, 투수 계수 k가 $k < 10^{-9}$(m/sec)에서는 비배수(영역 I), $10^{-9} < k < 10^{-6}$(m/sec)의 범위에서는 부분 배수(영역 II), $k > 10^{-6}$(m/sec)에서는 대략 배수(영역 III) 상태로 되어 지지력(q_{fd})으로의 영향이 사라진다. 또 영역을 나누는 k의 값은 쌓기 형상이나 높이와는 무관하다고 알려져 있다. 실무에서는 일반적으로 사질토 지반에 대해서는 배수 강도(q_{fd}), 점성토 지반에서는 비배수 강도(q_{fu})를 이용하는 것이 바람직하지만 재하 속도의 영향도 있으므로 단순히 판단해서는 안 된다.

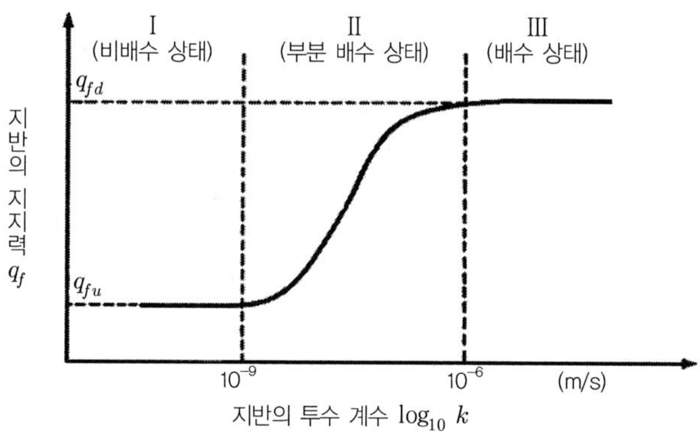

그림 6-3 지반의 투수 계수와 지지력의 관계[30]

Q 6-1-2

지반이 발휘할 수 있는 강도는 시공속도에도 영향을 받는다. 이 현상을 고려하여 보시오.

지반강도는 과잉 간극수압이 소산하는 정도에 따라서 다르지만 그것은 지반의 투수성뿐만 아니라 외력이 가해지는 속도와도 관계가 있다. 만약 급속 재하를 하면 발생된 간극수압은 소산할 시간적인 여유가 없어 비배수에 가까운 상태에서 전단된다. 극단적인 경우로서 지진 시에 모래지반의 액상화를 고려할 수 있다. 모래의 투수 계수는 큼에도 불구하고 급격한 지진동에 의해 반복 U-전단을 받는 경우에 액상화한다고 알려져 있다.

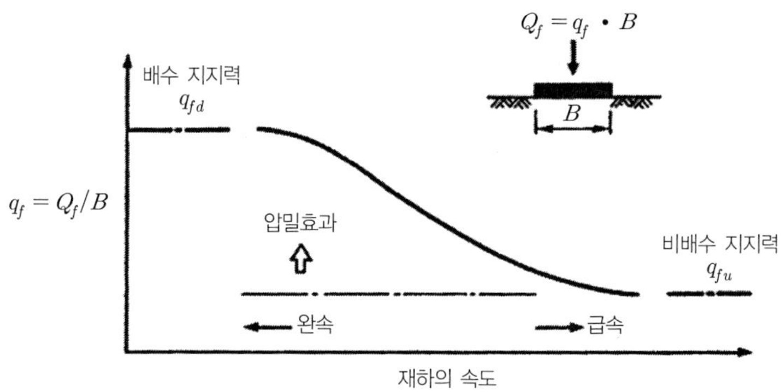

그림 6-4 재하 속도와 지반의 지지력[31]

쌓기 초기에 볼 수 있는 재하속도와 지반 지지력 관계는 그림 6-4와 같다. 즉, 재하속도가 늦을수록 지반의 지지력은 증가하여 높은 쌓기를 구축할 수 있다. 이와 같이 하중이 가해지는 속도를 천천히 하든지 또는 쌓기 축조 도중에 공사를 일단 중지하여 방치기간을 설정하여 지반의 강도를 증가시키는 방법을 '완속시공법'이라 한다.

다음과 같은 실화가 있다. 연약 점토 지반 상에 도로 쌓기를 계획하고 있을 때 근처에 국철의 쌓기 흙 구조물이 있었으므로 별도의 지반 조사를 하지 않고 시공에 착수하였다. 그런데 시공 도중 사면이 활동파괴를 일으켰다. 국철 쌓기 구조물은 1860년~1910년대에 인간이 삼태기를 짊어지고 천천히 쌓기를 쌓아올린 것에 반해 도로 쌓기는 최근의 기계화 시공이었다. 결국 완속 시공과 급속 시공의 차이가 명암을 가른 것이다.

Q 6-1-3

지반의 '단기 안정'과 '장기 안정' 문제는 어떨까?

정규 압밀 지반에 쌓기에 의해 외력이 가해지면 지반 내에는 정(+)의 과잉 간극수압이 발생한다. 그리고 흙 구조물의 쌓기 시간에 비해 과잉수압이 소산되는 데 소요되는 시간은 오래 걸리므로 축조 중의 지반은 비배수 상태에 가깝다. 그러나 축조 후, 시간의 경과에 따라 과잉수압이 소산되기 때문에 지반의 지지력은 서서히 증가하고 마침내 배수 상태에서의 지지력을 발휘하게 된다.

쌓기를 시작하고 나서의 경과시간과 지반 지지력의 관계를 모식적으로 나타내면 그림 6-5(a)와 같다. 지반에 가해지는 압력 q와 그 시점에서의 지반 지지력 q_f와의 비를 안전율 $F = q_f/q$라 정의하면 F는 시간과 함께 그림 (b)와 같이 변화한다. 즉, 점토 지반 상의 쌓기 시공에서는 쌓기 완성 직후가 가장 위험하고 시간경과와 함께 지반은 안정화된다. 이와 같이 정규 압밀의 점토 지반에 쌓기 등을 축조하는 경우에는 쌓기 직후의 가장 위험한 상태를 가정하여 안정해석을 한다. 이것을 '단기 안정 문제'라 부르며 그 해석에는 비배수 강도(U-전단강도)를 이용한다.

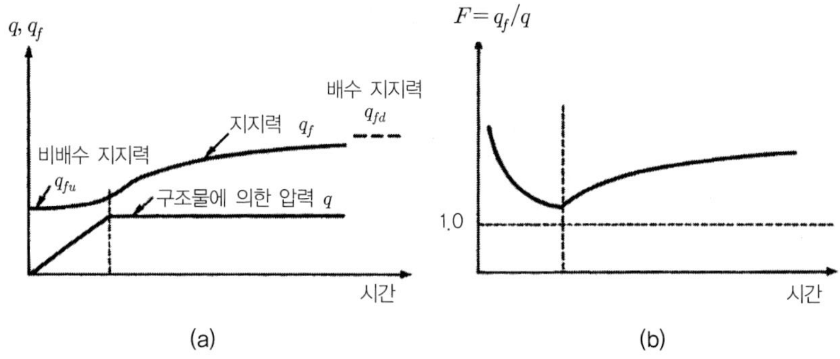

그림 6-5 시간 경과에 따른 지반 안정성의 변화

점토 지반의 굴착을 가정하는 경우에는 지반 내 응력이 감압하여 과잉 간극수압

이 부(-)로 되는 경우가 많다. 이때 시간 경과와 함께 흙이 흡수 팽창하여 전단강도가 저하한다. 즉, 지지력이 서서히 감소하기 때문에 굴착 직후는 안정하던 지반에서도 결국 파괴에 이르는 경우가 있다. 이와 같은 경우에서는 공사가 종료하고 나서 오랜 시간이 경과한 시점을 가정하여 해석하므로 이것을 '장기 안정 문제'라 부르며 그 해석에는 배수 강도(D-전단강도)가 이용된다.

또한 과압밀 점토 지반 상의 쌓기 시공에서도 과압밀비가 크면 다일러턴시 특성이 현저해져 흡수 팽창을 일으키기 때문에 D-전단강도에 의한 안정 검토가 시행된다.

Q 6-1-4

점토 지반에서는 전단 방향에 의해서 비배수 강도에 차이가 발생하는 경우가 있다. 그 이유를 설명하시오.

점토 지반 중에서 깊이가 같은 점 A, B를 고려한다[그림 6-6(a)]. 점 A의 활동면은 수평면으로부터 반시계 방향으로 θ, 점 B는 시계 방향으로 θ만큼 기울고 있는 것으로 하여, 각각의 활동면 상의 유효응력 변화를 조사하여 보자.

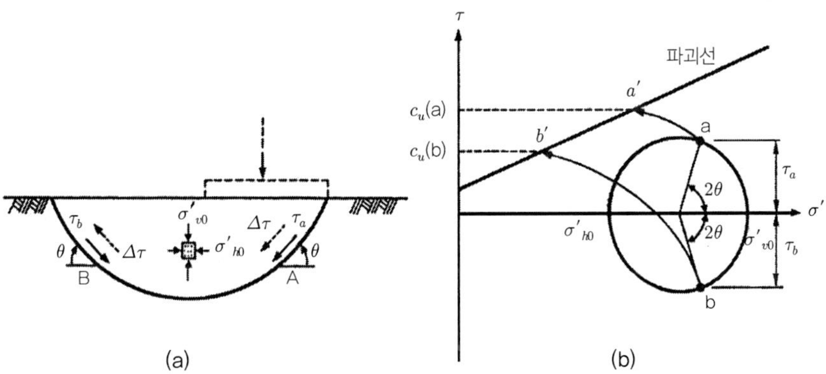

그림 6-6 방향이 다른 활동면 상의 유효응력의 변화

점 A, B에서의 연직·수평방향의 압밀응력을 σ_{v0}', σ_{h0}'으로 나타내면 이것은 주응력이며 Mohr의 응력원은 그림 (b)와 같다. 점 A의 활동면은 수평면 (최대 주응력면)으로부터 반시계 방향으로 θ만큼 기울어져 있으므로 활동면 상의 유효응력은 Mohr 원 상의 점 a가 된다. 마찬가지로 점 B의 활동면 상의 유효응력은 Mohr 원 상의 점 b로 주어진다. 여기에서 점 A, B의 활동면 상의 전단응력 τ는 부호가 다르기 때문에 작용 방향에 주의한다[그림 (a)].

이 지반에 외력이 작용하면, 점 A의 τ는 초기 상태와 동일한 방향으로 증가하고 유효응력은 a → a′와 같이 변화하며 비배수 강도는 c_u(a)로 된다. 한편 점 B에서는 재하에 의한 τ의 변화는 초기 전단응력의 방향과 반대 방향이 되므로 유효응력은 b → b′와 같이 변화하여 비배수 강도는 c_u(b)로 된다. 이와 같이 활동면의 방향에 따라서 비배수 강도는 달라진다.

그림 6-7은 활동면의 방향과 그 면 상의 비배수 강도의 관계를 측정한 결과이다.

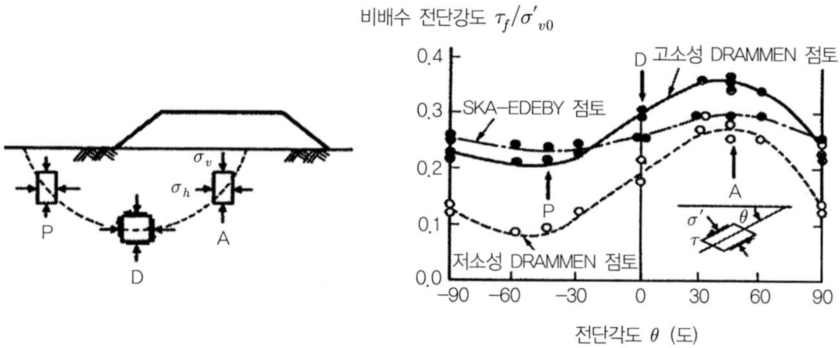

그림 6-7 비배수 강도의 이방성[32](모두 노르웨이 점토)

활동면의 방향이 45°, 즉 흙이 연직방향으로 압축되는 A부(주동, 삼축압축 상태)에서 c_u/p가 최대로 된다. 또 활동면이 −45°일 때, 즉 재하단으로부터 떨어져 흙이 수평방향으로 압축되는 P부(수동, 삼축신장상태)에서 c_u/p는 최소가 된다. 수평으로 전단되는 D부(일면 전단상태)는 중간의 값을 보인다. 이와 같이 원위치에서는 전단방향에 따라서 c_u/p가 다른 값을 보이는 현상이 있으며 이것이 바로 비배수 강도의 이방성이라 한다.

비배수 강도가 이방성을 나타내는 지반에서는 활동면의 방향에 따라서 강도가 다르므로 해석에 어떤 시험결과를 이용할 것인가에 대한 선택 문제가 발생한다.

O. Mohr(1835~1919)

★ Mohr의 응력원(1882), 재료 강도론(1900), 특히 Mohr-Coulomb의 파괴 규준으로서 토질역학에도 공헌하였다. 도식 구조공학에 천재적인 독창성을 발휘하였다.

구조 기술자로서 실무를 경험한 후, 32세에 슈트트가르트(Stuttgart) 공과대학 공업역학 교수를 역임하였다. 그 후 드레스덴(Dresden) 공과대학으로 옮겨 65세에 퇴직할 때까지 강의에 정열을 계속 쏟아부었다. 결코 훌륭한 편은 아니었으나 학생들에게 깊은 감명을 주었다고 한다.

퇴직 후는 드레스덴(Dresden) 교외에서 학구적인 분위기 속에서 평온한 여생을 보냈다.

6-2 점토의 레올로지(Rheology)

일반적으로 많은 재료에서 응력-변형 관계는 경과시간이나 온도의 영향을 받아 변화한다. 이와 같이 응력-변형-시간-온도 등에 관계하는 성질이나 거동을 레올로지 특성이라고 한다. 모래와 달리 점성적 특성이 우세한 점토에서는 실제 문제에서도 이 특성이 중요하다.

레올로지를 대표하는 현상의 하나가 크리프이다. 점토 지반에 하중이 재하하면 시간 경과와 함께 배수에 따라 압밀이 진행되는데 압밀이 일어나지 않아도 크리프 변형은 발생한다. 이것은 비배수 크리프라 하며 일차 압밀 종료 후에 계속하는 크리프 변형을 이차압밀이라고 표현하는 경우도 있다.

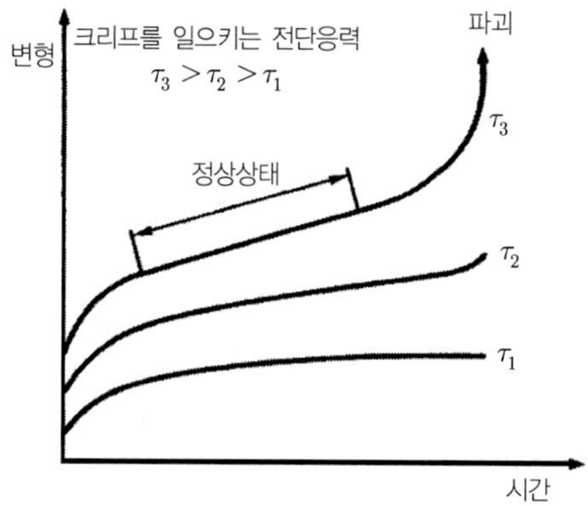

그림 6-8 크리프 곡선

그림 6-8은 어느 일정 응력 τ를 재하하였을 때의 변형-시간 관계, 즉 크리프 곡선군을 나타내고 있다. 응력 τ의 레벨이 커지면, 정상상태를 거친 후 마침내 파괴를 일으킨다. 결국 크리프 파괴 현상이며, 파괴까지의 시간을 수명이라고 한다.

여기에서는 레올로지의 기본인 탄점소성 [Q 6-2-1], 변형 속도 효과 [Q 6-2-2], 크리프와 관련된 실제 문제 [Q 6-2-3, Q 6-2-4], 진행성 파괴 [Q 6-2-5] 등을 공부한다.

Q 6-2-1

흙의 탄점소성이란 어떠한 것인가?

물체의 변형에 관계되는 기본적인 성질은 탄성, 점성 및 소성이 있으며 흙이나 암석에서는 이러한 성질이 얽혀 있어 복잡한 거동을 보인다. 탄성은 Hooke의 탄성 법칙에 따라 모델로 스프링을 이용한다[그림 6-9(a)]. 점성은 Newton의 점성 법칙에 따라 대쉬포트가 이용된다[그림 (b)].

소성은 어느 응력 레벨(σ_y)에 달하면 변형이 무한히 계속하는 성질을 말하며 응력-변형 관계는 그림 (c)와 같다. σ_y는 항복 응력으로써, σ를 제하하여도 영구 변형이 잔류한다. 모델은 거친 면상에 둔 슬라이더로써 표현하고, 슬라이더의 마찰이 끊어졌을 때의 응력이 σ_y이다.

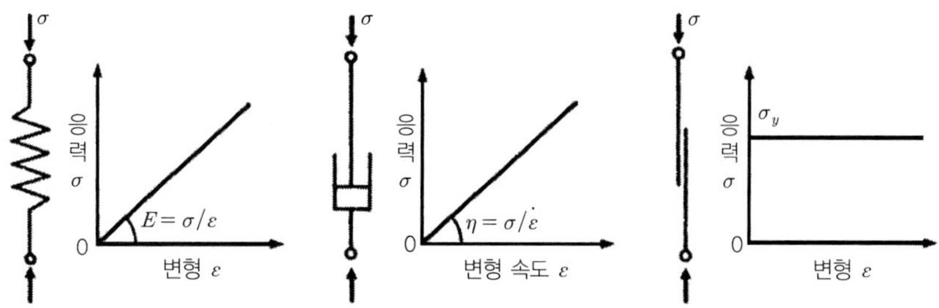

(a) 탄성 모델 (b) 점성 모델 (c) 소성 모델

그림 6-9 탄성, 점성과 소성 모델

이상의 탄성(E), 점성(η) 및 소성(σ_y)적 성질을 모두 겸비한 물체를 탄점소성체라 하며 대쉬포트와 슬라이더를 병렬로 연결하고 나아가 스프링을 직렬로 연결하여 모델을 구성한다(그림 6-10).

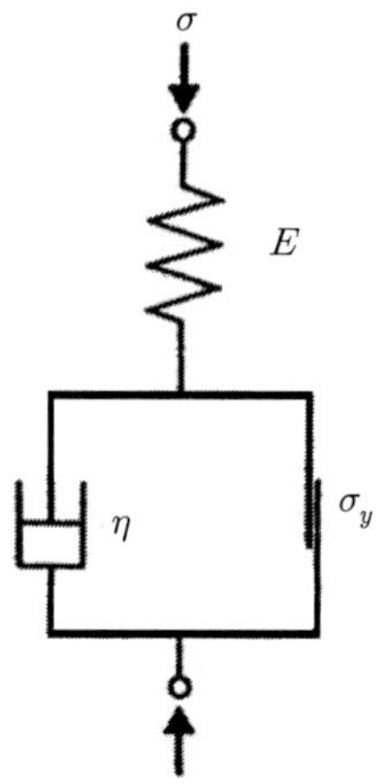

그림 6-10 탄점소성 모델

그림에 나타낸 탄점소성체의 거동은 다음 식과 같다.

$$\left.\begin{aligned} &\sigma < \sigma_y : \varepsilon = \frac{1}{E}\sigma \\ &\sigma > \sigma_y : \dot{\varepsilon} = \frac{1}{E}\dot{\sigma} + \frac{1}{\eta}(\sigma - \sigma_y) \end{aligned}\right\} \tag{6-1}$$

위의 제2식에서 $\dot{\sigma} = 0$(예를 들면 크리프)의 경우는 Bingham 유동체를 표현한다.

현재까지 흙의 구성식으로 제안된 수많은 모델 중에서 탄점소성 모델이라 알려진 것은 기본적으로는 그림 6-10과 같다고 할 수 있다.

여기에서 지반 거동이 Bingham 유동을 나타낸 예를 간단히 소개한다. 그림 6-11은 미국 디트로이트 지역의 두꺼운 연약 점토 지반에 건설된 구조물의 지속 침하를 18~35년간에 걸쳐 관측한 결과이다. 변형 속도로서는 5년간 생긴 침하량으로 표현하고 있으며 전형적인 소성 유동을 볼 수 있다.

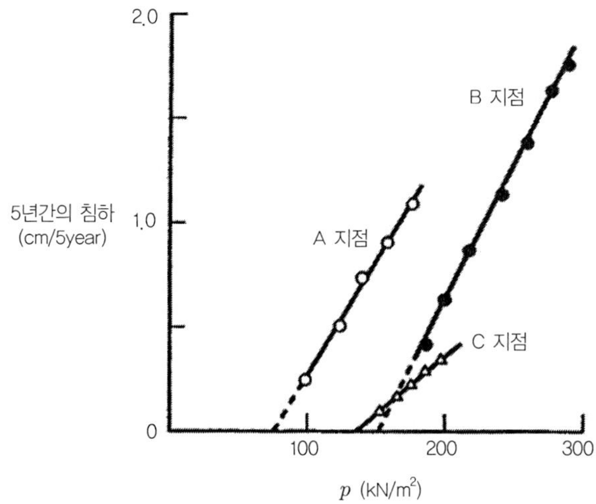

그림 6-11 실제 지반의 소성 유동 예

Q 6-2-2

점토의 전단강도에 미치는 변형 속도 효과에 대해서 설명하시오.

흙 공시체를 전단할 때 그 전단속도의 차이에 의해 강도의 차이가 발생한다고 알려져 있다. 이와 같은 전단속도에 따라서 강도 차이가 발생하는 현상을 변형 속도 효과라 한다. 그림 6-12는 점토의 비배수 전단(U-시험)에서의 축변형 속도와 강도와의 관계를 조사한 것이다. 축변형 속도가 1%/min의 경우의 강도를 기준으로 하여 각 축변형 속도에서 얻은 강도가 정규화하여 제시되어 있다. 그림에서 나타낸 바와 같이 점토의 전단강도에 대한 축변형 속도의 영향이 상당히 크다는 것을 알 수 있는데, 예를 들면 10^{-3}%/min의 축변형 속도로서 U-전단을 하면 강도가 약 20% 감소한다.

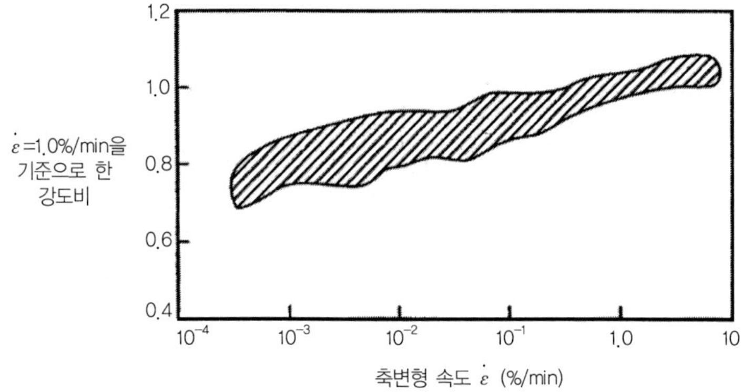

그림 6-12 변형 속도와 비배수 강도[33)]

일축압축 시험에서는 축변형 속도 1.0%/min으로 전단이 시행된다. 이 경우 15분에서 축변형이 15%에 도달하므로 실험시간 십여 분만에 공시체를 파괴시킨다. 특수한 목적을 가진 실내 전단시험에서는 오랜 시간 시행하기도 하지만 수십 분에서 수 시간, 기껏해야 수 일간 정도이다. 그러나 실제 지반에서는 몇 년간이라고 하는 장시간에 걸쳐 파괴되는 것도 적지 않다. 영국의 런던 점토 지반에서는 옹벽을 축조 후 40여 년에 걸쳐 활동 파괴된 예가 있다. 따라서 실내에서 얻은 강도와 원위치에서 발휘되는 강도들 사이에 큰 차가 발생하는 경우도 있을 수 있다.

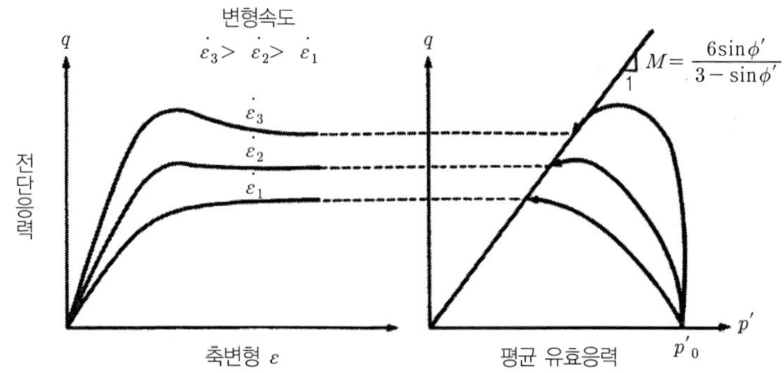

그림 6-13 변형 속도의 유효 내부 마찰각으로의 영향

그림 6-13은 점토의 U-전단에서 전단속도 차이에 의한 응력-변형 관계와 유효응력 경로로의 영향을 모식적으로 나타낸 것이다. 전단속도 차이에 의해서 강도에 차이는 발생하지만 유효 내부 마찰각 ϕ' 의 값에는 영향을 주지 않는 것으로 알려져 있다.

실제로는 지반이 받는 전단속도를 판단하는 것은 어렵다. 가령 대략의 짐작으로서 $10^{-2} \sim 10^{-3}$%/min 정도로 했다면, 일축·삼축압축 시험에서 표준으로 하고 있는 변형속도는 1%/min이므로, 그림 6-12의 예에서는 지반의 전단속도에 대응한 강도보다 15 ~ 20% 정도 큰 값을 추측하게 된다.

전단속도의 영향만을 고려하면 시험으로부터 구해지는 c_u 는 지반이 발휘하는 강도보다 크게 측정되므로 시험 결과를 그대로 안전해석에 이용하면 위험 측의 설계로 된다는 것을 염두에 두어야 한다. 모래의 경우에는 그 역학거동의 시간 의존성은 점토에 비해 작으므로 무시할 수 있다.

Q 6-2-3

점토의 크리프나 크리프 파괴에 대해서는 어떨까?

전단응력 일정한 상태에서 시간 경과와 함께 변형이 증가하는 현상을 크리프라 하며 크리프에 의해서 파괴하는 것을 크리프 파괴라 한다. 그림 6-8에 크리프 파괴 예를 나타내고 있으며 일정 전단응력 τ가 작을 때는 어느 정도의 시간이 흐르면 변형 진행이 멈춘다(크리프의 포화라 한다). τ의 레벨이 커지면 정상상태를 거친 후, 마침내 파괴를 일으킨다. 크리프 포화로 인한 안정이 유지되던지 또는 크리프 파괴가 발생하는 한계의 τ를 상한 항복값이라 한다. 따라서 설계의 기본은 지반 내에 발생하는 전단응력을 이러한 상한 항복값 이하로 억제하는 것이다.

사면 붕괴 등의 문제에서는 크리프 파괴의 현상이 주목된다. 크리프 파괴가 될 것인지 또 크리프 파괴되는 경우라면 그것은 언제인가라는 문제이다. 그림 6-14는 크리프 중의 정상 변형 속도와 파괴 시간의 관계를 나타내고 있다. 그림에 의하면 여러 가지 흙에 대해서 변형 속도 $\dot{\varepsilon}(\times 10^{-4}/\text{min})$와 파괴 시간 $t_f(\text{min})$는

$$t_f \cdot \dot{\varepsilon} = 214 \qquad (1)$$

인 관계를 만족한다.[34)] 따라서 흙의 정상 변형 속도 $\dot{\varepsilon}$을 계측함으로써 파괴 시간 t_f의 예측이 가능하다. 식 (1)을 철도 연선의 사면 붕괴 예측에 이용하여 성과를 거둔 예가 있다.

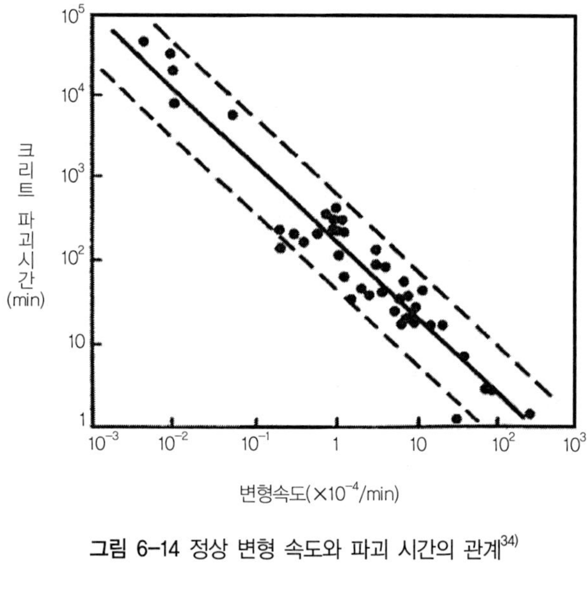

그림 6-14 정상 변형 속도와 파괴 시간의 관계[34)]

Q 6-2-4

실제 문제에서 점토의 강도에 미치는 시간 효과를 고려한 사례가 있는가?

연약한 해저 점성토의 굴착 중에 발생된 활동 파괴의 원인을 여러 가지 관점으로부터 조사한 결과, 지반강도가 크리프에 의해서 저하하였기 때문이라고 판단된 예가 있다.[35]

샌프란시스코 만에 새로운 화물 터미널을 건설하기 위해 그림 6-15의 계획도에 나타낸 바와 같이 연약한 진흙을 모래로 치환하기 위한 개착을 하고 있었다. 그 도중에 대규모 활동 파괴가 발생하였기 때문에 개착 부분은 곧바로 모래로 다시 메워졌다. 그 이후 4개월 정도 되메우기 되지 않고 방치된 일부 구간에서 제2차 활동 파괴가 발생하였다.

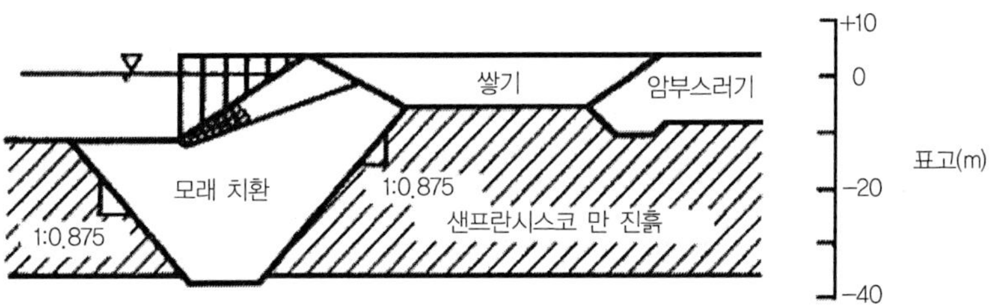

그림 6-15 굴착과 모래 치환의 공사 계획 단면[35]

대상 지반의 토질은 정규 압밀의 실트질 점토로 이루어져 전단강도가 낮고 압축성이 높은 것이 특징이다. $w_L = 50\%$, $w_P = 30\%$로서 자연 함수비가 w_L보다도 크다. 전단강도는 불교란 시료를 이용한 삼축 UU 시험 및 원위치 베인 시험에 의해서 구하였다.

계획 단계에서의 안정 계산은 개착 기간이 짧기 때문에 $\phi_u = 0$으로 한 전응력 해석(단기 안정해석)을 하였다. 계산 결과는 그림 6-16과 같으며, 안전율이 1.17로 되도록 개착부의 경사각(1 : 0.875)이 선정되었다.

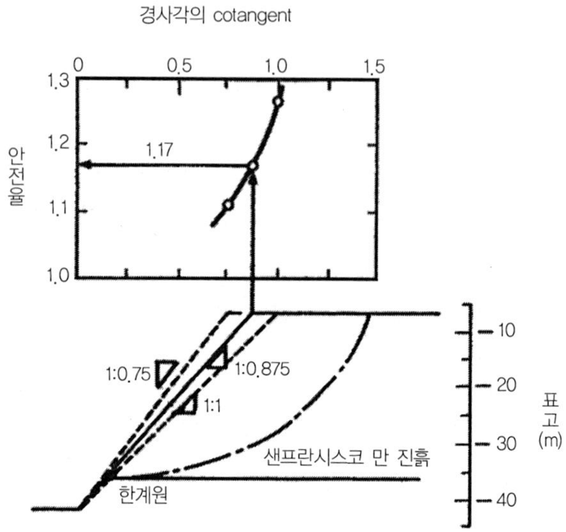

그림 6-16 안전율의 계산결과[35)]

실제 활동면 형상은 계산에서의 가정과 마찬가지로 원호였다. 점토가 비배수 상태라고 가정하였으나 그것은 사고가 발생된 2개월의 기간에 대해 응력 해방에 의한 흡수 팽창량은 작다고 생각했기 때문이다.

점토의 전단강도를 결정할 때, 많은 오차가 들어갈 수 있다. 예를 들면 시료 채취 시의 교란, 점토의 이방성, 시료의 단면[端面] 구속, 평면 변형 상태 등이다. 그러나 이러한 요인은 서로 상쇄하여 전체로서 큰 오차가 되지 않는다. 결국 이방성과 단면[端面] 구속에 의한 겉보기 강도 증가가 15%인 것에 대하여 교란과 평면 변형 상태를 고려한 강도의 과소 평가가 15 ~ 25%이다.

앞서 기술한 바와 같이 점토가 나타내는 중요한 현상으로써 크리프에 의한 강도 저하가 있다. 이 점토에 대해서도 지속하중에 대해서 1주 후의 강도는 단기 강도의 70%밖에 안 된다는 것을 알 수 있다. 이상과 같이 고려할 수 있는 파괴 원인의 전체를 확인한 결과, 크리프에 의한 강도 저하가 주 원인으로 판단되었다.

Q 6-2-5

점토 사면의 진행성 파괴란 어떠한 현상인가?

그림 6-17을 이용하여 진행성 파괴를 설명한다. 우선 사면의 일부가 절취된 경우를 고려한다[그림 6-17(i)]. 여기에서 깎기 저부에서 표면에 평행한 면에 착안하면, 깎기 전에는 이 면보다 위의 흙 중량에 걸맞은 정도의 전단응력 τ_0가 작용하고 있다.

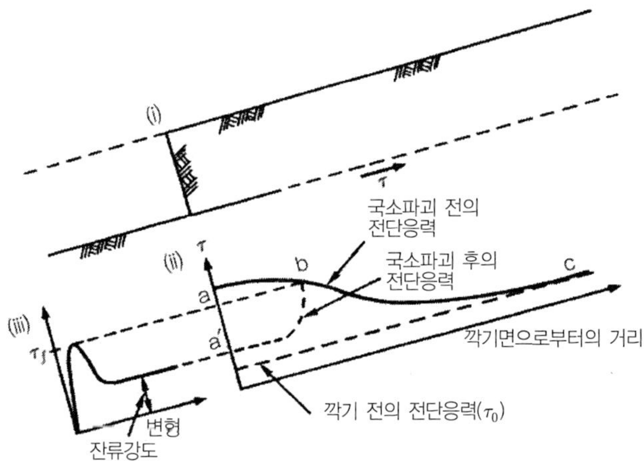

그림 6-17 진행성 파괴의 메커니즘[36)]

이 사면이 절취되면 사면보다 위의 흙은 아래쪽으로 미끄러지기 때문에 면 위의 전단응력 τ가 증가한다. 그러나 깎기부로부터 떨어진 위치에서는 깎기의 영향이 작기 때문에 전단응력의 변화는 작다. 따라서 깎기 후의 전단응력의 분포는 그림 6-17(ii)의 abc와 같다.

여기에서 이 흙의 전단강도가 그림 6-17(iii)과 같았던 것으로 한다. 즉, 전단저항이 피크를 넘으면 급 강하하는 특성(현저한 연화)을 가지고, 그 후는 일정 저항값을 나타내는 흙이라 하면, 그림 6-17(ii)의 ab 범위에서는 깎기 후의 τ가 τ_f를 넘고 있으므로, 이 부분은 파괴한다. 일단 파괴하면 전단 저항은 급격히 감소하기 때문에 전단응력의 분포는 그림 6-17(ii)의 a′bc와 같이 된다. 이 국소적인 파괴에 의해서 전단응력이 감소한 만큼을 보완하기 위해, 이 부분의 인접부에서 전단응력이 증가하고, 마침내 전체가 파괴하는 현상을 진행성 파괴라 부른다.

진행성 파괴는 균열을 많이 포함한 과압밀 지반의 사태나 장대 깎기 사면의 안정을 고려하는 데 중요하다. 진행성 파괴가 예상되는 경우에는 지반의 강도로서 피크 값은 아니라 저항이 급격히 저하하여 일정하게 되었을 때의 잔류 강도[그림 6-17 (iii)]를 선택해야 할 필요가 있다.

6-3 원위치 시험

지반의 강도 등을 원위치에서 조사하는 시험에는 점성토와 사질토 모두에 적용할 수 있는 것과 토질별로 구분하여 사용하는 것이 있다. 지반의 천층부로부터 심층부까지 동일한 시험으로써 조사할 수 있는 형태가 바람직하지만, 복잡한 지층에서는 현실적으로는 다른 종류의 시험을 부득이 병용할 수밖에 없는 경우도 있다.

(1) 샘플링과 교란

통상은 원위치에서 점토 시료를 채취하고 실내 시험에서 강도를 구하는 방법이 시행된다. 그때 시료가 받는 교란이 강도에 주는 영향은 지중으로부터 지상으로 추출에 따른 응력 해방을 포함하여 무시할 수 없는 원인이 된다[Q 6-3-1].

(2) 베인 전단시험(VST, Vane Shear Test)

그림 6-18과 같이 4개의 직교 날개를 지중에 관입시켜 날개를 회전하여 최대 회전 모멘트를 측정한다.

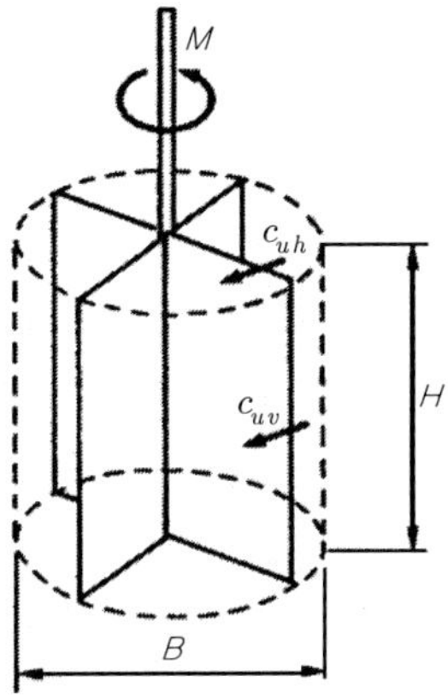

그림 6-18 베인 시험

점성토 지반의 비배수 강도를 구하는 시험이며 비배수 조건을 만족하기 위해 통상은 0.1°/sec 정도의 급속회전을 시킨다.

날개의 회전에 의해 점토는 원통형 측면과 상하 수평면에서 전단될 것으로 생각하여 강도를 산출한다[Q 6-3-2].

(3) 콘 관입시험(CPT, Cone Penetration Test)

강제의 원추체를 지중에 관입하여 그때의 저항값으로부터 지반상도를 구하는 시험이다. 현재 국제적으로 널리 이용되고 있는 것은 전기식 정적시험기로써 선단저항, 주면 마찰 및 간극수압을 동시에 측정하는 피에조콘이 주류로 되어 있다. 이 타입은 3성분 콘이라고도 불린다. 다만 주면 마찰에 대해서는 측정값의 신뢰성을 의문시하는 의견도 있다.

일본지반공학회의 기준에서는 선단각 60°, 단면적 10 cm^2, 간극수압용 필터는 콘 바로 배후에 부착하는 것을 표준으로 하고 있다. 콘 관입 속도는 1.0 ~ 2.0 cm/sec로 하고 관입량 10 cm 이하의 작은 간격으로 데이터를 수집한다. 콘 선단에서 측정된 신호는 케이블로써 데이터로거, 퍼스널 컴퓨터 등의 장치에 보낸다[Q 6-3-3, Q 6-3-4].

(4) 표준 관입시험(SPT, Standard Penetration Test)

일본에서 SPT는 1950년대 초두에 미국으로부터 도입되어 Terzaghi 등에 의해서 N 값-토질정수 환산법의 타당성이 인정된 이후 급속히 보급되었다. 1961년에 JIS A 1219로서 규격화되었다.

SPT는 보링공을 이용하여 시행하기 때문에 복잡한 지반 조건에도 적응할 수 있는 시험으로 자리 잡고 있다. 또 N 값과 다른 공학적 성질과의 관련성이 수없이 검토되어 지반 성상에 관한 대부분 모든 사항이 N 값과 관련하여 제안되었다.[Q 6-3-5].

Q 6-3-1

지중으로부터 점토 시료를 채취하여, 실내 전단시험을 실시한다. 그때 생기는 교란의 영향을 고찰하시오.

원위치의 흙 요소가 실내 전단 시험에 제공되기까지의 유효응력 변화는 그림 6-19와 같다. 원위치에서는 점 I의 유효응력 상태에 있었던 요소가 보링 삭공에 의한 상재압의 감소에 의해서 연직방향으로 신장 변형을 일으켜 점 A의 유효응력 상태로 된다. 다음에는 샘플링 튜브의 압입과 튜브로부터의 시료 압출에 의해서 점 B → C에 도달한다. 압출된 시료는 구속압이 해방되어 전응력 $\sigma_v = \sigma_h = 0$으로 되지만, 공시체 내에 부(−)의 간극수압을 가지기 때문에 점 C의 유효응력 상태를 유지할 수 있다. 그러나 공시체의 성형 시의 교란에 의해서 이 간극수압도 서서히 소산하여 시험 장치에 세팅될 때에는 점 E의 유효응력 상태가 된다. 지반으로부터 채취된 시료를 불교란 시료라 불리는 경우가 많지만 실제로는 응력 해방과 기계적인 교란의 영향을 모두 받고 있는 것이다.

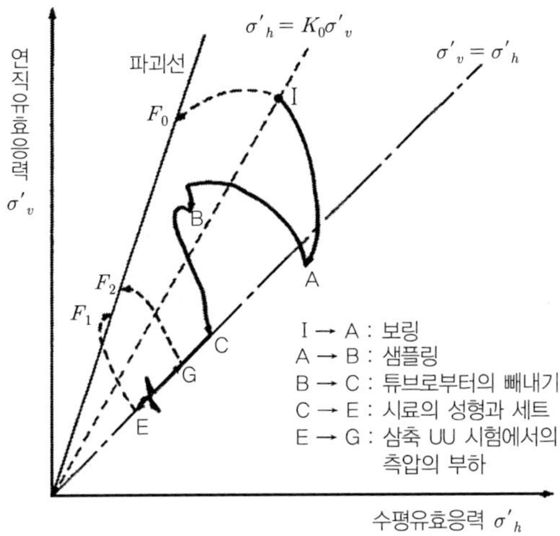

그림 6-19 채취 시료와 실내 전단시험에서의 유효응력 경로(문헌[37]의 그림에 가필)

원위치의 흙이 U-전단되면, 초기의 점 I로부터 바로 점 F_0에서 파괴에 이르는 유효응력 경로가 된다. 점 F_0에서 결정된 강도가 그 흙 요소의 원위치에서의 비배수 강도를 의미하고 있다. 한편 일본에서는 실내 전단시험으로써 일축압축 시험을 가장 많이 이용하며 이 시험에서는 점 E로부터 F_1에 이르는 경로를 거쳐 파괴한다. 또 비압밀 비배수 삼축압축 시험(UU 시험)의 경우에는 구속압을 부여함으로써 유효응력이 다소 회복하여 점 G → F_2로 이동하는 경로가 된다.

어느 경우에도 이러한 실내 시험에 의해서 얻어지는 비배수 강도는 원위치의 강도와는 상당히 다를 것이다. 따라서 채취된 시료의 유효응력 상태를 원위치 상태에 가깝게 하기 위해 시료를 재압밀한다. 이 재압밀 과정에서는 원위치의 유효응력 상태(점 I)에서 K_0 압밀하는 것이 가장 바람직하지만 K_0 압밀에는 많은 노력이 필요하므로 실무에서는 원위치 토피압으로서 등방압밀하는 경우가 많다.

실내 전단시험으로부터 원위치의 비배수 강도를 엄밀히 추정하려면 그림 6-19와 같은 유효응력 변화를 고려한 보정이 필요하다. 그러나 실내 전단시험에는 변형 속도 효과 등 이외에도 다양한 영향 인자가 포함되어 있어 설계단계에서 이러한 보정을 하는 경우는 없다.

Q 6-3-2

연약한 점토 지반의 강도를 측정하는 베인 시험을 설명하시오.

베인 시험(그림 6-18, 베인은 날개를 말함)에서는 저항 모멘트 M의 최댓값과 점토의 비배수 강도 c_u가 다음과 같은 관계에 있다.

$$M = \frac{\pi}{2} HB^2 c_{uv} + \frac{\pi}{6} B^3 c_{uh} \tag{1}$$

여기에서 H, B : 베인의 높이와 폭,

c_{uv}, c_{uh} : 베인의 연직 측면과 상하 수평면에서의 비배수 강도

통상은 $c_{uv} = c_{uh}$로 두어 저항 모멘트로부터 다음 식에 따라 지반의 비배수 강도를 구한다.

$$c_u = \frac{2M}{\pi B^2 \left(H + \dfrac{B}{3} \right)} \tag{6-2}$$

점토의 c_u에 영향을 미치는 요인은 여러 가지가 있으나 그중 강도 이방성, 교란 및 전단속도의 영향을 크게 받는다.

(1) 이방성의 영향

지반의 c_u는 전단면의 방향에 의해서 다르다[Q 6-1-4]. 베인의 전단면은 연직측면과 상하의 수평면이며, c_{uv}와 c_{uh}의 차는 지반의 정지토압 계수 K_0에 의해서 통상의 $K_0 < 1$의 지반에서는 $c_{uv} < c_{uh}$로 된다. 베인 시험에서는 $H = 2B$의 치수

가 많이 이용되며, 이 경우에 식 (1)은

$$M = \frac{\pi}{6} B^3 (6c_{uv} + c_{uh}) \tag{2}$$

로 된다. 결국 연직측면의 c_{uv}는 수평면의 c_{uh}보다 6배의 가중치를 가진다.

쌓기 기초 지반의 활동면에서 평균 강도는 수평면의 c_{uh}에 가깝다. 따라서 강도 이방성의 관점에서는 베인 강도는 지반의 평균 강도(쌓기 기초 지반의 파괴에 대한)보다 작은 값이 측정된다.

(2) 교란의 영향

베인 시험은 원위치에서 시행되기 때문에 다른 실내 전단시험과 같은 시료의 샘플링, 운반, 성형에 따른 교란의 영향을 적게 받는다. 그러나 베인을 압입할 시의 지반 교란이나 응력 변화가 전혀 없다고는 할 수 없다.

(3) 전단속도의 영향

베인을 회전시키면 베인 주변의 흙이 전단되어 과잉 간극수압이 발생한다. 이 시험에서는 실내 시험과 같이 배수 제어를 할 수 없어 배수 메커니즘도 불명확하다. U-전단하기 위해서는 급속히 회전시킬 필요가 있으며 그 결과 c_u가 크게 측정된다. 또 급속히 전단하여도 완전한 U-상태를 유지할 수는 없어 베인 주변에서는 부분 배수가 생긴다. 어느 경우에도 베인 강도는 다른 시험보다도 크게 측정되는 경향이 있다.

이상의 세 가지 영향 중 (1)과 (2)는 베인 강도가 지반강도보다 작은 값이, (3)은 큰 값이 측정되도록 작용한다. 특히 소성지수가 큰 지반에서는 전단강도의 영향이 다른 요인에 비해 커서 베인 강도를 그대로 안정해석에 이용하면 위험 측의 설계로 된다. 따라서 베인 강도에 적당한 계수를 곱하여 보정한 값을 이용하는 안정해석법, 소위 Bjerrum 법이 제안되어 있다.

Q 6-3-3

CPT에서 측정되는 선단저항에 대해서 고찰하시오.

CPT에서는 간극수압 측정용의 필터가 설치되어 관입 시에 필터 부분에 수압 u가 작용하기 때문에 선단저항은 간극수압의 기여를 보정한 값을 이용할 필요가 있다. 그림 6-20에서 콘 본체의 단면적을 A_p, 필터 부분을 A_e라 한다. 콘에 설치되어 있는 센서에서 직접 측정된 힘을 P_n이라 하면 콘 선단저항은 $q_c = P_n/A_p$이다. A_e 이외의 부분은 간극수압에 따른 힘을 받으므로 지반 자체의 저항의 콘 선단저항 q_t는 다음 식과 같다.

$$q_t = \frac{P_n}{A_p} + \left(1 - \frac{A_e}{A_p}\right)u = q_c + \left(1 - \frac{A_e}{A_p}\right)u \tag{1}$$

전형적인 콘 관입시험 결과는 그림 6-21에서 알 수 있다.

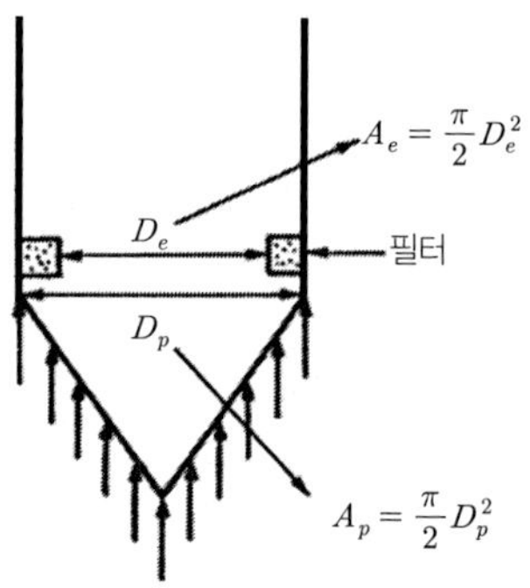

그림 6-20 유효 면적 비에 의한 선단저항의 보정

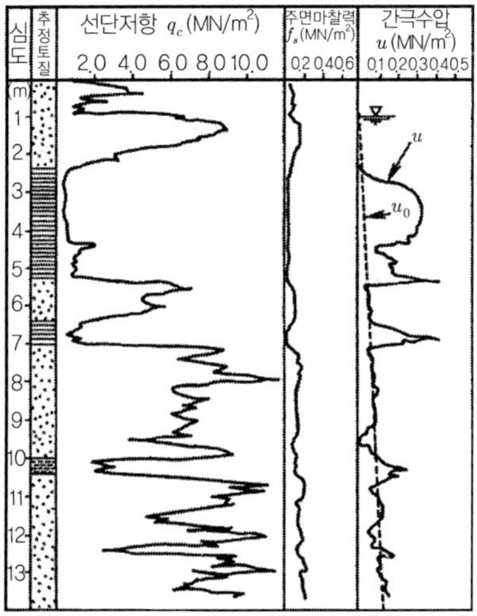

그림 6-21 CPT의 측정 예

그림에서 u는 측정된 간극수압이고 u_0는 정수압을 나타낸다. 점성토층에서는 선단저항이 작고 낮은 투수성을 반영하여 정수압 라인보다도 상당히 큰 과잉 간극수압이 발생한다. 반면 사질토층에서는 선단저항값은 커지고 높은 투수성으로 인하여 과잉 간극수압은 대부분 잔류되지 않고 정수압 라인에 가까운 값을 나타내고 있다.

또 깊이 10m 부근 이하 깊이에서 부(−)의 간극수압이 확인되는데 이것은 심도가 깊고 단단한 사질 지반에서는 다일러턴시가 커져 팽창성이 높아졌기 때문이며, 동시에 높은 선단저항값으로 나타나고 있다.

당해 심도의 전연직응력을 σ_v라 하면 점성토의 비배수 전단강도 c_u는 다음 식과 같다.

$$c_u = \frac{q_t - \sigma_v}{N_{kt}} \tag{2}$$

여기에서 콘 인자 N_{kt}는 경험적으로 결정되는 계수이며 점토에 대해서는 통상

10 ~ 15의 값을 취한다.

CPT는 유럽이나 캐나다에서 오래전부터 이용되고 있으며 소성 지수 I_p가 커지면 N_{kt}는 작게 된다. 그러나 일본의 고소성 점토의 경우에는 I_p에 대해서 변화하지 않는다는 보고도 있다.

Q 6-3-4

CPT의 결과는 어떻게 이용되는가?

모래의 중요한 파라미터로써 내부 마찰각 ϕ'과 상대밀도 D_r을 채택한 연구결과를 소개한다. 그림 6-22는 실내 챔버 시험에 기초하여 얻은 ϕ'의 피크 값과 σ_v'으로서 기준화된 콘 선단저항 q_t/σ_v'의 관계이다. 또 그림 6-23은 5종류의 모래를 이용한 챔버 시험에 따라 얻은 D_r과 $\sqrt{\sigma_v'}$로 기준화된 콘 선단저항 q_c의 관계를 나타내고 있다.

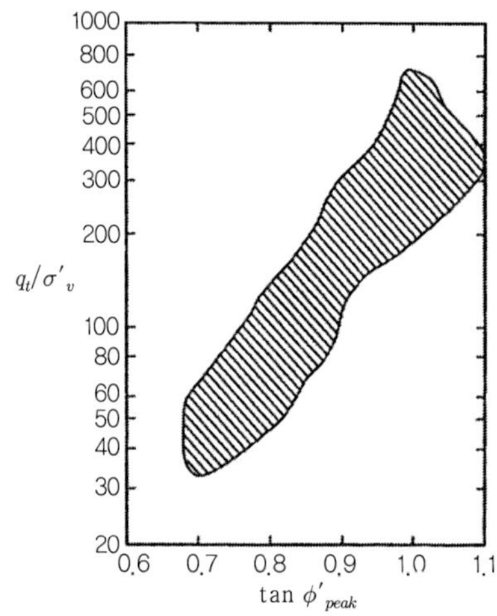

그림 6-22 모래의 내부 마찰각과 콘 선단저항의 관계[38]

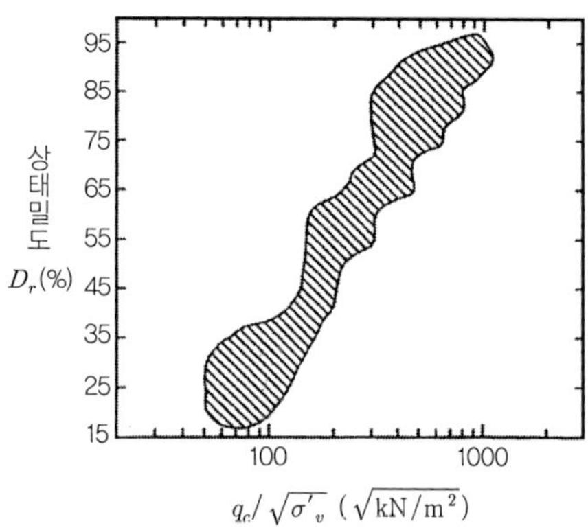

그림 6-23 CPT에 기초를 둔 상대 밀도와 선단저항의 관계[39]

이 그림들은 모래지반에서 CPT를 실시하면 ϕ' 이나 D_r 의 개략값을 추정할 수 있다는 점에서 편리하다. 다만 이 실험에 이용된 모래는 소위 클린 샌드로 교결膠結(cementation)이 없는 신선한 재료이므로 과압밀 모래지반이나 세립분이 많이 섞인 사질토에는 적용 시 주의를 요한다.

또한 CPT에 의해 토질의 개략 분류를 할 수 있도록 한 연구가 있다. 예를 들면 Robertson은 CPT의 계측값과 토피압과의 정보로부터 토질 분류용 차트를 제안하고 있다. 상세한 것은 문헌[40]을 참조하기 바란다.

Q 6-3-5

N 값은 어떻게 이용되는가?

원위치 상태를 유지한 모래의 불교란 시료를 채취하는 것은 일반적으로 곤란하다. 이 때문에 채취시료에 대한 실내 시험에 의해서 모래의 상대밀도 D_r 이나 내부마찰각 ϕ' 을 구하는 것은 때로는 부정확한 정보를 주는 경우가 있다. 따라서 샘플링에 의한 교란의 영향이 포함되지 않은 N 값과 ϕ' 과의 상관관계를 규명하기 위한 방법이 널리 제안되어 왔다.

모래의 N 값과 D_r, ϕ' 과의 관계는 많은 연구자에 의해서 제안되었다(표 6-1). 그림 6-4는 Peck이나 Meyerhof의 값을 참고로 하여 작성된 예이며 N 값과 ϕ' 에는 $\phi' \propto \sqrt{N}$ 의 형식으로 제안된 사례가 많다. 또 N 값과 D_r 의 관계로는 Meyerhof의 다음 식 (6-3)을 자주 이용하고 있다.

표 6-1 모래의 상대밀도, 내부 마찰각과 N 값의 관계

N 값	상대밀도 $D_r = \frac{e_{max} - e}{e_{max} - e_{mln}}$		내부 마찰각 ϕ(°)	
			Peck에 의함	Meyerhof에 의함
0 ~ 4	상당히 느슨함	0.0 ~ 0.2	28.5 이하	30 이하
4 ~ 10	느슨함	0.2 ~ 0.4	28.5 ~ 30	30 ~ 35
10 ~ 30	중간 정도	0.4 ~ 0.6	30 ~ 36	35 ~ 40
30 ~ 50	밀함	0.6 ~ 0.8	36 ~ 41	40 ~ 45
50 이상	상당히 밀함	0.8 ~ 1.0	41 이상	45 이상

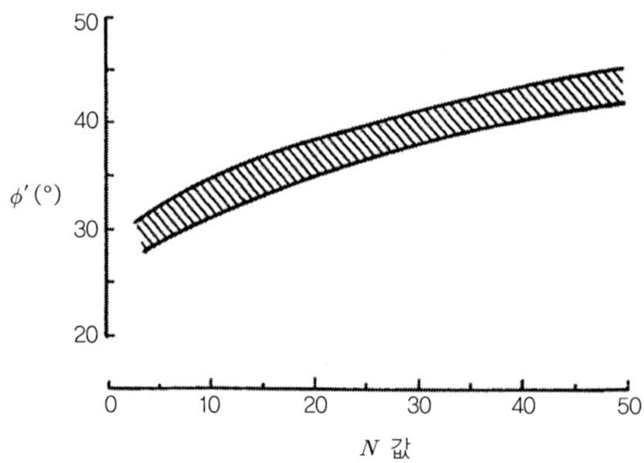

그림 6-24 모래의 N 값과 ϕ' 의 개략값

$$D_r = 21\sqrt{\frac{N}{0.01\sigma_v' + 0.7}} \tag{6-3}$$

여기에서 D_r은 상대밀도(%), σ_v'은 유효상재압(kN/m^2 표시)이다.

관련 문제

[문제 6-1]

$\sigma_{v0}{}'$과 $\sigma_{h0}{}' = K_0 \sigma_{vo}{}'$으로 이방압밀된 점토의 비배수 강도가 다음과 같이 되는 것을 구하시오. 다만 A_f는 파괴 시의 간극수압 계수이며, $c' = 0$이라 한다.

$$\frac{c_u}{\sigma_{v0}{}'} = \frac{[K_0 + A_f(1 - K_0)]\sin\phi'}{1 + (2A_f - 1)\sin\phi'} \tag{1}$$

[해설]

파괴 시의 응력과 간극수압을 $\sigma_{vf}{}'$, $\sigma_{hf}{}'$, u라 하면, $\sigma_{vf}{}' = \sigma_{v0}{}' + \Delta\sigma_v - u$, $\sigma_{hf}{}' = K_0\sigma_{v0}{}' + \Delta\sigma_v - u$, $u = \Delta\sigma_h + A(\Delta\sigma_v - \Delta\sigma_h)$이 되고 이 식과 Mohr-Coulomb의 파괴 조건식을 연립시켜 $c_u = (\sigma_{vf} - \sigma_{hf})/2 = (\sigma_{vf}{}' - \sigma_{hf}{}')/2$를 구한다.

[문제 6-2]

점토 지반 상에 쌓기를 한다. 쌓기 직하의 어느 깊이에서 쌓기 전의 유효토피압은 $\sigma_{v0}{}' = 100\text{kN/m}^2$이었다. 쌓기에 의해 $\Delta\sigma_v{}'$과 $\Delta\sigma_h{}' = 0.2\Delta\sigma_v{}'$의 응력 변화가 있을 때 활동면 상의 단기 강도와 장기 강도를 구하시오. 다만 이 흙의 $c' = 0$, $\phi' = 35^\circ$, $K_0 = 0.5$, $A_f = 0.9$라 한다.

[해설]

- 단기 강도 : 비배수 강도는 앞 문제 식 (1)로부터 $\tau_{fu} = c_u = 37.4\text{kN/m}^2$
- 장기 강도 : 배수 강도를 구한다. 파괴 시의 주응력은

$$\sigma_{1f}{}' = \sigma_{v0}{}' + \Delta\sigma_v{}',\ \sigma_{3f}{}' = K_0\sigma_{v0}{}' + 0.2\Delta\sigma_v{}'$$

Mohr-Coulomb의 파괴 조건식에 대입하여 $\Delta\sigma_v{}' = 322.6\text{kN/m}^2$

활동면상의 전단강도는

$$\tau_{fd} = \left(\frac{\sigma_{1f}{}' - \sigma_{3f}{}'}{2}\right)\cos\phi' = 126.2\text{kN/m}^2$$

[답]

단기 강도 37.4kN/m^2, 장기 강도 126.2kN/m^2

[문제 6-3]

지반 내 5m 깊이에 있는 흙을 샘플링하여 공기 중으로 뽑아내었을 때의 유효응력은 얼마인가? 다만 흙은 완전한 비배수 상태로 유지된 것으로 하고 흙의 단위체적중량은 $\gamma_t = 16.7\text{kN/m}^3$, $K_0 = 0.5$, 제하 시의 간극수압 계수 $A = 0.2$, 지하수위는 지표면에 있는 것으로 한다.

[해설]

깊이 5m에서는 $\sigma_{v0} = 83.5\text{kN/m}^2$, $\sigma_{h0} = 66.3\text{kN/m}^2$, $u_0 = 49\text{kN/m}^2$이다.

공기 중에 나오면 $\sigma_v = \sigma_h = 0$으로 되므로 간극수압의 변화는 $\Delta\sigma_1 = \Delta\sigma_v$, $\Delta\sigma_3 = \Delta\sigma_h$, $\Delta u = -69.7\text{kN/m}^2$, $u = u_0 - \Delta u = -20.7\text{kN/m}^2$

[답]

$\sigma_v{}' = \sigma_h{}' = 20.7\text{kN/m}^2$

[문제 6-4]

균질한 점토 지반에 쌓기를 2단계로 축조한다. 1단계 쌓기를 시공 후에 방치 기간을 설정하여 점토층의 평균 압밀도가 90% 이상으로 되고 나서 다음 쌓기를 시공한다. 점토층의 깊이 3m의 위치에서 1단계 쌓기에 의한 상재압의 증가량을 9 kN/m^{2}으로 예상할 때, 방치기간 후의 이 깊이에서의 비배수 강도는 얼마인가? 다만, 점토층은 정규 압밀로 $c_u/p = 0.32$, 점토의 단위 체적중량은 16.7kN/m^3, 지하수위는 지표면에 있는 것으로 한다.

[해설]

쌓기 전의 깊이 3m에서의 연직유효응력은 $\sigma_v{}' = 20.7\text{kN/m}^2$이고 방치기간 중의 연직유효응력 증가량은 $\Delta\sigma_v{}' = 9\times 0.9 = 8.1\text{kN/m}^2$이다. 따라서 방치기간 후의 $\sigma_v{}' = 28.8\text{kN/m}^2$이므로, $c_u = 0.32\times 28.8 = 9.2\text{kN/m}^2$

[답]

9.2kN/m^2

[문제 6-5]

점토 지반 상에 쌓기를 하는 경우와 굴착하는 경우에 지반의 안정해석에는 어떤 전단시험 결과를 이용하는 것이 좋은가?

[해설]

- 쌓기 : 그림 6-7 참조. K_0 압밀시료의 압축강도(A)와 신장강도(P)의 평균값 또는 일면 전단강도(D)를 이용해도 좋다.
- 굴착 : 수평응력이 감소하여 연직방향으로 압축되므로 삼축압축 강도(A)를 이용한다. 다만 굴착의 경우는 부($-$)의 간극수압이 발생하고 시간 경과에 따라 지반강도가 저하하는 경우가 있으므로 주의를 요한다.

[문제 6-6]

삼축 U-전단에서 공시체를 이방압밀($\sigma_{h0}{}' = K_0\sigma_{v0}{}'$)과 등방압밀($\sigma_{h0}{}' = \sigma_{v0}{}'$)

하는 경우의 c_u를 비교하시오.

[해설]

이방압밀하는 경우의 c_u는 문제 6-1의 식 (1)로 주어진다. 등방압밀의 경우는 식 (1)에서 $K_0 = 1$로 한다. 양자의 비를 취하면

$$c_u(\text{이방})/c_u(\text{등방}) = K_0 + A_f(1 - K_0)$$

정규 압밀 점토의 A_f의 값은 1에 가깝기 때문에 두 경우의 값은 거의 같다. 과압밀 점토에서는 과압밀비가 커짐에 따라 A_f는 작아지지만, 역으로 K_0는 1에 가까우므로 이 경우도 두 경우의 값은 거의 같아진다.

[문제 6-7]

Q 6-3-2의 식 (1)을 유도하라.

[해설]

- 연직 측면의 c_{uv}에 의한 모멘트 : $M_v = \pi BH \cdot c_{uv} \cdot \dfrac{B}{2} = \dfrac{\pi}{2}HB^2 c_{uv}$
- 수평면의 c_{uh}에 의한 모멘트 : 베인 회전축 둘레의 각도를 θ라 하면 회전축으로부터 거리 r만큼 떨어진 위치에 있는 미소면적 $rd\theta dr$에 작용하는 c_{uh}에 의한 모멘트는 $dM_h = r \cdot c_{uh} \cdot rd\theta dr$이다. 수평면 전체로 적분하여

$$M_h = c_{uh}\int_{r=0}^{B/2}\int_{\theta=0}^{2\pi} r^2 d\theta dr = \frac{\pi}{12}B^3 c_{uh}$$

이상으로부터 $M = M_v + 2M_h$로 하면 된다.

제6장의 종합

★ 요소로서의 흙의 변형 · 강도에 대해서는 제3장에서 기술하였다. 제3장을 바탕으로 이 장에서는 실제 지반 내에서 발휘되는 강도와 그것을 구하는 방법 등을 공부하였다.

일반적으로 재료는 점탄성적인 성질을 가지기 때문에 변형 · 강도는 재하속도의 영향을 받는다고 알려져 있다. 특히 점성토는 전형적인 점탄성체이므로 그 레올로지 특성을 무시하고 역학거동을 논할 수는 없다.

점성토의 특징으로 비배수, 부분 배수, 완전 배수라고 하는 다양한 상태를 나타낸다. 이것은 투수성의 크기와 다일러턴시 등이 복잡하게 얽혀 있기 때문에 발생하는 현상이다.

점토 지반에서는 실무상 비배수 강도를 이용하지만 파괴에 이르기까지의 응력 조건의 차이에 의해서 강도 이방성을 보인다고 기술한 문헌도 있다.

지반강도에는 상기와 같은 다양한 요인이 내재하고 있는 것을 충분히 이해하고 제7장 이하에서 다루는 토압, 지지력, 사면 안정 등의 극한 문제를 대비하는 것이 필요하다.

제 7 장

지반의 안정해석법

제 7 장
지반역학

지반의 안정해석법

★ 지반이나 흙 구조물의 안정성을 검토하는 것은 주로 다음의 세 가지로 구분된다.

(1) 뒤채움 흙의 전단파괴 → 옹벽토압 문제
(2) 재하압을 받는 지반의 전단파괴 → 지지력 문제
(3) 자연 사면이나 쌓기의 전단파괴 가능성 → 사면 안정 문제

그림 7-1은 이러한 경우들을 모식적으로 그린 것이다. 사면 안정의 경우는 가동(稼動) 전단응력 τ를 강도 τ_f 이하로 하고 안전율 F_s를 도입하는 점이 다른 것과 차이점이다. 그러나 해석상에서는 위의 경우들은 본질적인 차이는 없다.

구체적인 예를 살펴보자.

그림 7-2는 경사면을 가진 점토 지반으로써 사면 어깨에 p_1, 사년에 연하여 p_2의 재하압을 받는 경우의 안정 문제이다. 지반은 $\phi_u = 0$(따라서 강도는 c_u), 단위 체적 중량을 γ로 한다. 문헌[41]에는 그림 중의 활동선군을 설정하고 뒤에 기술할 상계법(7-2절)을 적용하여 해석한 결과가 소개되어 있다. 그 요점을 인용하면,

- 그림 7-2에서 $\beta = \pi/2$, $\theta_0 = 0$이라 하면 주동토압 P_A는

$$P_A = p_2 H = \left(\frac{1}{2}\gamma H^2 + p_1 H\right) - 2c_u H \tag{7-1}$$

로 되며 $\phi_u = 0$으로 하였을 때의 토압식을 얻는다.

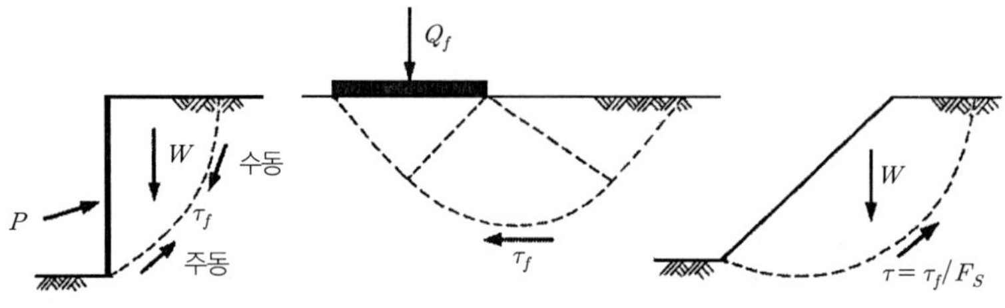

(a) 토압　　(b) 지지력　　(c) 사면 안정

그림 7–1 안정해석의 대상

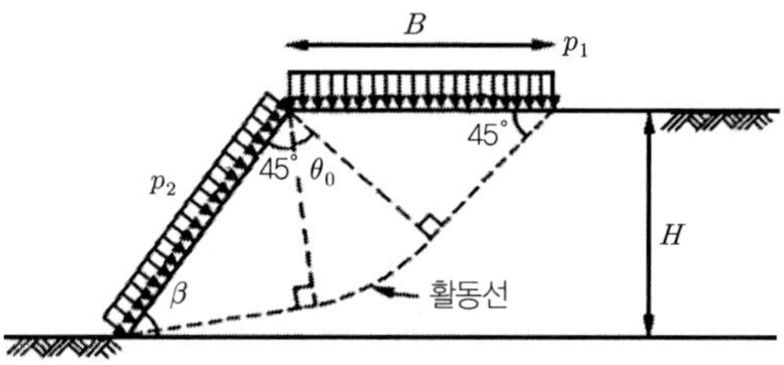

그림 7–2 토압/지지력/사면 문제

· 그림 7-2에서, 사면 어깨의 지지력은

$$p_1 = c_u N_c + \frac{1}{2}\gamma B N_r + p_2 N_q \tag{7-2}$$

여기에서 N_c, N_q, N_r : 각각 지지력 계수이다.
식 (7-2)는 잘 알려진 지지력식이다.

· 그림 7-2에서 $p_1 = p_2 = 0$ 이라 하면 Taylor의 안정계수 N_s를 얻는다.
즉,

$$\gamma H / c_u = N_s \tag{7-3}$$

그리고 $\beta = \pi/2$라 하면 직립 사면의 한계 높이 $H_c = 4c_u/\gamma$도 유도된다.

토질역학에서는 토압, 지지력, 사면 안정을 각각 별도의 장에서 다루고 있으나 이는 편의상 분류에 불과하며 이것들의 공통 해법은 다음의 네 가지로 대표된다.

(1) 극한 평형법
(2) 극한 해석법
(3) 활동선법(특성곡선법)
(4) 유한요소법

여기에서는 난이도를 고려하여 실무에서도 이용 빈도가 비교적 높은 (1)과 (2)를 중점적으로 공부하고 (3)과 (4)는 다른 문헌[42),43)]을 참고하기 바란다.

7-1 극한 평형법

토압, 지지력, 사면 안정 등의 여러 문제를 풀기 위한 안정해석법 중에서 가장 일반적인 방법은 '극한 평형법'이다.

이 방법은 지반이 강체 블록으로 나뉘어져 파괴할 것으로 가정하여 블록이 활동하는 순간의 힘이나 모멘트의 평형에 착안한 것으로 강체의 정역학을 기본으로 한다. Coulomb이 토압 문제에 적용한 것이 최초로 알려져 있으며 현재도 사면 안정 해석의 절편법(제9장)과 같이 실무에서의 이용 빈도는 매우 높다.

또한 이후 제시된 문제는 모두 '극한 평형법'을 이용한 것이다.

Q 7-1-1

건조한 모래지반을 연직벽이 지지하고 있다(그림 7-3). 벽이 지반으로부터 떨어지는 움직임을 할 때 벽면에 걸리는 극한의 토압(즉, 주동토압)을 구하시오. 다만 벽 뒷면의 마찰은 고려하지 않는 것으로 한다.

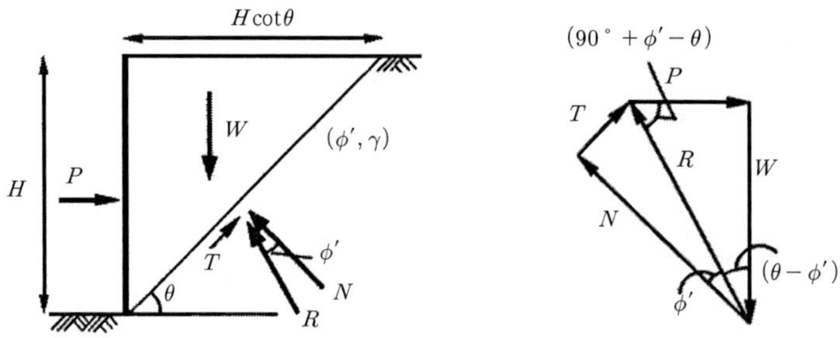

(a) 직선 활동 (b) 힘의 다각형

그림 7-3 모래지반의 주동토압

그림 (a)를 참조하여 삼각형의 흙의 중량을 W라 하면

$$W = \frac{\gamma}{2} H^2 \cot\theta \tag{1}$$

여기에서 γ는 흙의 단위 체적중량이다.

그림 (b)의 힘의 평형으로부터

$$\frac{W}{\sin(90° + \phi' - \theta)} = \frac{P}{\sin(\theta - \phi')} \tag{2}$$

여기에서 P는 θ에 의해 변화하는 반력벽으로서 최댓값은 주동토압 P_A이다.

식 (1)과 (2)로부터

$$P = \frac{1}{2}\gamma H^2 \cot\theta \tan(\theta - \phi') \tag{3}$$

이제, 식 (3)을 변형하여,

$$P \bigg/ \left(\frac{1}{2}\gamma H^2\right) = \cot\theta \tan(\theta - \phi') \tag{4}$$

위 식의 좌변과 θ의 관계를 $\phi' = 40^\circ$에 대해 예시하면 그림 7-4와 같으며 세로축의 최댓값이 주동토압에 해당한다.

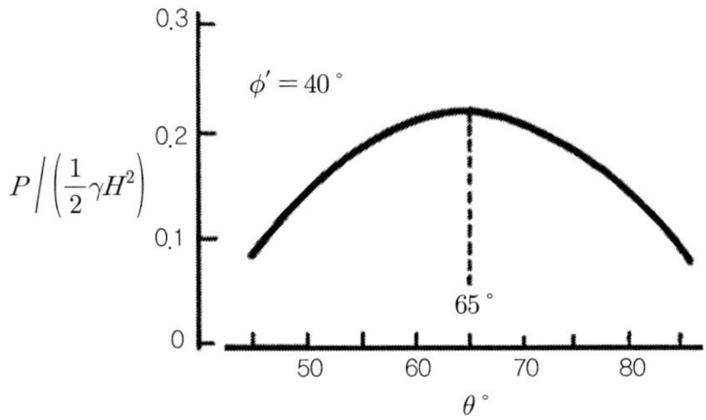

그림 7-4 활동면의 경사각과 주동토압

식 (4)에서 P가 최대로 되는 θ를 구하기 위해서는 $dP/d\theta = 0$으로 하여 P의 극치[極値]를 구하면 된다. 즉,

$$\frac{dP}{d\theta} = \frac{\tan(\theta - \phi')}{\sin^2\theta} + \frac{\cos\theta}{\cos^2(\theta - \phi')\sin\theta} = 0 \tag{5}$$

중간 계산 과정을 생략하면

$$\frac{dP}{d\theta} = \frac{\sin\phi' \cos(2\theta - \phi')}{\{\cos(\theta - \phi')\sin\theta\}^2} = 0 \tag{6}$$

로 되며, $2\theta - \phi' = 90^\circ$로부터,

$$\theta = 45^\circ + \frac{\phi'}{2} \tag{7}$$

식 (7)을 (3)에 대입하여 주동토압은

$$P_A = \frac{1}{2}\gamma H^2 \tan^2\left(45^\circ - \frac{\phi'}{2}\right) \tag{7-4}$$

이것은 ϕ' 지반 $(c' = 0)$에 대한 Coulomb의 주동토압이다.

Q 7-1-2

Q 7-1-1에서 벽이 지반을 미는 방향으로 움직일 때 벽면에 걸리는 극한토압(즉 수동토압)을 구하시오. 그림 7-5를 참조하고 벽 뒷면 마찰은 무시한다.

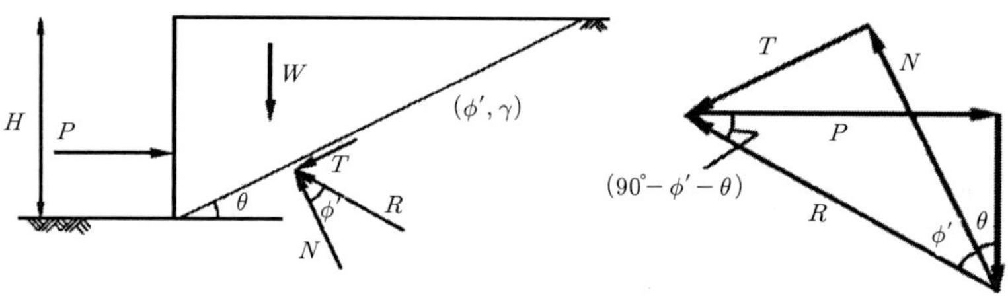

(a) 직선 활동 (b) 힘의 다각형

그림 7-5 모래지반의 수동토압

앞 문제와 마찬가지로 그림 (a)의 삼각형의 흙의 중량은

$$W = \frac{1}{2}\gamma H^2 \cot\theta \tag{1}$$

그림 (b)로부터 벽 반력 P는

$$P=\frac{W\sin(\theta+\phi')}{\sin(90^\circ-\phi'-\theta)}$$

$$=\frac{W\sin(\theta+\phi')}{\cos(\theta+\phi')} \tag{2}$$

$$\therefore P=\frac{1}{2}\gamma H^2\cot\theta\tan(\theta+\phi') \tag{3}$$

앞 문제에 따라 식 (3)의 의미를 이해하기 위해 $P\bigg/\left(\frac{1}{2}\gamma H^2\right)$와 θ의 관계를 나타내면 그림 7-6으로 된다. 즉, $\phi'=40^\circ$의 경우에는 $\theta=25^\circ$에 대해 세로축의 값이 최솟값이 된다.

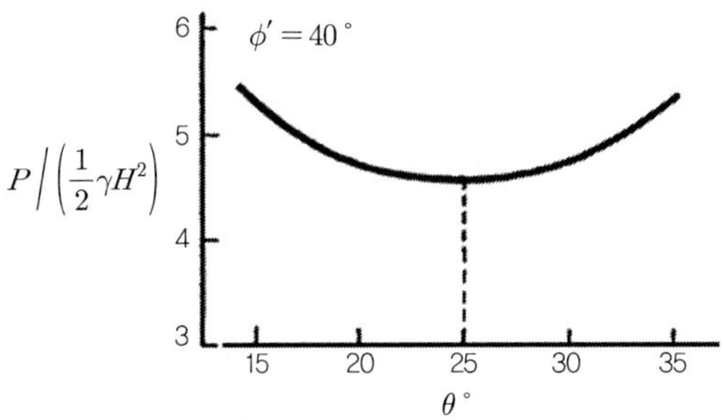

그림 7-6 활동면의 경사각과 수동토압

식 중에서는

$$\frac{dP}{d\theta}=-\frac{\tan(\theta+\phi')}{\sin^2\theta}+\frac{\cos\theta}{\cos^2(\theta+\phi')\sin\theta}=0$$

중간 계산 과정을 생략하면

$$-\sin\phi'\cos(2\theta+\phi')=0$$

결국, 다음과 같은 식을 얻는다.

$$\theta = 45^\circ - \frac{\phi'}{2} \tag{4}$$

따라서 식 (4)를 (3)에 대입하여

$$P_p = \frac{1}{2}\gamma H^2 \tan^2\left(45^\circ + \frac{\phi'}{2}\right) \tag{7-5}$$

이것은 ϕ' 지반($c'=0$)에 대한 Coulomb의 수동토압이다.

Q 7-1-3

점토 지반을 연직으로 굴착한다(그림 7-7). 지반은 강도 c_u를 가진다고 하고, 굴착할 수 있는 한계 깊이를 구하시오.

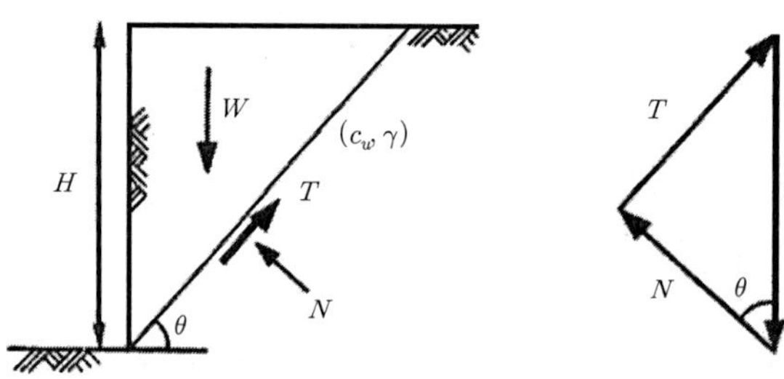

(a) 직선 활동 (b) 힘의 삼각형

그림 7-7 점토 지반의 연직굴착

그림 (a)에서 삼각형의 흙의 중량은

$$W = \frac{1}{2}\gamma H^2 \cot\theta \tag{1}$$

또 그림 (b)로부터

$$\frac{W}{\sin 90^\circ} = \frac{T}{\sin\theta}$$

이를 식 (1) 및 $T = c_u H / \sin\theta$를 대입하여 정리하면

$$\frac{1}{2}\gamma H^2 \cot\theta \sin\theta = \frac{c_u H}{\sin\theta}$$

$$\frac{4c_u}{\gamma H} = \sin 2\theta \tag{2}$$

위 식은 $\sin 2\theta = 1$, 즉 활동면의 각도가 $\theta = 45^\circ$일 때의 극치[極値]를 취하여 한계 높이 H_c는 다음과 같이 얻을 수 있다.

$$H_c = \frac{4c_u}{\gamma} \tag{7-6}$$

[별해] 그림 7-1(c)에서 설명한 바와 같이 사면 안정에서 생각하는 안전율 F_s를 도입한다. 즉, 활동면상에서 가동[稼動] 전단응력을 τ라 하면, $\tau = c_u / F_s$이다.

힘의 평형에 의해

$$T = \tau H/\sin\theta = \left(\frac{c_u}{F_s}\right)\left(\frac{H}{\sin\theta}\right)$$

따라서,

$$F_s = \frac{4c_u}{\gamma H \sin 2\theta} \tag{3}$$

식 (3)으로부터 $\theta = 45°$일 때 F_s가 최솟값이 되며 파괴 시 $F_s = 1.0$이 된다. 그리고 상기의 식 (7-6)을 유도하며 활동면의 방향은 $\theta_f = 45°$가 된다.

Q 7-1-4

수평인 점토 지반에 띠하중 재하를 하였다(그림 7-8). 지반은 강도 c_u를 가지는 것으로 하여 원호 활동을 가정하였을 때 극한 지지력을 구하시오.

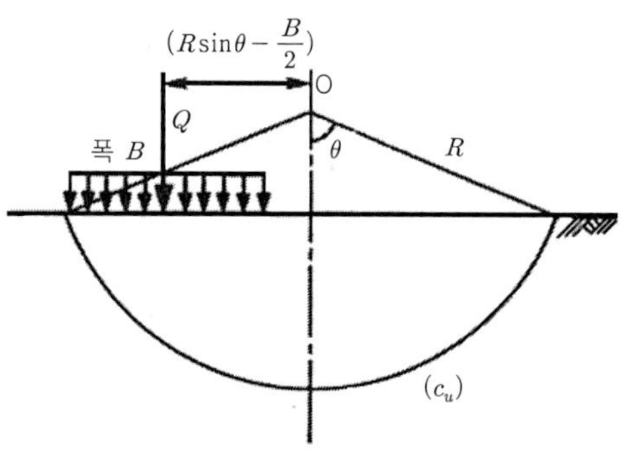

그림 7-8 점토 지반의 원호 활동

그림 7-8에서 원호의 길이는 $2R\theta$ 이다. O점 둘레의 모멘트는

저항[抵抗] 모멘트 : $2R^2\theta c_u$

기동[起動] 모멘트 : $Q\left(R\sin\theta - \dfrac{B}{2}\right)$

그러므로 평형을 고려하여

$$2R^2\theta c_u = Q\left(R\sin\theta - \frac{B}{2}\right)$$

$$\therefore Q = 2R^2\theta c_u \bigg/ \left(R\sin\theta - \frac{B}{2}\right) \qquad (1)$$

극한 지지력은 Q가 최소로 되는 R과 θ를 결정한다.

$$\frac{\partial Q}{\partial R} = \frac{4R\theta c_u\left(R\sin\theta - \dfrac{B}{2}\right) - 2R^2\theta c_u \sin\theta}{\left(R\sin\theta - \dfrac{B}{2}\right)^2} = 0 \qquad (2)$$

$$4R^2\theta c_u \sin - 2R\theta c_u B - 2R^2\theta c_u \sin\theta = 0$$

$$2R^2\theta c_u \sin\theta - 2R\theta c_u B = 0$$

$$\therefore R = B/\sin\theta \qquad (3)$$

이것으로부터 중심 O는 재하판의 우측 끝을 지나는 연직선상에 있다.

한편,

$$\frac{\partial Q}{\partial \theta} = \frac{2R^2 c_u \left(R\sin\theta - \frac{B}{2} \right) - R\cos\theta 2R^2 \theta c_u}{\left(R\sin\theta - \frac{B}{2} \right)^2} \tag{4}$$

$$2R\sin\theta - B - 2\theta R\cos\theta = 0 \tag{5}$$

식 (3)을 (5)에 대입하여

$$\frac{2\theta}{\tan\theta} = 1$$

이것으로부터 $\theta = 1.17$라디안으로 되며 식 (3)으로부터 $R = 1.09B$를 얻는다. 이것을 식 (1)에 대입하면 다음과 같다.

$$Q = 5.5c_u B \tag{6}$$

7-2 극한 해석법[44),45)]

1950년대에 확립된 금속 소성론에 '상계 · 하계 정리'가 있다. 재료를 파괴시키는 극한의 하중을 추정할 때 이 '정리'를 이용하여 하중의 상계값과 하계값을 계산하여 정해값을 위와 아래 사이에 두면서 폭을 좁혀가서 정해에 대한 정밀도를 높이는 수법이 극한 해석법이다.

이를 적용한 지반역학 상의 구체 예로 상계 · 하계값과의 대소 관계는 다음과 같다.

하계값 ≤ 지지력 · 수동토압 ≤ 상계값

상계값 ≤ 주동토압 ≤ 하계값

여기에서 주의해야 할 점은 주동토압의 경우 일(옹벽의 토압과 변위의 곱)은 부

(－)로 되어 상계·하계값이 역전하는 것이다(뒤에서 기술할 Q 7-2-5 참조).

주어진 문제에 대하여 상계·하계값 모두를 구하는 것이 바람직하지만 실제로는 하계값을 구하는 쪽이 상계값보다도 상당히 복잡한 순서가 필요하다. 상계값의 경우에는 지반 파괴의 패턴(활동선이 들어가는 방법 등)을 경험적으로 상정할 수 있으므로 비교적 용이하게 정도가 높은 근사해를 얻는 것이 가능하다.

여기서는 상계값 계산법을 이용하여 극한 해석법으로의 이해를 도모하였다. 따라서 하계값 계산은 언급하지 않았다.

상계 정리를 실제로 이용할 때에는 이하의 순서에 의한다.

(1) 지반 파괴의 패턴을 설정한다.

(2) 상기의 패턴이 가용 속도장(Q 7-2-1 참조)으로 되도록 속도 성분을 결정한다.

(3) 활동 흙덩이의 자중과 외력에 의한 일 량을 구한다.

(4) 각 활동선 상에서 속도 비약값(Q 7-2-2)을 구하여 내부 소산 (Q 7-2-2)을 계산한다.

(5) 전외력 일＝전내부 소산을 이용하여 구해진 외력을 상계값으로 한다.

(6) 새로운 파괴 패턴을 설정하여 더욱더 작은 상계값을 찾는다.

Q 7-2-1

소성론에서의 '가용 속도장'은 무엇인가?

직립사면이 있어 삼각 블록 Ⓐ가 정지 블록 Ⓑ 위를 속도 V로써 흘러내리는 것으로 하여 직선의 활동선을 가정한다(그림 7-9).

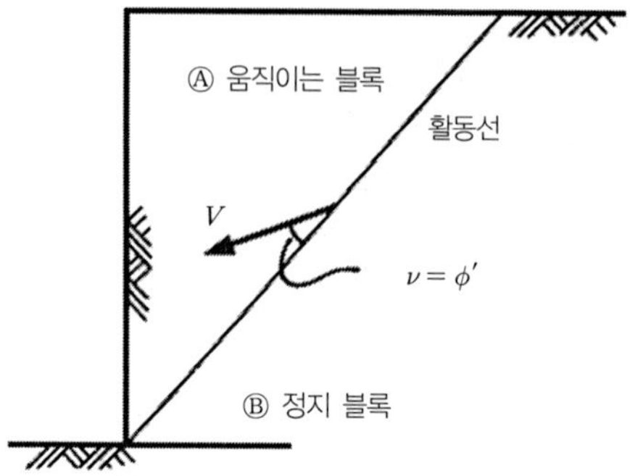

그림 7-9 가용 속도장의 간단한 예

활동선은 운동하는 블록과 정지 블록 사이의 경계이며, 이 경계에서의 운동 블록의 속도 조건을 만족하는 장을 소성론에서는 가용 속도장이라 한다.

구체적으로는 가용 속도장은 흙덩이를 복수의 블록으로 나누어 다음의 2개 조건에 적합하도록 구성한다.

(1) 블록 Ⓐ가 속도 V로서 미끄러질 때, 각도 ν방향으로 팽창한다(그림 7-9). 각도 ν는 다일러턴시 각이다. 흙은 일반적으로 $\nu < \phi'$의 값을 취하지만 여기에서는 간단하게 하기 위해 $\nu = \phi'$으로 둔다. 다만 점토 지반을 UU 해석에서 c_u 재료로 다룰 때에는 $\phi_u = 0$에서 V는 활동선에 평행하게 된다.

(2) 활동선에 수직인 속도 성분은 활동선 상의 모든 점에서 같다. 만약 속도에 불연속을 일으키면 강체 블록이 운동하면서 겹치거나 반대로 떨어져 간극이 생기기 때문이다.

그림 7-9에는 가용 속도장 중에서 가장 간단한 직선 활동선의 예를 보였다.

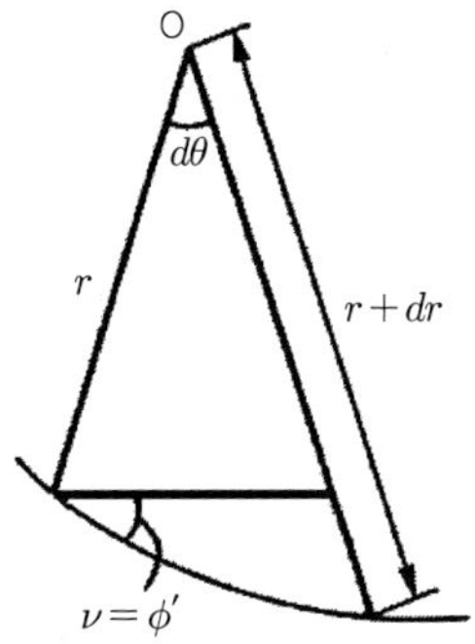

그림 7-10 곡선 활동선

그림 7-10은 곡선 활동선인 경우의 예로 $d\theta$의 각을 가지고 반경 r, $r+dr$의 곡선 활동장이다. 상기 ①의 조건에 따라서 $\nu = \phi' > 0$을 이용하면

$$dr/(rd\theta) = \tan\phi' \tag{1}$$

적분하면

$$r = r_0 \exp(\theta \tan\phi') \tag{2}$$

이것은 대수나선을 나타내고 있다.

점토 지반의 UU-전단에서 $\phi_u = 0$일 때는,

$$r = \text{일정} \tag{3}$$

으로 원호로 된다.

이상으로 가용 속도장은 직선과 원호 또는 대수나선의 조합으로 활동선이 구성되는 것을 알 수 있다.

Q 7-2-2

상계 정리는 다음과 같이 표현할 수 있다.
'가용 속도장에서 활동층 내의 소성 일과 외력 일들을 같은 값으로 하여 얻는 해는 상계값을 부여한다.'
여기에서 말하는 소성 일은 내부 소산율이라고도 하는데 그것을 설명하시오.

그림 7-11과 같이 정지된 강체 블록에 대해서 움직이는 블록은 다일러턴시 각 ν로서 팽창하여 두께 d의 활동층을 형성한다. 블록을 미끄러지게 하는 외력은 단위 면적 당의 σ'과 τ이다.

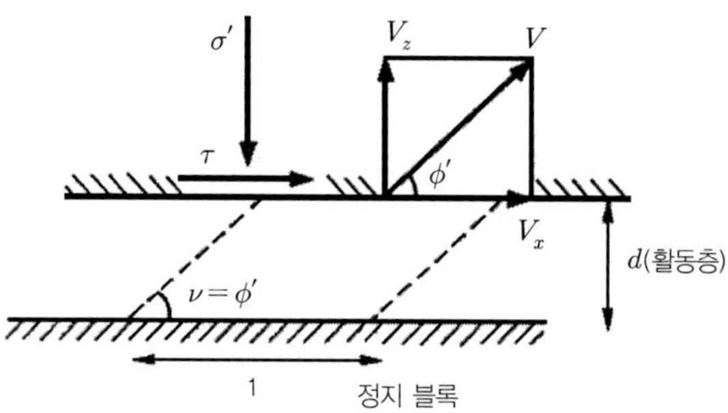

그림 7-11 강체 블록의 활동

활동층을 사이에 두고 상하 블록의 상대 속도를 V_z와 V_x, 활동면 상의 수직 변형을 ε이라 하면 ε과 σ'의 작용 방향과 역방향으로 팽창한다. 이제 수축을 정(+)으로 취하면

$$\varepsilon=-\frac{\Delta d}{d}$$

$$\dot{\varepsilon}=-(\Delta d/\Delta t)/d=-\frac{V_z}{d} \tag{1}$$

마찬가지로 전단 변형 속도 $\dot{\gamma}$는

$$\dot{\gamma}=\frac{V_x}{d} \tag{2}$$

식 (1)과 (2) 및 직교성(normality)의 가정으로부터

$$\frac{\dot{\varepsilon}}{\dot{\gamma}}=-\frac{V_z}{V_x}=-\tan\phi'$$

$$\therefore V_z = V_x \tan\phi' \tag{3}$$

이것은 변형의 합속도 V가 활동면에 대해 ϕ'의 각을 이루는 것을 의미하며 $V_x = V\cos\phi'$, $V_z = V\sin\phi'$로 표현할 수 있다.

다음에 활동면 상의 σ'과 τ가 이루는 일률은, $\tau_f = c' + \sigma'\tan\phi'$을 이용하면,

$$\tau_f V_x + \sigma'(-V_z) = V(\tau_f\cos\phi' - \sigma'\sin\phi') = Vc'\cos\phi' \tag{4}$$

이것으로부터 활동면 상에서 단위 면적 당 소비되는 소성 일, 즉 내부 소산율 $\widetilde{E}$는

$$\widetilde{E}= c'\Delta V(\Delta V= V\cos\phi') \tag{7-7}$$

로 표현된다. 여기에서 ΔV는 활동면을 따르는 상대속도이며 속도 비약값(jump)이라 부른다.

Q 7-2-3

강도 c_u 를 가지는 점토 지반에서 원호 활동을 상정하였을 때 문제 Q 7-2-2의 '내부 소산율'을 구하시오.

점토 지반의 비배수 해석(UU 해석)에서 원호 활동의 경우에는 다일러턴시 각 $\nu = 0$ 이다. 따라서 속도 V의 방향은 정지 블록에 대해 각도 0도, 동경[動徑]에 대해서 수직으로 된다(그림 7-12).

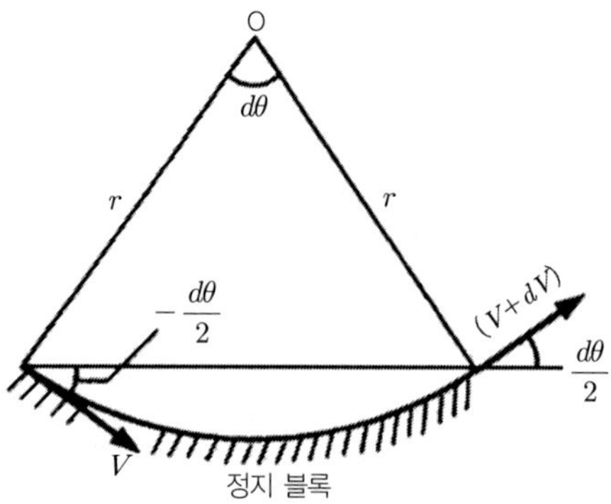

그림 7-12 강체 블록의 원호 활동

그림 7-12에서는 미소 활동선 길이를 고려하고 있으므로,

$$V\cos\left(-\frac{d\theta}{2}\right) = (V + dV)\cos\left(\frac{d\theta}{2}\right)$$

여기에서 $d\theta \fallingdotseq 0$ 이므로 $\cos(d\theta/2) \fallingdotseq 1$ 을 이용하면 $dV = 0$, 즉 다음과 같다.

$$V = \text{일정} \tag{1}$$

다음에 원호 활동장에서의 내부 소산율은 (1) 동경[動徑] 활동선과 (2) 원호 활동선으로 나누어 구한다.

(1) 동경 활동선에 관한 속도의 비약값(jump)은

$$\Delta V = Vd\theta \tag{2}$$

이므로 식 (7-7)을 이용하여 내부 소산율 $\widetilde{E_1}$은

$$\widetilde{E_1} = \int_0^{\theta_0} c_u Vrd\theta = c_u Vr\theta_0 \tag{7-8}$$

로 표현된다.

(2) 활동 원호의 하면이 정지 블록이면, 활동선에 연한 속도 비약값은 V이다. 따라서 활동선 ds에 따르는 소산율은 $\widetilde{E_2} = c_u \int Vds$로 구해진다. $ds = rd\theta$이므로

$$\widetilde{E_2} = c_u Vr \int_0^{\theta_0} d\theta \tag{7-9}$$

로 되어 식 (7-8)과 같다. 즉, 원호 활동장에서는 내부의 동경[動徑] 활동선과 외주의 원호 활동선에 따르는 소산율이 같다.

강도가 $c_u(\phi_u = 0)$의 점토 지반에서 길이 L의 직선 활동을 상정할 때, 소산율은 다음과 같다.

$$\widetilde{E} = c_u VL \tag{7-10}$$

Q 7-2-4

강도가 $c'-\phi'$의 지반을 연직으로 굴착하는 경우에 굴착 한계 깊이를 상계법으로 구하시오.

그림 7-13에 보인 바와 같이 직선 활동선 상의 삼각형 흙덩이가 속도 V로서 활동하는 경우를 상정한다. V는 활동선에 대해 다일러턴시 각 $\nu(=\phi')$을 가진다. 외력은 삼각형 흙덩이의 자중 W만 해당되며 외력 일률 $\widetilde{W}$는 W에 속도 V의 연직성분을 곱한 것으로 된다.

즉,

$$\begin{aligned}\widetilde{W} &= WV\cos(90° - \theta + \phi') \\ &= \frac{1}{2}\gamma H^2 \cot\theta\, V\sin(\theta - \phi')\end{aligned} \tag{1}$$

내부 소산율 $\widetilde{E}$는 식 (7-7)을 참조하여,

$$\widetilde{E} = c'\,V\cos\phi'\frac{H}{\sin\theta} \tag{2}$$

식 (1)과 (2)를 같게 놓으면

$$\frac{1}{2}\gamma H^2\cot\theta\, V\sin(\theta - \phi') = c'\,V\cos\phi'\frac{H}{\sin\theta}$$

이것으로부터 H를 구하면

$$H = \frac{2c'\cos\phi'}{\gamma\cot\theta\sin(\theta-\phi')\sin\theta}$$

$$= \frac{4c'\cos\phi'}{\gamma\{\sin(2\theta-\phi')-\sin\phi'\}} \quad (3)$$

식 (3)은 $\sin(2\theta-\phi')=1$일 때 최솟값으로 되므로,

$$\theta = 45° + \frac{\phi'}{2}$$

즉,

$$H_c = \frac{4c'\cos\phi'}{\gamma(1-\sin\phi')} = \frac{4c'}{\gamma}\tan\left(45° + \frac{\phi'}{2}\right) \quad (7\text{-}11)$$

$\phi'=0$의 경우는 $c'=c_u$로 두어

$$H_c = \frac{4c_u}{\gamma} \quad (7\text{-}6\ bis)$$

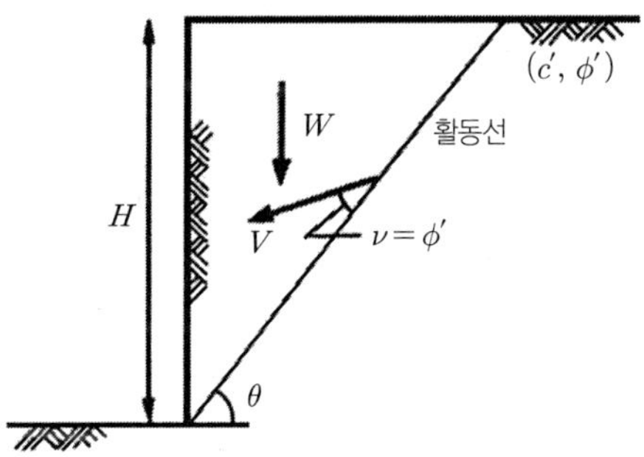

그림 7-13 $c'-\phi'$ 지반의 연직굴삭

Q 7-2-5

강도가 $c' - \phi'$의 지반을 연직벽이 지지하고 있다. 상계법으로 주동토압을 구하시오. 다만 벽 뒷면의 마찰은 무시한다.

앞 문제와 마찬가지로 하나의 직선 활동선을 가정한다(그림 7-14). 삼각형 흙덩이의 자중에 의한 외력 일률은 앞 문제의 식 (1)로서 주어지며 또 벽의 수평속도 성분은 $-V\cos(\theta-\phi')$이므로 그 외력 일률은 $-P_A V\cos(\theta-\phi')$로 된다. 결국 주동토압 P_A는 부(−)의 일을 한다.

이상에 의해 외력 일률 $\widetilde{W}$는

$$\widetilde{W} = \frac{1}{2}\gamma H^2 \cot\theta\, V\sin(\theta-\phi') - P_A V\cos(\theta-\phi') \tag{1}$$

내부 소산율 $\widetilde{E}$는

$$\widetilde{E} = c' V\cos\phi' \frac{H}{\sin\theta} \tag{2}$$

식 (1)과 (2)를 같게 놓아 P_A를 구하면

$$\begin{aligned} P_A &= \frac{1}{2}\gamma H^2 \cot\theta\tan(\theta-\phi') - \frac{c' H\cos\phi'}{\sin\theta\cos(\theta-\phi')} \\ &= \frac{1}{2}\gamma H^2 \cot\theta\tan(\theta-\phi') - \frac{2c' H\cos\phi'}{\sin(2\theta-\phi')+\sin\phi'} \end{aligned} \tag{3}$$

주동토압 P_A의 최댓값은 식 (3)에서 $dP_A/d\theta=0$에 의해서 $\theta = 45° + \dfrac{\phi'}{2}$를 얻으며

$$P_{A \cdot u} = \frac{1}{2}\gamma H^2 \tan^2\left(45^\circ - \frac{\phi'}{2}\right) - 2c'H\tan\left(45^\circ - \frac{\phi'}{2}\right) \quad (7\text{-}12)$$

여기에서, $P_{A \cdot u}$: 상계값 계산에 의한 주동토압

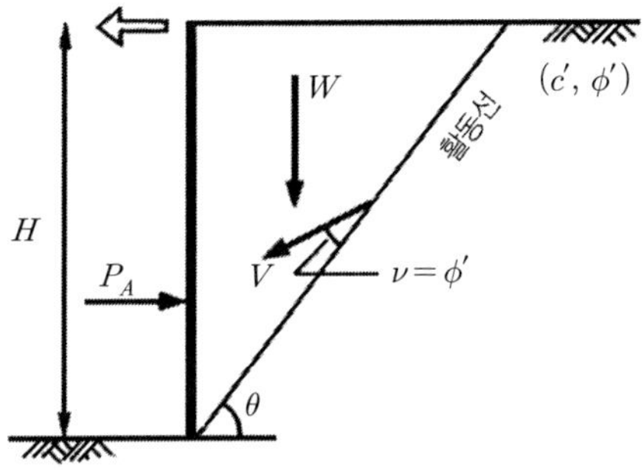

그림 7-14 $c' - \phi'$ 지반의 주동토압

Q 7-2-6

강도 c_u 인 점토 지반 위에 띠하중을 재하하였다. 그림 7-15에 보인 활동선을 가정하여 지지력의 상계값을 구하시오. 다만 지반의 자중은 고려하지 않는다.

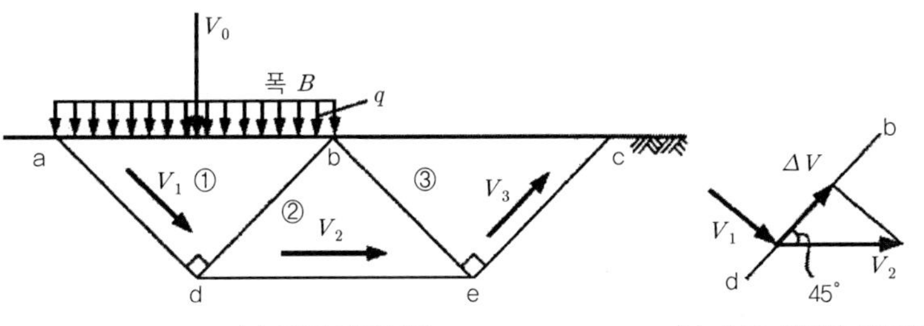

그림 7-15 점토 지반의 지지력 해석

(1) 속도 성분

그림 7-15에서 블록 ①은 우하향 45°로 움직이고 그 연직성분은 기초의 속도 V_0와 같다.

$$V_1 = \sqrt{2}\, V_0$$

다일러턴시 각 $\nu = \phi' = 0$이므로 V_1은 ad에 평행하게 작용한다. V_2는 bd와 45°기울어져 있으므로 블록 ②에서는

$$V_2 = \sqrt{2}\, V_1 = 2V_0$$

마찬가지로 하여 $V_2 = \sqrt{2}\, V_3$이므로, 블록 ③에서는

$$V_3 = V_1 = \sqrt{2}\, V_0$$

(2) 외력 일

자중의 영향을 고려하지 않으므로 일에 관계하는 것은 기초의 지지압력만으로 되며 그 상계값을 q_u라 하면 외력 일률은 다음과 같다.

$$\widetilde{W} = q_u B V_0 \tag{1}$$

(3) 내부 소산

식 (7-7)에서의 속도의 비약값 ΔV를 구하면 ad → $V_1 = \sqrt{2}\, V_0$, de → $V_2 = 2V_0$, ec→ $V_3 = \sqrt{2}\, V_0$이 되고 또 bd, be에서는 그림 7-15(b)를 참조하여 $\Delta V = V_2 \cos 45° = V_1 = \sqrt{2}\, V_0$로 된다. 이상에 의해 각 활동선의 선 길이와 내부 소산율은 표 7-1과 같다.

표 7-1

활동선	ΔV	활동선 길이	내부 소산율
ad, bd, be, ec	$\sqrt{2}\,V_0$	$B/\sqrt{2}$	$c_u V_0 B$
de	$2V_0$	B	$2c_u V_0 B$

전체의 합으로서

$$\widetilde{E} = 4(c_u V_0 B) + 2c_u V_0 B = 6c_u V_0 B \tag{2}$$

(4) 극한 지지력

식 (1)과 (2)를 같다고 두면 지지력의 상계값으로 다음과 같이 구할 수 있다.

$$q_u = 6c_u \tag{3}$$

Q 7-2-7

앞 문제 Q 7-2-6에서 활동선의 모양을 그림 7-16과 같이 개량하였다. 다른 조건은 앞 문제와 동일한 것으로 하여 지지력의 상계값을 구하시오.

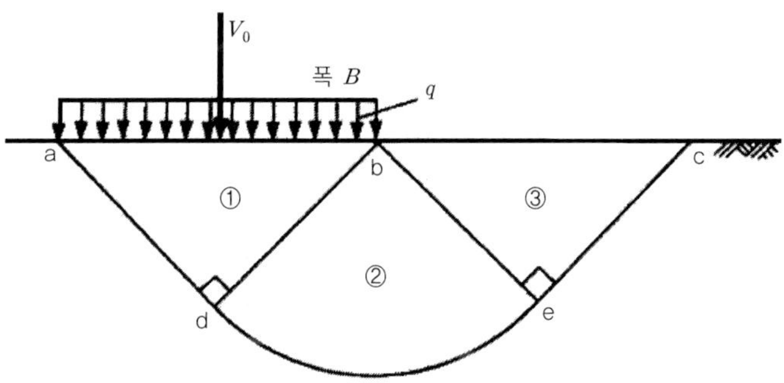

그림 7-16 점토 지반의 지지력 해석 메커니즘의 개량

기초가 연직 아래쪽으로 움직이는 속도를 V_0로 한 경우, 그림 7-16의 블록 ①, ②, ③의 속도를 $\sqrt{2}\,V_0$라 하면 가용 속도장이 구성된다.

이제 흙덩이의 자중에 의한 외력 일로의 영향은 고려하지 않으므로, 앞 문제와 마찬가지로 전외력 일률은 다음과 같다.

$$\widetilde{W} = q_u B V_0 \tag{1}$$

다음에 내부 소산율을 구하는 데 블록 ②의 부채꼴 부분에 대해서는 앞에 나온 식(7-8), (7-9)를 참조하면 다음 식의 우변 제2항과 같다.

$$\widetilde{E} = \underbrace{c_u \sqrt{2}\,V_0 \frac{B}{\sqrt{2}}}_{(\mathrm{ad})} + \underbrace{2c_u \sqrt{2}\,V_0 \frac{B}{\sqrt{2}} \frac{\pi}{2}}_{(\text{부채꼴 dbe})} + \underbrace{c_u \sqrt{2}\,V_0 \frac{B}{\sqrt{2}}}_{(\mathrm{ec})} \tag{2}$$

우변을 정리하면,

$$\widetilde{E} = (2+\pi) c_u V_0 B \tag{3}$$

따라서 식 (1)과 (3)을 같게 두면 다음과 같은 식을 얻는다.

$$q_u = (2+\pi) c_u = 5.14 c_u \tag{7-13}$$

이것은 앞 문제의 그림 7-15에서 삼각형 강체 블록 ②를, 중심각 $\frac{\pi}{2}$의 부채꼴로 치환한 가용 속도장을 이용하기 때문에 상계값이 $6c_u \rightarrow 5.14c_u$로 개량된 것을 나타낸다.

Q 7-2-8

강도 c_u를 가지는 수평점토 지반 위에 띠하중 재하를 하였다. 그림 7-17과 같이 원호 활동을 가정할 때 지지력의 상계값을 구하시오.

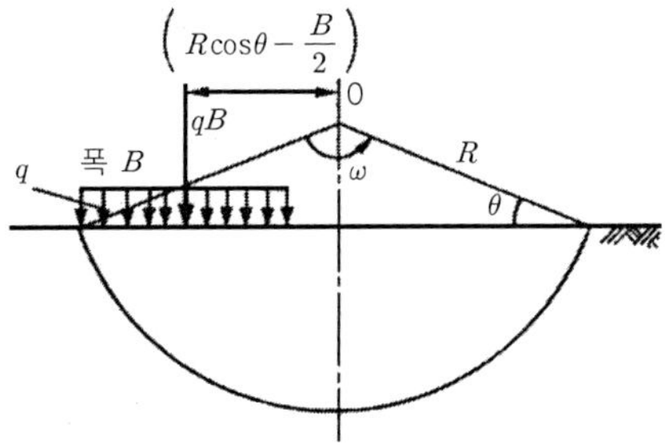

그림 7-17 점토 지반의 지지력 해석 – 원호 활동 –

그림 7-17에서 점 O의 중심의 각속도를 ω라 한다.

외력 일률은

$$\dot{W} = qB\left(R\cos\theta - \frac{B}{2}\right)\omega \tag{1}$$

내부 소산율은

$$\widetilde{E} = c_u R(\pi - 2\theta)R\omega \tag{2}$$

식 (1)과 (2)를 같다고 두어 q에 대해서 정리하면

$$q = \frac{2c_u R^2(\pi - 2\theta)}{B(2R\cos\theta - B)} \tag{3}$$

다음에 R과 θ에 대해서 q의 극치[極値]를 구하면

$\dfrac{\partial q}{\partial R} = 0$으로부터

$$B = R\cos\theta \tag{4}$$

$\dfrac{\partial q}{\partial \theta} = 0$으로부터

$$2\left(R\cos\theta - \frac{B}{2}\right) = (\pi - 2\theta)R\sin\theta \tag{5}$$

식 (4)를 식 (5)에 대입하면

$$\cos\theta = (\pi - 2\theta)\sin\theta$$

이것으로부터 $\theta = 23.2^\circ$, 따라서 다음과 같다.

$$q_u = 5.52c_u \tag{6}$$

관련 문제

[문제 7-1]

점토 지반을 깊이 10m까지 연직으로 굴착한다(그림 7-18). 비배수 상태에서 원호 활동을 가정하면 가장 활동하기 쉬운 원호의 형태와 위치는 그림 7-18(a)에 보인 바와 같았다. 극한 평형법에 의해 가동[稼動]되는 점토 강도 c_u의 값을 구하시오.

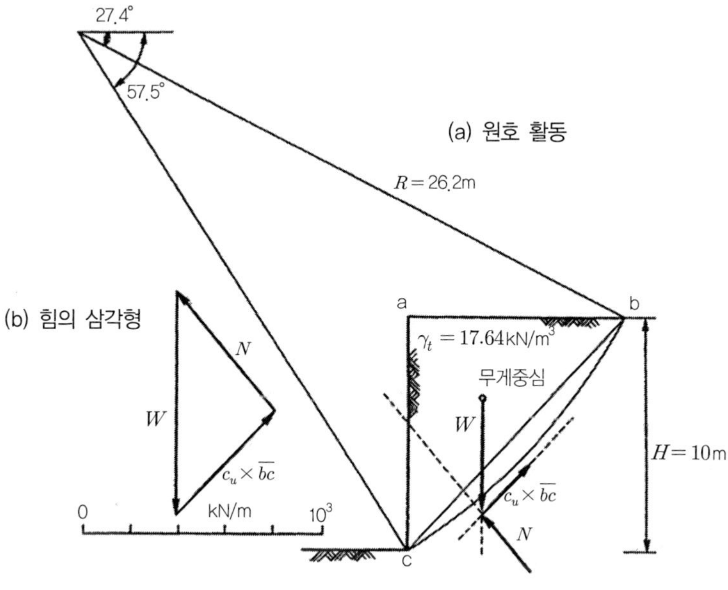

그림 7-18 점토 지반의 연직굴착(극한 평형법)

[해설]

마찰원법(이 경우는 $\phi_u = 0$이므로 마찰원의 반경은 제로)을 적용한다.

활동 흙덩이의 $W = 950.2$kN/m, $c_u \times$(bc의 현 길이 13.5m)$= 630$kN/m

[답]

$c_u = 46.7\text{kN/m}^2$(참고로 안정수 N_s를 계산하면 $N_s = \gamma_t H/c_u = 3.8$)

[문제 7-2]

비배수 강도 c_u 인 점토 지반 위에 띠하중 재하를 하였다. 활동선을 그림 7-19와 같이 가정하였을 때, 지지력의 상계값(q_u)을 구하라.[44)]

[해설]

삼각형 블록의 속도는 그림 7-19와 같다.

$$2\times \sqrt{2}\,B\times \sqrt{2}\;V_0 c_u + 2\times BV_0 c_u = BV_0 q_u$$

[답]

q_u=6c_u

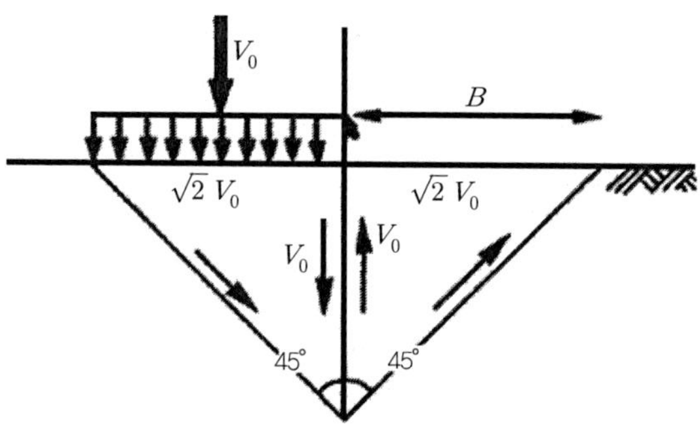

그림 7-19 점토 지반의 지지력 해석(간단한 활동 패턴)

[문제 7-3]

강도 c_u 인 수평점토 지반에 띠하중을 재하하였다. 원호 활동을 가정하였을 때 지지력의 상계값을 구하라(그림 7-20).

[해설]

[Q 7-2-8]에서 $\theta = \pi$, $R = B$의 케이스이다.

[답]

$q_u = 2\pi c_u$

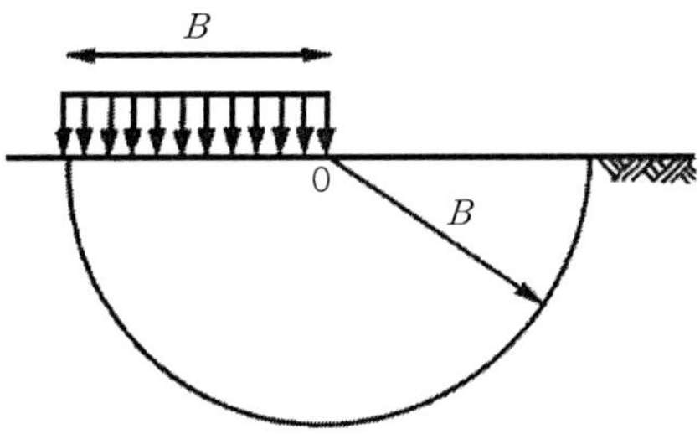

그림 7-20 점토 지반의 원호 활동 해석

[문제 7-4]

강도 c_u의 수평점토 지반에 띠하중 재하를 하였다. 그림 7-21에 그린 활동선을 가정하였을 때 지지력의 상계값을 구하라.[45)]

[해설]

블록 ①은 수평으로 V_1, 블록 ②는 60°기울어 상향으로 V_2의 속도를 가진다. ac, ad의 법선 속도의 연속성으로부터 $V_1 = V_2 = V_0/\sqrt{3}$이며, ac, ad 상의 속도의 비약값은 $2V_0/\sqrt{3}$, $V_0/\sqrt{3}$이다.

[답]

$q_u = 5.77c_u$

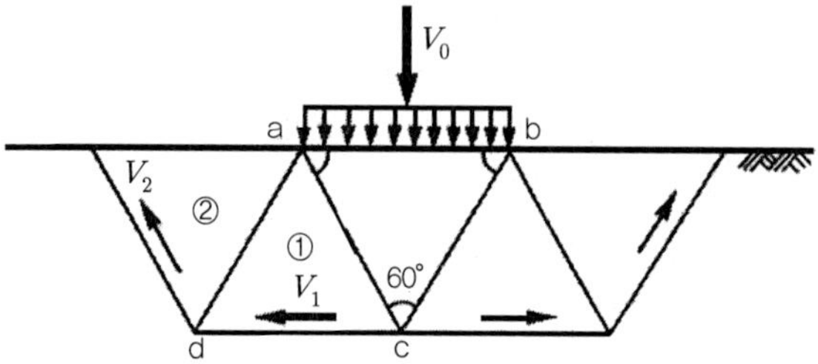

그림 7-21 점토 지반의 지지력 해석(메커니즘의 개량)

[문제 7-5]

강도 c_u 의 점토 지반을 연직으로 굴착하는 경우에 대한 안정 문제를 고려한다(그림 7-22). 활동면은 굴착 저부의 단부[端部] c점을 지나는 원호라 가정하고 상계법에 의해 자중을 안전하게 지지할 수 있는 최대의 굴착 깊이 H_c를 구하시오.

[해설]

그림 7-22에서 영역 abc는 각속도 ω로써 시계 방향으로 강체와 같이 회전한다. 활동선 bc에 따르는 내부 소산율은,

$$\widetilde{E}= c_u R^2 \omega (\theta_c - \theta_b)$$

영역 abc의 자중에 근거를 둔 외력 일률은

$$\widetilde{W}= \gamma_t R^3 \omega f(\theta_b, \theta_c)$$

여기에서 $f(\theta_b, \theta_c)$는 θ_b와 θ_c의 함수이다. 해의 유도는 문헌[46]을 참조하기 바란다.

[답]

$H_c = 3.83 c_u / \gamma_t$

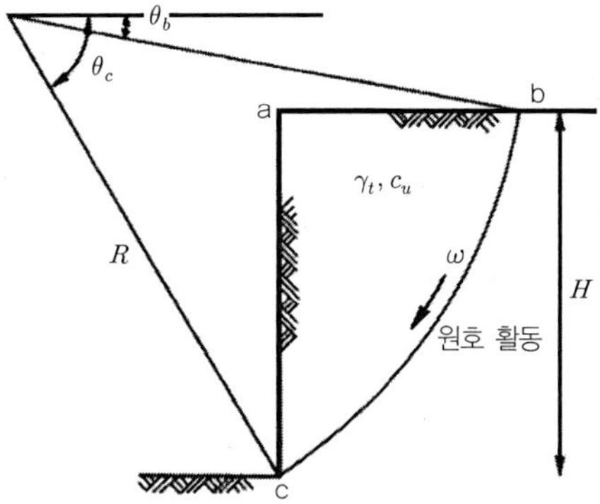

그림 7-22 점토 지반의 연직굴착 – 극한 해석법 –

제7장 종합

★ 옹벽토압/지지력/사면 안정의 여러 문제는 각각의 해법에 공통성이 있으며 본질적인 차이는 없다.

안정해석법 중에서 가장 일반적인 방법은 '극한 평형법'이다. 이것은 사면안정해석의 절편법으로 대표되는 것처럼 이용 빈도가 높다.

'극한 해석법'의 상계 정리를 이용하여 지반의 안정 문제 해석의 몇 가지 구체적인 예를 보였다.

제8장

토압/지지력

제 8 장

지 반 역 학

토압/지지력

★ 연직 또는 연직에 가까운 벽이 지반 흙을 지지할 때에 발생하는 토압, 수평인 접지면을 가지는 기초 구조물의 지지력 등은 '지반의 강소성 문제'라고 하는 공통의 장에서 논의할 수 있다. 현재 우리가 공부하고 있는 토질역학 교과서에는 토압 지식을 쌓고 나서 그것의 응용이라는 형식으로 지지력의 장을 배치하였다.

이와 같이 '강소성 문제'에서 변형량은 고려하지 않고 있다. 지반을 대상으로 한 역학에서 변형을 무시하는 방법은 매우 고전적이지만 실무면에서는 토압 · 지지력 문제의 해결에 여전히 간소한 강소성해를 근거로 하고 있다. 따라서 이 장에서는 Coulomb과 Rankine의 토압론 및 Terzaghi의 지지력론을 이해하는 데 중점을 두고 있다.

8-1 Rankine 토압

수평 표면을 가진 모래지반 중에 강판이 연직으로 세워져 있다(그림 8-1). 강판의 표면은 매끈하여 모래와의 사이에 마찰이 없다고 가정한다. 이 상태로부터 강판의 하단을 축으로 하여 왼쪽으로 넘어뜨리면 우선 판 후방의 지중에 도시한 것과 같은 활동면이 나타난다. 이때 판에는 오른쪽으로부터 주동토압이 걸리고 있다. 판을 더욱더 왼쪽으로 계속하여 넘어뜨리면 마침내 전방 지반(판의 왼쪽)에 도시한 것과 같은 경사가 완만한 활동면이 출현한다. 이 상태에서 판에는 수동토압이 작용하고 있다.

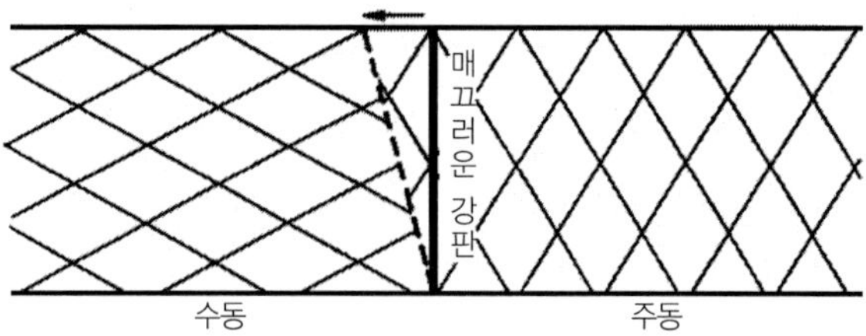

그림 8-1 강판의 회전에 따른 지반의 파괴

수평지반의 정지 상태에서는 연직인 토피 응력과 수평응력이 각각 주응력으로 되고 있으나, 토피 응력이 일정한 상태에서 수평응력이 감소하는 경우를 주동, 증가하는 경우를 수동이라 한다. 흙이 벽을 밀 때 주동, 흙이 벽으로부터 밀려날 때를 수동이라 한다.

Rankine(1857)은 이러한 파괴 시의 응력 상태는 Mohr-Coulomb의 파괴 조건을 만족하는 것으로 하여 수평 압력을 구하고 그 합력으로 주동 · 수동토압을 구하였다.

(1) 정지토압

수평지반에서 임의 깊이에서의 연직 · 수평 유효응력을 p_v', p_h'이라 하면 정지토압 계수 K_0는,

$$K_0 = p_h'/p_v' \tag{8-1}$$

(2) 수평지반의 Rankin 토압

- 사질토의 주동토압 강도 : $p_A' = p_v' K_A$ (8-2)
- 사질토의 주동도압 계수 : $K_A = \dfrac{1-\sin\phi'}{1+\sin\phi'} = \tan^2\left(45° - \dfrac{\phi'}{2}\right)$ (8-3)
- 사질토의 수동토압 강도 : $p_p' = p_v' K_P$ (8-4)

· 사질토의 수동토압 계수: $K_P = \dfrac{1+\sin\phi'}{1-\sin\phi'} = \tan^2\left(45° + \dfrac{\phi'}{2}\right) \equiv 1/K_A$ (8-5)

· 점성토의 주동토압 강도 : $p_A = p_v - 2c_u$ (8-6)

· 점성토의 수동토압 강도 : $p_p = p_v + 2c_u$ (8-7)

일반의 흙(c', ϕ'을 가지는 흙)

· 주동토압 강도 : $p_A{}' = p_v{}' K_A - 2c' \sqrt{K_A}$ (8-8)

· 수동토압 강도 : $p_p{}' = p_v{}' K_P + 2c' \sqrt{K_P}$ (8-9)

W. J. M. Rankine(1820～1872)

★ 모래의 토압론(1857). 토목기사/글래스고(Glasgow) 대학 교수. 열역학, 탄성학의 분야에서도 저명하다. 최초로 '응력과 변형'을 정의한 사람으로 알려져 있다.

애제자 중 H. Dyer는 1960년대 초기에 일본에 머물며 토목 기술계에 많은 영향을 주었다. 그가 사용하고 있었던 교과서에 『랭킨씨 토목역학』이 있다.

랭킨은 14세 때 『뉴턴의 프린시피아』(라틴어)를 열심히 읽어 수학, 역학, 물리학의 수준 높은 기초 지식을 습득하였다는 전설을 남겼다.

Q 8-1-1

수평인 사질토 지반을 지지하는 높이 H의 옹벽이 있다. 지표면 상에 쌓기를 하였기 때문에 재하압 q가 가해진다(그림 8-2). 지하수위가 지표에 있을 때 벽에 작용하는 정지토압과 그 작용점을 구하시오.

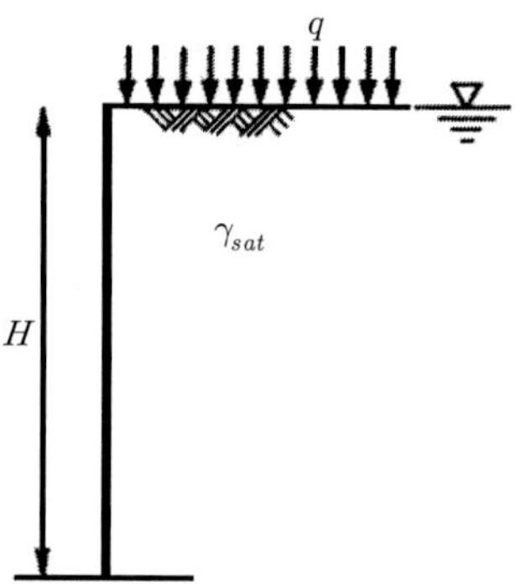

그림 8-2

깊이 z에서의 수평방향의 유효응력 $\sigma_h{}'$은 $\gamma' = \gamma_{sat} - \gamma_w$로 식 (8-1)로부터

$$\sigma_h{}' = (q + \gamma' z) K_0 \tag{1}$$

수압은

$$u = \gamma_w z \tag{2}$$

$\sigma_h{}'$과 u의 깊이 방향 분포는 그림 8-3과 같다.

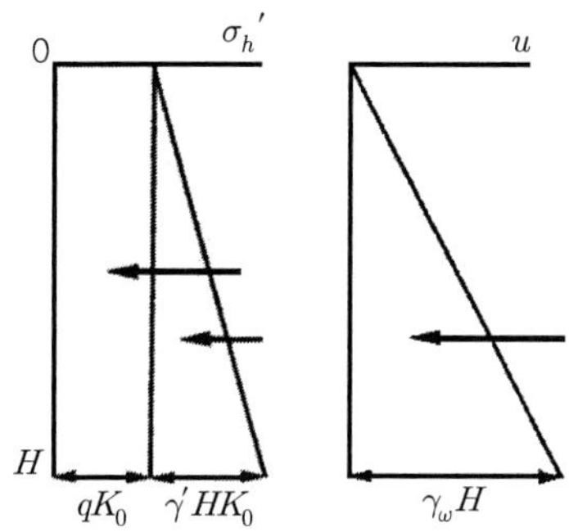

그림 8-3 토압과 수압의 분포

그러므로 토압 P_0는

$$P_0 = \int_0^H \sigma_h{}' dz + \int_0^H u dz = \left(qH + \frac{1}{2}\gamma' H^2\right)K_0 + \frac{1}{2}\gamma_w H^2 \tag{3}$$

토압의 작용점은 옹벽 하단으로부터

토압 : $qHK_0 \rightarrow \dfrac{H}{2}$

토압 : $\dfrac{1}{2}\gamma' H^2 K_0$와 수압 $\dfrac{1}{2}\gamma_w H^2 \rightarrow \dfrac{H}{3}$

따라서 P_0의 하단으로부터의 작용높이를 H^*라 하면 모멘트의 평형으로부터

$$\frac{1}{2}qH^2K_0 + \frac{1}{6}\gamma' H^3 K_0 + \frac{1}{6}\gamma_w H^3 = P_0 H^* \tag{4}$$

가 성립하고 이 식 (4)로부터 H^*를 구할 수 있다.

Q 8-1-2

수평인 사질토 지반이 있다. Rankine의 주동·수동 상태를 Mohr의 응력원을 이용하여 표현하고 동시에 활동면의 방향을 보이시오.

해답은 그림 8-4와 같다.

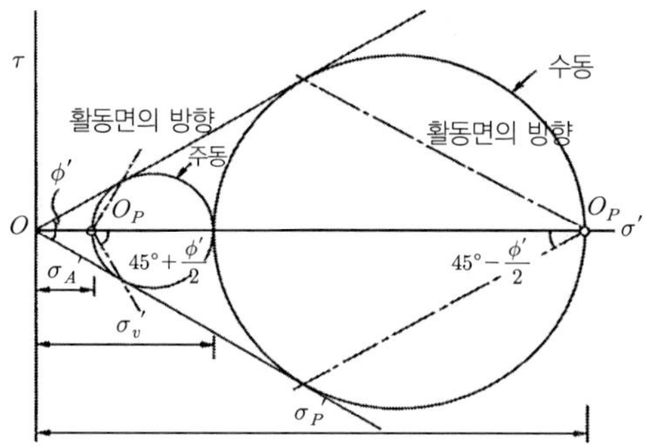

그림 8-4 토압의 Mohr 응력원 표시

그림 중, σ_v' : 유효토피압, σ_A' : 주동토압 강도, σ_P' : 수동토압 강도이다. 활동면은 각 원의 극(O_p)를 지나고 수평과 이루는 각은 주동 → $45°+\frac{\phi'}{2}$, 수동 → $45°-\frac{\phi'}{2}$ 이다.

Q 8-1-3

수평표면을 가진 사질토 지반을 높이 H의 옹벽이 지지하고 있다.

(1) 주동토압 계수의 식 (8-3)을 유도하고,

(2) $h=6\text{m}$, $\gamma_t=17.5\text{kN/m}^3$, $\phi'=30°$로 하여 주동토압과 그 작용점을 구하시오. 다만, 지하수위 영향은 고려하지 않는다.

(1) Mohr의 응력원(그림 8-5)로부터, 그 반경은

$$\left(\frac{\sigma_v{}' - \sigma_A{}'}{2}\right) = \left(\frac{\sigma_v{}' + \sigma_A{}'}{2}\right)\sin\phi'$$

이므로

$$\frac{\sigma_A{}'}{\sigma_v{}'} = \left(\frac{1-\sin\phi'}{1+\sin\phi'}\right) \tag{1}$$

식 (1)의 좌변은 주동토압 계수 K_A 이며

$$K_A = \left(\frac{1-\sin\phi'}{1+\sin\phi'}\right) = \tan^2\left(45^\circ - \frac{\phi'}{2}\right) \qquad (8\text{-}3\ bis)^*$$

또한 참고를 위해 수동토압 계수 K_P는

$$K_P = \left(\frac{1+\sin\phi'}{1-\sin\phi'}\right) = \tan^2\left(45^\circ + \frac{\phi'}{2}\right) \equiv 1/K_A \qquad (8\text{-}5\ bis)$$

식 (8-3)의 증명을 문헌[47)]으로부터 인용한다.

$$* \ \tan^2\left(45 - \frac{\phi'}{2}\right) = \left[\frac{\sin\left(45-\frac{\phi'}{2}\right)}{\cos\left(45-\frac{\phi'}{2}\right)}\right]^2 = \left(\frac{0.707\cos\frac{\phi'}{2} - 0.707\sin\frac{\phi'}{2}}{0.707\cos\frac{\phi'}{2} + 0.707\sin\frac{\phi'}{2}}\right)^2$$

$$= \frac{\cos^2\frac{\phi'}{2} - 2\cos\frac{\phi'}{2}\sin\frac{\phi'}{2} + \sin^2\frac{\phi'}{2}}{\cos^2\frac{\phi'}{2} + 2\cos\frac{\phi'}{2}\sin\frac{\phi'}{2} + \sin^2\frac{\phi'}{2}} = \frac{1 - 2\cos\frac{\phi'}{2}\sin\frac{\phi'}{2}}{1 + 2\cos\frac{\phi'}{2}\sin\frac{\phi'}{2}} = \frac{1-\sin\phi'}{1+\sin\phi'}$$

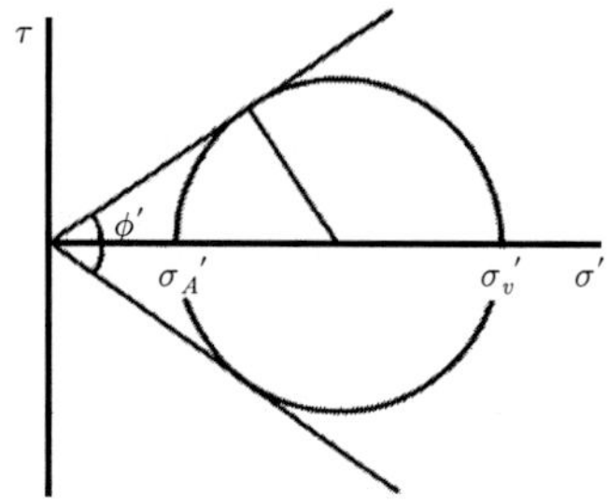

그림 8-5 주동파괴의 Mohr 응력원

(2) $K_A = \tan^2\left(45^\circ - \dfrac{30^\circ}{2}\right) = \tan^2 30^\circ = \dfrac{1}{3}$

깊이 H에서의 주동토압 강도는

$$\sigma_A{}' = p_A{}' = \gamma_t H K_A = 17.5 \times 6 \times \frac{1}{3} = 35\,\mathrm{kN/m^2}$$

$$P_A = \int_0^H \gamma_t z K_A dz = \frac{1}{2}\gamma_t H^2 K_A = \frac{1}{2} p_A{}' H$$

$$= \frac{1}{2} \times 35 \times 6 = 105\,\mathrm{kN/m}$$

작용점의 높이는 하단으로부터 $6/3 = 2.0\mathrm{m}$

Q 8-1-4

그림 8-6과 같은 사질토 지반을 옹벽이 지지하고 있다. 지반 정수가 그림과 같을 때 주동토압과 그 작용점을 구하시오. 다만, 지하수위의 영향은 고려하지 않는다.

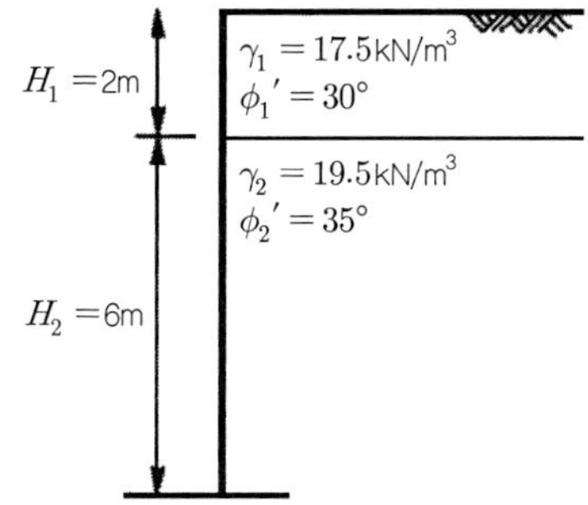

그림 8-6 이층 지반

각 층의 주동토압 계수 K_A는 식 (8-3)으로부터

$$K_{A1} = \tan^2\left(45° - \frac{30°}{2}\right) = \frac{1}{3},\ K_{A2} = \tan^2\left(45° - \frac{35°}{2}\right) = 0.271$$

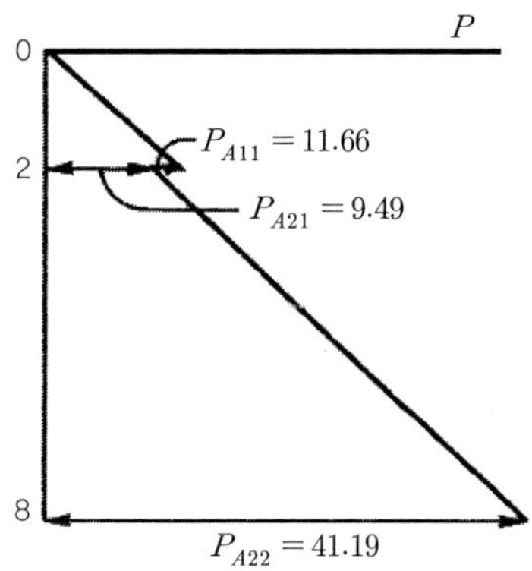

그림 8-7 토압 강도의 분포(단위 kN/m^2)

그림 8-7에서 각 깊이의 토압 강도(유효응력)는

$$p_{A11} = \gamma_1 H_1 K_{A1} = 17.5 \times 2.0 \times 1/3 = 11.66\text{kN/m}^2$$
$$p_{A21} = \gamma_1 H_1 K_{A2} = 17.5 \times 2.0 \times 0.271 = 9.49\text{kN/m}^2$$

$$p_{A22} = (\gamma_1 H_1 + r_2 H_2) K_{A2} = (17.5 \times 2.0 + 19.5 \times 6) \times 0.271$$
$$= 41.19 \mathrm{kN/m^2}$$

그러므로 전토압은

$$P = \frac{1}{2} p_{A11} H_1 + p_{A21} H_2 + \frac{1}{2}(p_{A22} - p_{A21}) H_2$$
$$= \frac{1}{2} \times 11.66 \times 2.0 + 9.49 \times 6.0 + \frac{1}{2} \times 31.7 \times 6.0$$
$$= 163.7 \mathrm{kN/m}$$

옹벽 하단에 관한 모멘트는

$$M_0 = 11.66 \times \left(6.0 + \frac{2.0}{3}\right) + 56.94 \times \frac{6.0}{2} + 95.1 \times \frac{6.0}{3}$$
$$= 438.75 \mathrm{kN \cdot m/m}$$

따라서, 작용점의 높이 H^*는

$$H^* = \frac{M_0}{P} = \frac{438.75}{163.7} = 2.68 \mathrm{m}$$

Q 8-1-5

수평인 점토 지반을 지지하는 옹벽이 있다.

(1) 비배수 상태(U-전단)에서의 주동토압은?

(2) 벽으로 자립할 수 있는 굴착 깊이는?

(1) Mohr의 응력원(그림 8-8)으로부터 깊이 z 에서의 주동토압 강도 p_A 는

$$p_A = \sigma_A = \sigma_v - 2c_u = \gamma_t z - 2c_u \tag{8-6 bis}$$

위 식으로부터 $\sigma_A = 0$ 으로 되는 깊이 z_0 는

$$z_0 = \frac{2c_u}{\gamma_t} \tag{8-10}$$

주동토압 P_A 는

$$P_A = \int_0^H p_A dz = \frac{1}{2}\gamma_t H^2 - 2c_u H \tag{1}$$

그림 8-9 중의 사선부는 인장력이 발생하는 부분이며 이것을 설계에 반영하면 위험 측으로 된다.

따라서 P_A 의 사선부의 면적 $= 2{c_u}^2/\gamma_t$ 을 더하거나 또는 토압이 작용하는 높이를 $(H - z_0)$로 줄이면 다음과 같다.

$$P = \frac{1}{2}\gamma_t (H - z_0)^2 \tag{2}$$

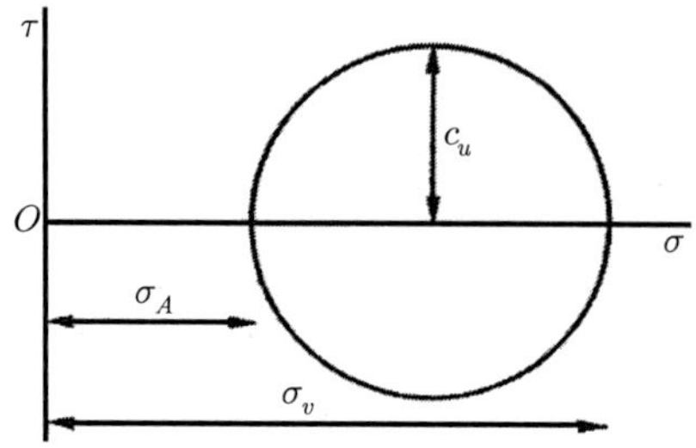

그림 8-8 점토의 UU 주동 상태

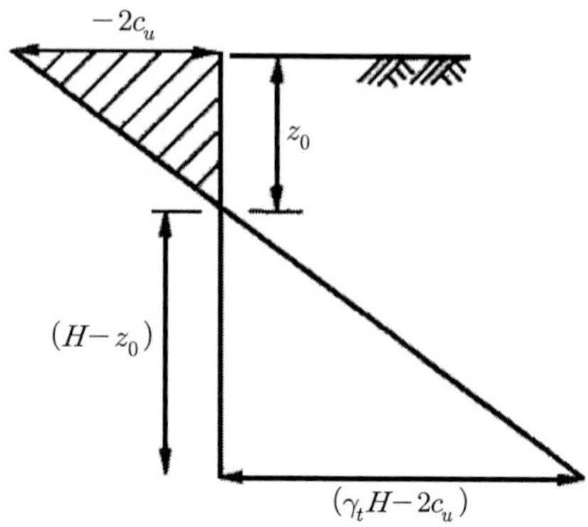

그림 8-9 주동토압 강도의 분포

(2) 점토 지반을 굴착할 때에 자립할 수 있는 깊이 z_c는 그림 8-9에서 인장(사선부)과 압축력이 같아야 하는 조건으로부터 다음과 같이 주어진다.

$$z_c = 2z_0 = \frac{4c_u}{\gamma_t} \tag{8-11}$$

Q 8-1-6

경사진 모래질 지반을 옹벽이 지지하고 있다. 이때 주동·수동토압을 산정하는 식을 유도하라. 다만 지하수위는 고려하지 않는다.

그림 8-10(a)의 기호를 이용하며 또 지하수의 영향을 고려하지 않으므로 모두 유효응력으로 한다.

(1) 우선 그림 (b)의 점선으로 나타낸 흙기둥을 가정한다. 흙기둥의 중량 W는 $W = \gamma_t zl\cos\beta$이며 이것을 저면에 수직과 평행한 성분으로 구분하여 l로 나누면 σ_N과 τ가 구해진다.

$$\sigma_N = \frac{W}{l}\cos\beta = \gamma_t z \cos^2\beta \tag{8-12}$$

$$\tau = \frac{W}{l}\sin\beta = \gamma_t z \cos\beta \sin\beta \tag{8-13}$$

이러한 응력 상태는 그림 8-11의 Mohr 응력원 상의 Z점으로서 표현된다. 또 극은 P점이며, 깊이 z의 흙 요소의 연직면에 작용하는 응력은 Y점으로 표현된다.

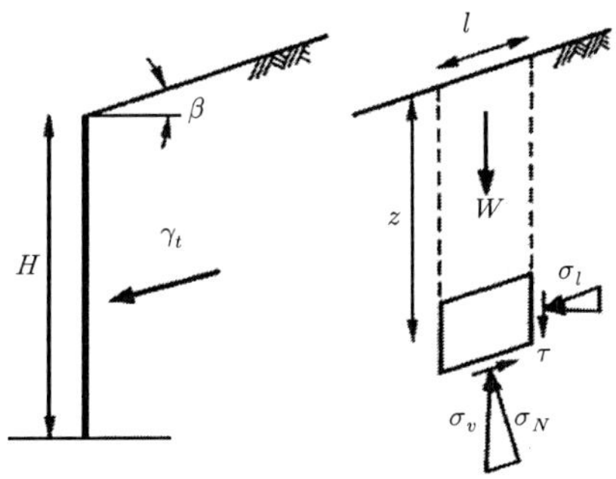

(a) (b)

그림 8-10 경사지반과 옹벽

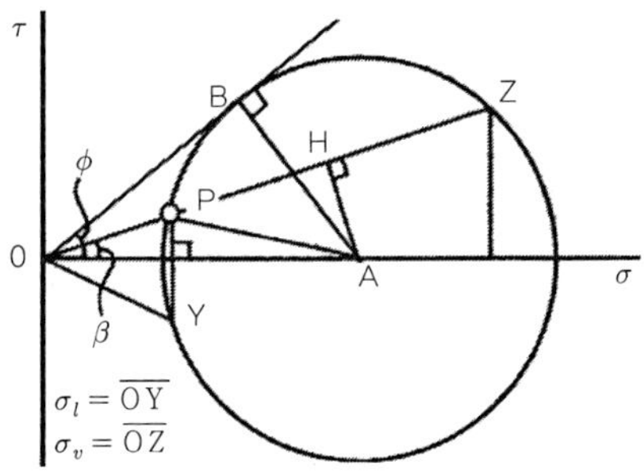

그림 8-11 사면 내의 응력

(2) 사면에 평행한 σ_l은 $\overline{OP} = \overline{OY}$로서 연직방향의 σ_v는 $\overline{OZ}$로 주어지며 다음과 같다.

$$\sigma_v = \frac{\sigma_N}{\cos\beta} = \gamma_t z \cos\beta \tag{1}$$

(3) Mohr의 응력원의 중심 A로부터 직선 OZ에 내린 수선의 발을 H라 하면, OY= OH−PH, OZ=OH+PH이며 이것의 우변은

$$\mathrm{OH} = \mathrm{OA}\cos\beta,\ \mathrm{PH} = \sqrt{(\mathrm{AP})^2 - (\mathrm{AH})^2} = \mathrm{OA}\sqrt{\cos^2\beta - \cos^2\phi}$$

$$(\because \mathrm{AP} = \mathrm{AB} = \mathrm{OA}\sin\phi,\ \mathrm{AH} = \mathrm{OA}\sin\beta)$$

이상의 결과로써 주동토압 계수는

$$K_A = \frac{\sigma_{lA}}{\sigma_v} = \frac{\mathrm{OY}}{\mathrm{OZ}} = \frac{\cos\beta - \sqrt{\cos^2\beta - \cos^2\phi}}{\cos\beta + \sqrt{\cos^2\beta - \cos^2\phi}} \tag{8-14}$$

수동토압 계수는 $K_P = \dfrac{1}{K_A}$ 이다.

(4) 토압강도는 $\sigma_{lA} \rightarrow p_A$로 두어

· 주동 : $p_A = \sigma_v K_A = \gamma_t z \cos\beta \cdot K_A$ (8-15)

· 수동 : $p_p = \sigma_v K_P = \gamma_t z \cos\beta \cdot K_P$ (8-16)

토압합력은

· 주동 : $P_A = \int_0^H p_A dz = \frac{1}{2}\gamma_t H^2 \cos\beta \cdot K_A$ (2)

· 수동 : $P_P = \int_0^H p_p dz = \frac{1}{2}\gamma_t H^2 \cos\beta \cdot K_P$ (3)

즉, 수평지반의 토압에 $\cos\beta$를 곱하면 좋다.

8-2 Coulomb 토압

앞서 기술한 Rankine보다도 84년 전에 Coulomb(1773)은 소위 흙 쐐기론을 고안하였다. 강체벽의 뒤채움 흙이 평면에 연하여 활동할 것으로 가정하여 흙 쐐기-벽면-활동면 간 힘의 평형으로부터 토압의 합력을 구하는 것이다.

이 토압론은 벽면 마찰 등을 고려할 수 있지만 직선 활동을 가정하므로 수동토압을 실제보다도 과대평가하게 된다. 벽면 마찰을 무시할 수 없는 경우에는 수동 파괴의 활동면이 곡면모양으로 나타나기 때문이다.

구체적으로 주동토압을 구하는 방법은 연습 문제를 통하여 이해할 수 있다.

Q 8-2-1

수평인 사질토 지반을 연직벽으로 지지하고 있다[그림 8-12(a)]. Coulomb의 주동토압을 구하시오. 다만, 벽면 마찰각은 $\delta = 20^{\circ}$로 하고 지하수위는 고려하지 않는다.

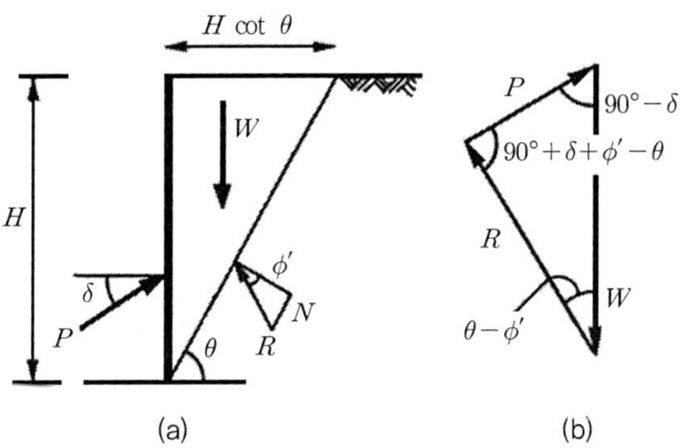

그림 8-12 흙의 쐐기와 힘의 다각형

벽면 마찰을 무시할 수 있는 경우의 해법은 [Q 7-1-1]에 보였다. $\delta \neq 0$에 대해서도 유사한 방법으로 해를 구하므로 앞의 [Q]를 참조하라.

그림 8-12로부터 흙 쐐기의 중량을 W라 하면

$$W = \frac{1}{2}\gamma_t H^2 \cot\theta \qquad (1)$$

다음에 그림 (b)에 그린 힘의 다각형의 평형으로부터

$$P = W \frac{\sin(\theta - \phi')}{\sin(90° + \delta + \phi' - \theta)} \tag{2}$$

식 (1)의 W를 대입하면

$$P = \left(\frac{\gamma_t}{2} H^2\right) \frac{\cot\theta}{\cos\delta\{\tan\delta + \cot(\theta - \phi')\}} \tag{8-17}$$

벽면 마찰이 없는 경우는 $\delta = 0$으로 두어

$$P = \left(\frac{\gamma_t}{2} H^2\right) \cot\theta \tan(\theta - \phi') \tag{8-18}$$

식 (8-17)은 상정된 활동면이 수평과 이루는 각 θ 값에 의해 토압 합력 P가 변화하는 것을 의미한다.

$P/(\gamma_t H^2/2)$는 무차원의 토압 파라미터이지만 최댓값을 구하기 위해서는 $\partial P/\partial\theta = 0$의 계산을 실행한다. 구체적으로 θ를 바꾸어 $P/(\gamma_t H^2/2)$의 값을 구한 결과를 그림 8-13에서 알 수 있다.

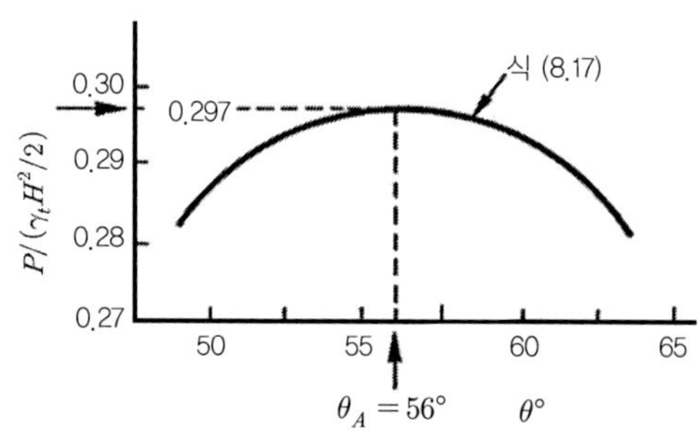

그림 8-13 도해법에 따른 주동토압 계수

이 그림으로부터 주동토압이 발생하는 경사각 θ, 즉 $\theta_A \fallingdotseq 56^\circ$, $P_A(\gamma_t H^2/2) =$ 0.297이 얻어지며 주동토압 계수는 $K_A = 0.297$이 된다.

Q 8-2-2

옹벽의 뒤채움 흙이 배수 막힘에 의해 포화상태에 있다. 지반은 수평으로 벽면 마찰각은 $\delta = 20^\circ$로 한다(그림 8-14). Coulomb의 주동토압과 벽에 걸리는 수압을 구하시오.

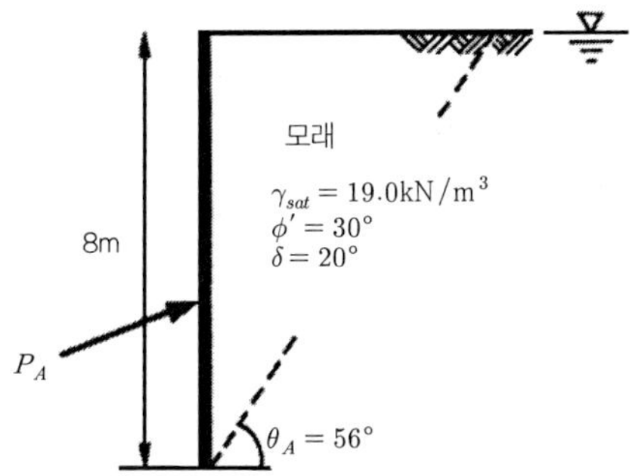

그림 8-14 Coulomb의 주동토압(배수기능 없음)

주동토압 P_A는

$$P_A = \frac{1}{2}(\gamma_{sat} - \gamma_w)H^2 K_A \tag{1}$$

앞 문제 [Q 8-2-1]로부터 $\phi' = 30^\circ$, $\delta = 20^\circ$에 대한 주동토압 계수 K_A와 활동면의 경사 θ_A는 각각 $K_A = 0.297$, $\theta_A = 56^\circ$이다. 따라서,

$$P_A = \frac{1}{2} \times 9.2 \times 64 \times 0.297 = 87.4\text{kN/m}$$

$\theta = \theta_A = 56^\circ$의 활동면에 작용하는 수압의 수평성분을 U_H로 표현하면

$$U_H = \frac{1}{2}\gamma_w H^2 = \frac{1}{2} \times 9.8 \times 64 = 313.6\text{kN/m} \tag{2}$$

주동토압과 수압을 합계한 전압력 $\overline{P}$는 다음과 같다.

$$\overline{P} = P_A + (U_H/\cos\delta) = 87.4 + (313.6/\cos 20^\circ) = 420\text{kN/m} \tag{3}$$

Q 8-2-3

배면에 배수 자갈층을 가진 옹벽이 있다(그림 8-15). 강우 때문에 뒤채움 중에 생긴 침투수의 유선망은 제1장의 그림 1-17과 동일하다고 한다. 이 경우 활동면이 수평과 이루는 각 및 Coulomb의 주동토압을 구하시오.

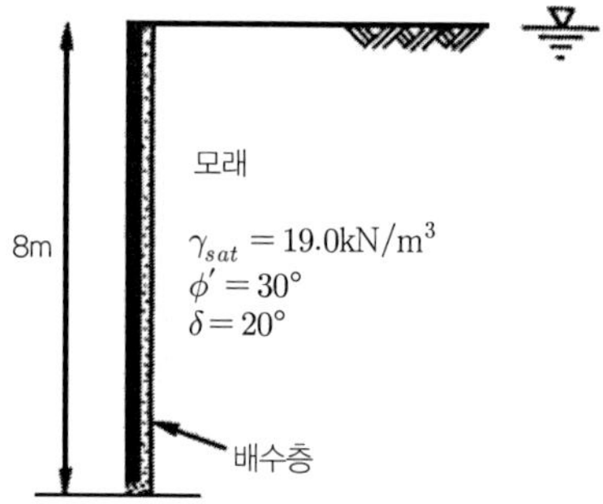

그림 8-15 Coulomb의 주동토압(배수기능 있음)

앞서 제1장의 그림 1-17에서 유선망을 이용한 간극수압의 산정법을 설명하였다. 이와 같이 가상 활동면에 작용하는 수압의 합계값 U를 구하면 그림 8-16을 참조하여

$$\left.\begin{array}{l}\text{수평방향: } U_H = U\sin\theta \\ \text{연직방향: } U_V = U\cos\theta \\ \text{벽면 마찰 } \delta\text{방향: } U_\delta = U\sin\theta/\cos\theta\end{array}\right\} \quad (1)$$

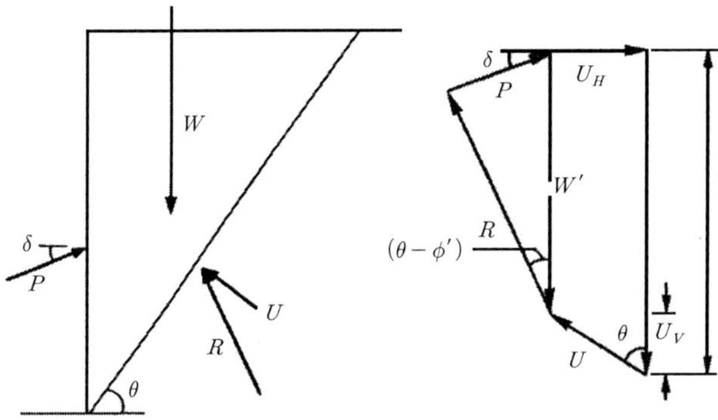

그림 8-16 흙 쐐기와 힘의 다각형

그림 8-16(b)의 힘의 다각형에 있어 흙 쐐기의 유효중량 W'과 활동면 상의 R과의 평형으로부터 힘 P는

$$P = \frac{W'}{\cos\delta\{\tan\delta + \cot(\theta - \phi')\}} \quad (8\text{-}17\ bis)$$

여기에서, $W' = W - U_V = W = U\cos\theta$, $W = (\gamma_{sat}H^2/2)\cot\theta$이다.

문제에서 γ_{sat}, H 및 $\delta = 20°$, $\phi' = 30°$가 주어져 있으므로 θ를 바꾸어 U를 구하고 위 식으로부터 P를 산출한다. 그리고 $\overline{P} = P + U_\delta$가 최댓값을 나타낼 때 $P \rightarrow P_A$, $\theta \rightarrow \theta_A$라 한다.

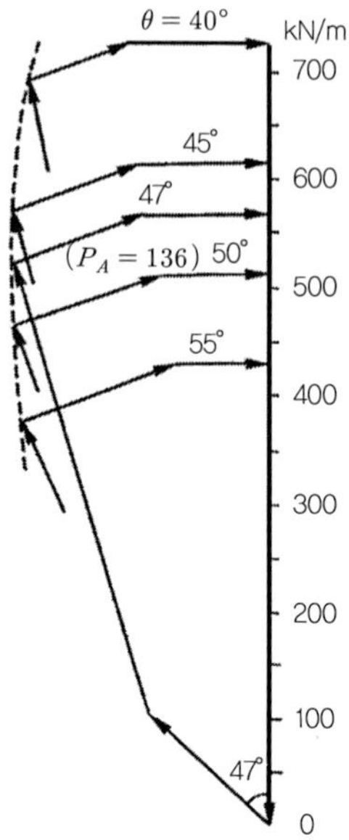

그림 8-17 힘의 다각형

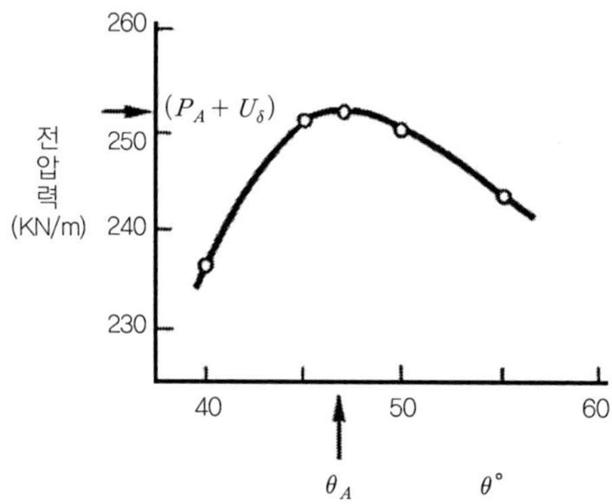

그림 8-18 전압력 $\overline{P}$와 경사각 θ의 관계

그림 8-17은 θ가 $40 \sim 55^\circ$에 대한 힘의 다각형이며, 그림 8-18은 $\overline{P}$와 θ의 관계 곡선이다. 이 그림에서 결국 $\overline{P} = 252\text{kN/m}$, $P_A = 136\text{kN/m}$, $\theta_A = 47^\circ$가 된다.

또한 문제 [Q 8-2-2]의 결과는 $\overline{P} = 420\text{kN/m}$이므로 뒤채움 배수층에 의해 $252/420 = 0.6$, 즉 주동토압과 수압의 합력에 대해서 40% 감소 효과가 있다.

Q 8-2-4

그림 8-19에 보인 것과 같은 뒤채움 흙을 지지하는 옹벽이 있다. Culmann의 도해법을 이용하여 주동토압을 구하시오. 다만, 벽면 마찰각은 $\delta = 20^{\circ}$로 하고 지하수위는 고려하지 않는다.

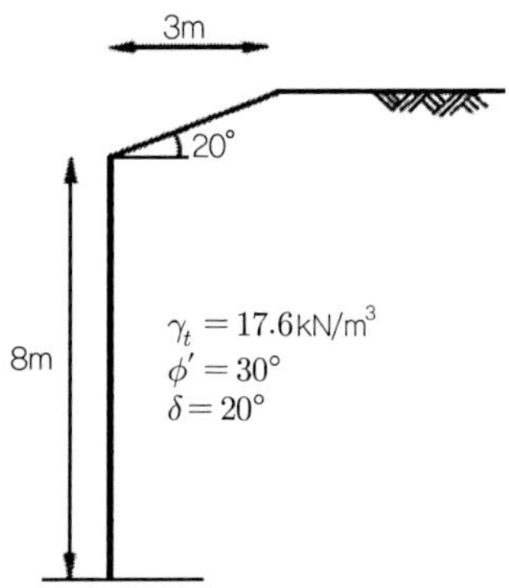

그림 8-19 배면에 경사지가 있을 때의 주동토압

우선 그림 8-20을 참조하면서 Culmann의 도해법을 학습한다.

(1) 벽의 하단 A로부터 수평과 각 ϕ'을 이루는 직선 AS를 긋는다.

(2) 직선 AS로부터 시계방향으로 $\alpha = 180^{\circ} - \theta - \delta$의 직선 AL을 긋는다.

(3) 임의의 가상 활동면 AC_1을 긋는다. $W_1 = \triangle ABC_1$의 중량을 구하고, AS선 상에 적당한 척도로서 W_1을 취하여 AD_1으로 한다.

(4) D_1으로부터 AL에 평행선을 그어 AC_1과의 교점을 E_1으로 한다.

(5) 가상 활동면의 기울기를 바꾸어 (1) ~ (4)단계를 반복하여 점 E_1, E_2, …를 정한다. 이러한 점을 연결하면 Culmann 선이 그려진다(그림 중의 굵은 실선 곡선).

(6) Culmann 선에 대해 AS 선에 평행한 외접선을 그어 그 접점을 E라 한다.

(7) E로부터 AL에 평행선을 그어 AS와의 교점을 D라 하면 DE는 주동토압을, 직선 AEC는 이때의 활동면이다.

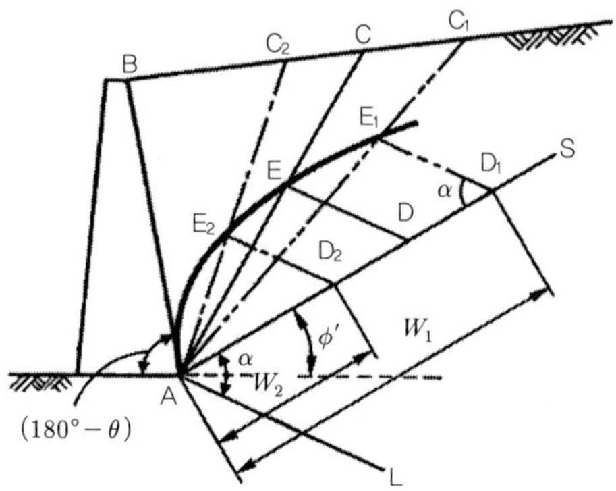

그림 8-20 Culmann의 도해법

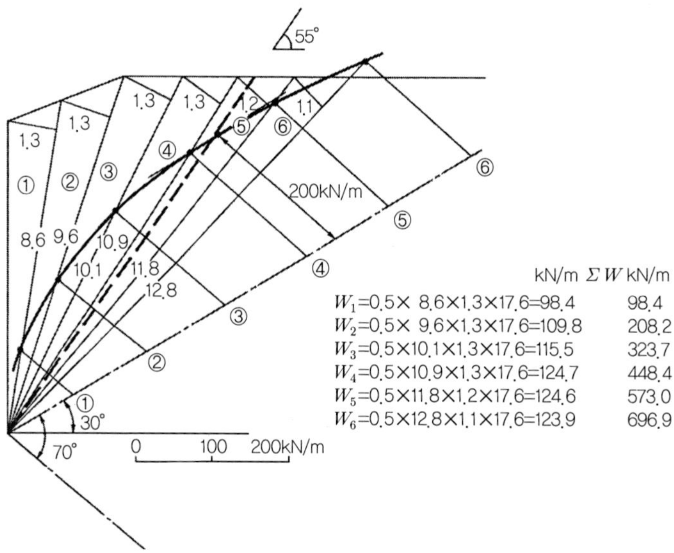

그림 8-21 도해법의 실시 예

그림 8-21은 위에서 기술한 도해법을 실시한 결과이다. 합계 6개의 절편으로 분할하여 각각의 중량 W와 가산^加算^ 중량이 그림 중에 기입되어 있다.

결론으로서 그림 8-19의 뒤채움 흙을 지지하는 옹벽에는 주동토압 200kN/m가 작용한다.

8-3 얕은 기초의 지지력

근입 깊이와 기초 폭의 비가 1.0 이하인 것을 얕은 기초라 하며, 띠기초와 전면기초를 그 대상으로 한다.

(1) 띠기초(strip foundation)

극한 지지력 q_f는 다음의 식 (8-19)로서 주어진다.

$$q_f = c'N_c + \frac{1}{2}\gamma_1{}'BN_r + \gamma_2{}'DN_q \tag{8-19}$$

여기에서, N_c, N_γ, N_q : 지지력 계수로 ϕ'의 함수

$\gamma_1{}'$, $\gamma_2{}'$: 지반 흙의 유효 단위 체적중량(그림 8-22 참조)

B , D : 기초폭과 근입 깊이

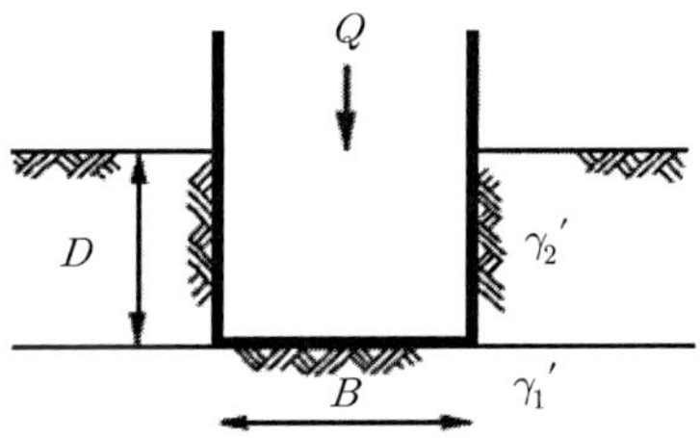

그림 8-22

지지력 계수의 값은 제안자에 따라 차이가 있지만 이 장에서는 일본의 건축 기초 설계지침에 근거하여 그림 8-23을 이용한다.

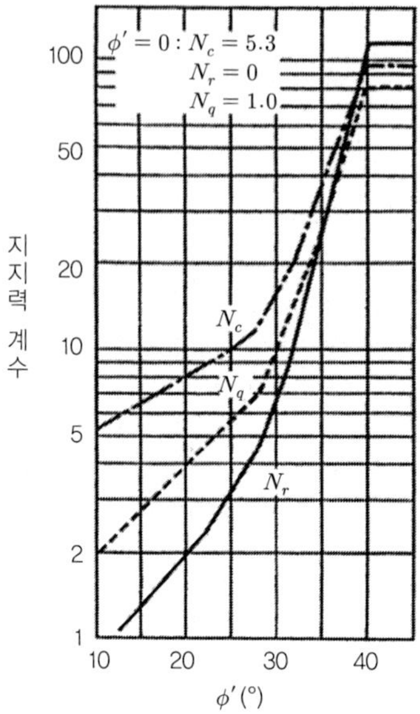

그림 8-23 설계에 이용하는 지지력 계수

· 사질토의 경우

$c' = 0$으로 하여

$$q_f = \frac{1}{2}\gamma_1{}'BN_r + \gamma_2{}'DN_q \tag{8-20}$$

· 점성토의 경우

$c' \to c_u$, $\phi' \to \phi_u = 0$, $N_c = 5.3$, $N_q = 1.0$으로 하여

$$q_f = 5.3c_u + \gamma_2{}'D \tag{8-21}$$

(2) 원형·사각형 기초

$$q_f = \alpha c' N_c + \beta \gamma_1{}' B N_r + \gamma_2{}' D N_q \tag{8-22}$$

여기에서, α, β는 형상 계수로 표 8-1에서 확인할 수 있다.

표 8-1 형상 계수

기초의 형상	α	β
원형	1.3	0.3
정사각형, 사각형	$1+0.3(B/L)$	$0.5-0.1(B/L)$

Q 8-3-1

모래지반에 근입된 어느 띠기초에서 지반이 액상화하였을 때의 지지력은?

모래지반($c'=0$)에서 지하수위가 지표면에 있는 경우를 고려한다. 이때 식 (8-19)의 $\gamma_2{}' = \gamma_{sat} - \gamma_w$이다.

기초에 가해진 극한 하중을 Q_f, 저면(면적 A)에 작용하는 간극수압을 u라 하면, 식 (8-19)의 q_f는 재하압$(Q/A)_f$으로부터 부력 u를 빼주는 것으로 된다.

$$q_f = \left(\frac{Q}{A}\right)_f - u \tag{1}$$

여기에서, $u = \gamma_w D = (\gamma_{sat} - \gamma_2{}')D$이므로 식 (1)과 (8-19)로부터

$$\left(\frac{Q}{A}\right)_f - (r_{sat} - \gamma_2{}')D = \frac{1}{2}\gamma_1{}' B N_r + \gamma_2{}' D N_q \tag{2}$$

위 식에서 액상화 조건으로부터 $\phi' = 0$이라 하면 $N_\gamma = 0$, $N_q = 1.0$이므로

$$\left(\frac{Q}{A}\right)_f = \gamma_{sat} D \tag{8-23}$$

를 얻는다. 결국 지반이 액상화하여 전단저항을 잃어도 근입부의 배토압력(흙의 부력)에 해당하는 지지력은 기대할 수 있다.[48)]

Q 8-3-2

(일)건축 기초 설계지침에서는 연속 푸팅의 허용 지지력을 안전율= 3.0으로

$$q_a = \frac{1}{3}\left[c' N_c + \frac{1}{2}\gamma_1' B N_\gamma + \gamma_2' D (N_q + 2)\right] \tag{8-24}$$

를 부여하고 있다. 이 식의 의미를 고찰하시오.

식 (8-19)를 변형하여

$$q_f = \left[c' N_c + \frac{1}{2}\gamma_1' B N_r + \gamma_2' D (N_q - 1)\right] + \gamma_2' D \tag{1}$$

위 식 중의 $\gamma_2' D$는 $\gamma_2' D = (\gamma_{sat} - \gamma_w) D = \gamma_{sat} D - u$라 적으므로

$$q_f = \left[c' N_c + \frac{1}{2}\gamma_1' B N_r + \gamma_2' D (N_q - 1)\right] + \gamma_{sat} D - u \tag{2}$$

앞 문제의 식 (1)을 다시 적으면

$$q_f = \left(\frac{Q}{A}\right)_f - u \tag{3}$$

식 (2)와 (3)을 같다고 하여 정리하면

$$\left(\frac{Q}{A}\right)_f - \gamma_{sat}D = \left[c'N_c + \frac{1}{2}\gamma_1{}'BN_r + \gamma_2{}'D(N_q - 1)\right] \tag{4}$$

$$\equiv q_{net}$$

여기에서 q_{net}는 정미 재하압正味載荷壓(실질 재하압)[48]으로

$$q_f = q_{net} + \gamma_2{}'D \tag{5}$$

와 같이 표현한다.

다음에 허용 지지력 q_a에 대해서 고찰한다. 정미 재하압 q_{net}는 식 (4)로부터 알 수 있듯이 c'과 ϕ'의 함수이다. 결국 q_{net}에는 c'과 ϕ'에 기인한 불확실한 요소를 포함하고 있으므로 허용 지지력을 고려할 때는 안전율 F_s를 확보할 필요가 있다. 반면 식 (5)의 $\gamma_2{}'D$에는 불확실 요소를 포함하지 않는다. 따라서 허용 지지력 q_a는 그림 8-24를 참조하면 다음과 같다.

$$\begin{aligned} q_a &= \frac{q_{net}}{F_s} + \gamma_2{}'D \\ &= \frac{1}{F_s}\left[c'N_c + \frac{1}{2}\gamma_1{}'BN_\gamma + \gamma_2{}'D\{N_q + (F_s - 1)\}\right] \end{aligned} \tag{8-25}$$

위 식에서 $F_s = 3$이라 하면, (일)건축 기초 설계지침[49]의 식 (8-24)가 유도된다.

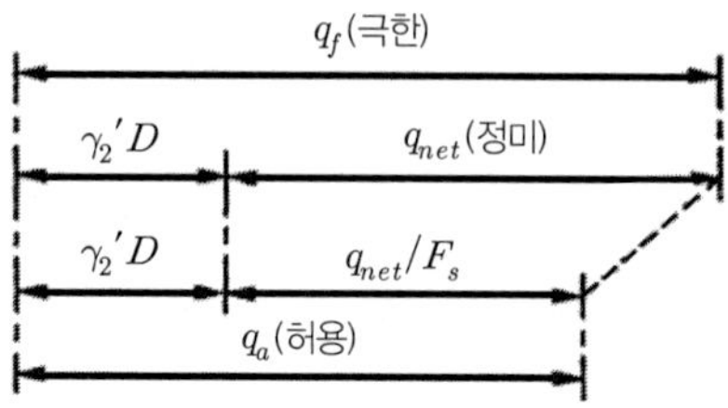

그림 8-24 허용 지지력의 사고방식

Q 8-3-3

모래지반에서 0.3×0.3m의 정사각형 판을 이용하여 근입 깊이 0.6m에서 재하시험을 수행한 결과, 50kN에서 파괴되었다. 동일한 깊이에 설치된 1.5×1.5m 정사각형 푸팅의 지지력은 얼마인가? 다만 모래의 $\gamma_t = 17.5\text{kN/m}^3$, 지하수위는 깊은 것으로 한다.

정사각형이므로, 푸팅의 형상 계수는 $\beta = 0.4$이다. 따라서,

$$q_f = 0.4\gamma_t B N_\gamma + \gamma_t D N_q$$

로 두어, $q_f = 50/(0.3 \times 0.3) = 555.56\text{kN/m}^2$, $\gamma_t = 17.5\text{kN/m}^3$, $B = 0.3\text{m}$, $D = 0.6\text{m}$를 대입하면,

$$555.56 = 2.10 N_\gamma + 10.50 N_q \tag{1}$$

식 (1)을 $N_q - N_\gamma$좌표로써 도시하면 그림 8-25와 같다.

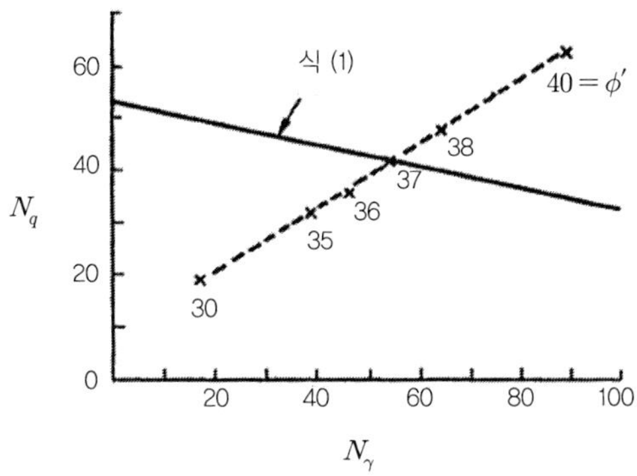

그림 8-25 Q 8-3-3의 해법

지지력 계수는 ϕ'의 함수이므로 ϕ'을 파라미터로 하여 $N_q - N_\gamma$ 관계를 도시할 수 있으며 식 (1)의 직선과의 교점에서 이 지반의 $\phi' = 37°$를 구할 수 있다.

$\phi' = 37°$에 대한 지지력 계수는 $N_q = 42$, $N_\gamma = 54$를 얻으므로

$$q_f = 0.4 \times 17.5 \times 1.5 \times 54 + 17.5 \times 0.6 \times 42 = 1{,}008\text{kN/m}^2$$

Q 8-3-4

점토 지반 상에 높이 10m의 쌓기를 계획하였다. 쌓기 재료의 $\gamma_t = 18.6\text{kN/m}^3$, 점토의 $c_u = 24.5\text{kN/m}^2$일 때 다음의 물음에 답하시오.

(1) 계획 쌓기 높이에 대한 안전율은 얼마인가?
(2) 안전율이 1.0 이하라 하면 압성토의 두께는 얼마로 하는 것이 좋을까?
(3) 용지 사정에 의해 압성토를 할 수 없는 경우, 프리로딩 공법을 채용하는 것으로 하여 필요한 선행 쌓기 두께는? 다만, $c_u/p = 1/3$로 한다.

(1) $q_f = 5.3c_u = 130\text{kN/m}^2$

안전율 $F_s = 1.0$일 때의 한계 높이 H_c는 $H_c\gamma_t = 130\text{kN/m}^2$

$$\therefore H_c = 130/18.6 = 7.0\text{m}$$

$$\therefore F_s = H_c/H = 7.0/10 = 0.7$$

(2) 압성토는 근입 길이 D와 동일한 효과를 가지므로

$$q_f = 5.3c_u + \gamma_t D = 5.3 \times 24.5 + 18.6D$$

q_f가 쌓기압 $H\gamma_t = 186\text{kN/m}^2$과 같다고 두어 D를 구하면 된다.

$$D = 3.0\text{m}$$

(3) $H\gamma_t = 5.3(c_u + \Delta c_u)$, $10 \times 18.6 = 5.3(24.5 + \Delta c_u)$

$$\therefore \Delta c_u = 56.2/5.3 = 10.6\text{kN/m}^2$$

$$\Delta c_u/\Delta p = 10.6/\Delta p = 1/3$$

$$\therefore \Delta p = 31.8\text{kN/m}^2$$

그러므로 선행 쌓기 두께 d는 $d = \Delta p/\gamma_t = 31.8/18.6 = 1.7\text{m}$

관련 문제

[문제 8-1]

그림 8-26과 같은 모래지반($c' = 0$)을 지지하는 연직벽이 있다. 벽이 왼쪽으로 이동하여 지반이 파괴된 경우, 다음 물음에 답하시오.

(1) $K_A = 0.2$로 주어져 있다. 지반의 ϕ'을 구하라.

(2) Rankine의 주동토압 P_A를 구하라(지하수위의 영향은 없다).

(3) $P_A = P_P$(수동토압)으로 될 때, z_p의 값을 구하라.

(4) 강우로 인하여 뒤채움 흙의 지표로부터 -4.0m까지 지하수위가 상승하였다. 주동토압 P_A와 수압 P_W를 구하라.

(5) 상기 (4)에서 P_A와 P_W의 합력 작용점을 구하라.

[답]

(1) $\phi' = 41.8°$, (2) $P_A = 176\text{kN/m}$, (3) $z_P = 2.0\text{m}$, (4) $P_A = 144.3\text{kN/m}$, $P_W = 176.4\text{kN/m}$, (5) 벽의 하단으로부터 2.7m

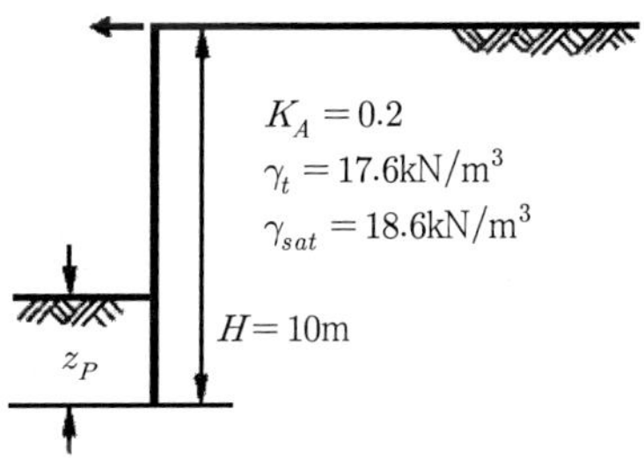

그림 8-26

[문제 8-2]

그림 8-26에서 전면 근입부의 수동토압이 뒤채움 흙의 주동토압과 같아져 평형 상태가 되었을 때의 근입 깊이 z_p를 H와 K_A로 표현하시오.

[답]

$z_p = H \times K_A$

[문제 8-3]

그림 8-27과 같은 점토 지반($\phi_u = 0$)을 지지하는 연직벽이 있다. 벽이 왼쪽으로 이동하여 지반이 파괴된 경우, 이하의 물음에 답하시오.

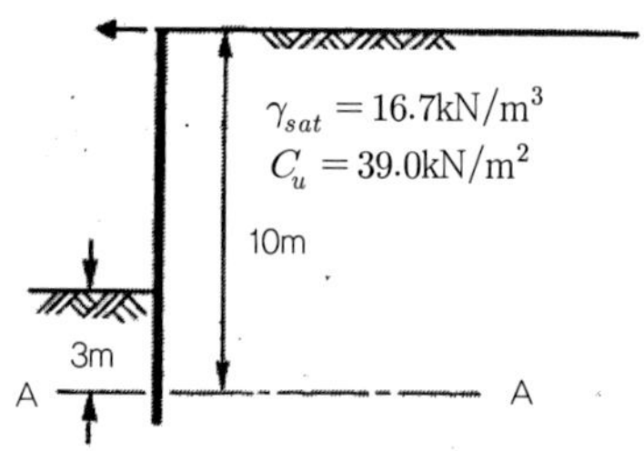

그림 8-27

(1) A-A면 상에서 주동·수동 상태를 나타내는 Mohr 응력원을 그리고, 각각의 극(pole)의 위치를 나타내시오.

(2) 주동·수동토압 강도(p_A, p_P)의 깊이 방향의 분포형을 도시하시오.

(3) 뒤채움 표면에 78kN/m^{2}의 등분포 재하가 되었을 때, 주동토압 강도 p_A의 깊이 분포는 어떻게 변화할 것인지 도시하시오. 또 그때의 주동토압 P_A를 구하시오.

[답]

(1) 주동의 극 : 89kN/m^2, 수동의 극 : 128kN/m^2, (2) 주동의 p_A : 지표와 저면에서 -78kN/m^2과 89kN/m^2, 수동의 p_P : 78kN/m^2과 128kN/m^2, 또 식 (8-10)의 $z_0 = 4.7\text{m}$, (3) 주동의 p_A는 지표에서 영(0), 토압 $P_A = 835\text{kN/m}$

[문제 8-4]

그림 8-28과 같이 모래지반을 지지하는 연직벽이 있다. 뒤채움 흙 속에 지하수위가 있고, 또 벽면 마찰이 생겼을 때 Coulomb의 주동토압과 벽에 걸리는 수압을 구하시오.

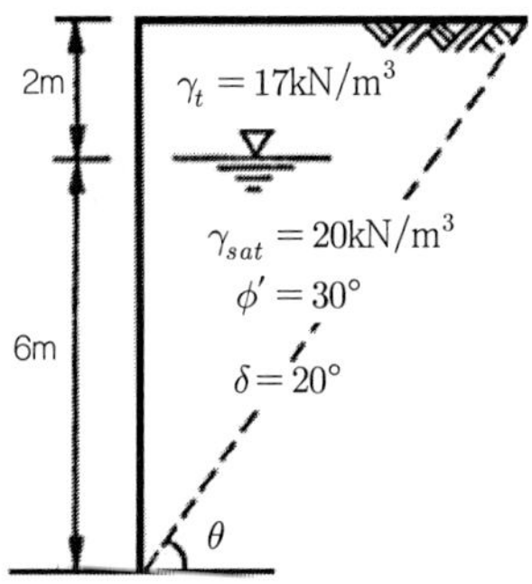

그림 8-28

[해설]

[Q 8-2-2]의 해법을 참고로 한다.

[답]

$P_A = 125\text{kN/m}$, $U_\delta = 188\text{kN/m}$, 합계 313kN/m, $\theta_A = 56°$

[문제 8-5]

높이 8m의 연직벽이 수평지반을 지지하고 있다. 뒤채움 흙의 물성값은 $\gamma_t = 17.5\text{kN/m}^3$, $\phi' = 30°$, $c' = 20\text{kN/m}^2$이다.

지하수위와 벽면 마찰의 영향은 무시하고 Rankine의 주동·수동토압을 구하시오.

[해설]

식 (8-8), (8-9)를 이용한다.

[답]

$p_A{}' = 23.6\text{kN/m}^2$, $P_A = 94\text{kN/m}$, $p_P{}' = 490\text{kN/m}^2$, $P_P = 1{,}960\text{kN/m}$

[문제 8-6]

수면 아래의 지반에 폭 1.8m의 띠기초를 설치한다. 다음을 대상으로 하여 극한 지지력을 구하시오.

(1) 모래지반의 경우($\gamma_{sat} = 17.6\text{kN/m}^3$, $\phi' = 30°$)

(2) 점토 지반의 경우($\gamma_{sat} = 13.7\text{kN/m}^3$, $c_u = 49\text{kN/m}^2$)

[해설]

$N_\gamma = 6.6$, $N_q = 10$, $N_c = 5.3$을 이용한다.

[답]

(1) 155.5kN/m^2, (2) 265.2kN/m^2

[문제 8-7]

앞 문제에서 모래지반에 대한 허용 지지력 q_a를 구할 때 식 (8-24)를 이용한 q_{a1}과 단순히 q_f/F_s로 한 q_{a2}에서는 어느 정도의 차이가 있는지 $F_s = 3$으로 하여 비교하시오.

[답]

$q_{a1} = 80\text{kN/m}^2$, $q_{a2} = 52\text{kN/m}^2$, 따라서 q_{a2}는 35% 과소평가된다.

[문제 8-8]

모래지반 상에서 정사각형 판(0.3×0.3m)을 이용하여 재하시험을 한 결과, 극한 지지력은 5.8kN이었다. 모래의 $\gamma_t = 18$kN/m^{3}으로 하여 그 내부 마찰각을 구하라.

[해설]

N_γ는 30으로 된다.

[답]

$\phi' = 36^\circ$

[문제 8-9]

폭 2.5m의 연속 기초가 깊이 2.0m까지 근입되어 있다. 지반의 $c' = 20$kN/m^2, $\phi' = 18^\circ$, $\gamma_t = 18$kN/m^3, $\gamma_{sat} = 19$kN/m^{3}으로 하였을 때, 지하수위가 다음 3가지 경우일 때 기초의 극한 지지력을 구하시오.

(1) 지표 ⊥0m

(2) 지표 $-$2.0m

(3) 지하수위의 영향을 무시할 수 있을 만큼 깊은 경우

[해설]

그림 8-23으로부터 $\phi' = 18^\circ$에 대해서 $N_c = 7.3$, $N_\gamma = 1.6$, $N_q = 3.4$

[답]

(1) 227kN/m^2, (2) 287kN/m^2, (3) 304kN/m^2

[문제 8-10]

근입 깊이를 1.5m로 하여 점토 지반에 30×30m의 매트 기초를 가진 건물이 만들어졌다. 등분포 하중 120kN/m^{2}이 가해졌을 때, 다음을 구하시오. 지하수위는 깊고 점토의 $c_u = 45\text{kN/m}^2$, $\gamma_t = 18\text{kN/m}^2$으로 한다.

(1) 지지력의 안전율

(2) 강도의 안전율

[해설]

(2) 하중 120kN/m^{2}이 작용하고 있을 때, c_u의 일부 c_m이 가동하고 있다고 생각한다. $c_m = 13.5\text{kN/m}^2$

[답]

(1) 2.8, (2) 3.3

제8장의 종합

★ 이 장에서는 Coulomb/Rankine의 토압론, Terzaghi의 지지력론을 이해하는 것에 주안을 두었다.

토압/지지력 문제에서는 점성토는 비배수 상태(U-전단)를, 사질토는 배수 상태(D-전단)를 상정하여 전자는 전응력, 후자는 유효응력으로 고려하면 좋다.

지반이 액상화하였을 때의 얕은 기초의 지지력은 영(0)으로는 되지 않는다. 근입부의 배토 압력, 즉 부력 상당분은 기대할 수 있다.

얕은 기초의 지지력에 대한 안전율은 근입 부분의 취급에 유의할 필요가 있다.

제 9 장

사면의 안정

제 9 장

지 반 역 학

사면의 안정

★ 일반적으로 흙을 쌓거나 지반을 절취하거나 하여 도로나 철도, 하천 제방, 택지 등을 만든다. 이러한 쌓기나 깎기 공사를 실시하면 반드시 사면이 형성되므로 그 안정성을 미리 검토하는 작업을 반드시 진행해야 한다. 또 국토의 80% 이상은 산악 지대이며 자연 사면은 항상 강우나 지진에 의해서 붕괴의 위험에 노출되어 있다. 이러한 문제에 대해 적절히 대처해 나가는 것은 지반공학에서의 중요한 과제이기도 하다.

이 장에서는 사면의 안정성을 평가하는 지표로써의 안전율의 사고방식, 안전율을 계산하기 위한 구체적 방법 등의 학습을 통하여 기본적 사항을 이해할 수 있도록 하는 것을 목적으로 하고 있다.

9-1 사면 안정의 안전율

사면의 안정계산은 어느 활동면을 가정하여 그 면을 따라서 활동을 일으키려고 하는 힘(응력) 또는 모멘트와 이것에 저항하려고 하는 힘(응력) 또는 모멘트의 비를 구하여 사면의 안정성을 평가한다.

사면의 안정도를 나타내는 척도로 안전율을 이용한다. 전단력 또는 모멘트에 대한 안전율 F_s, F_m은 각각 다음과 같이 정의한다.

$$F_s = \frac{\text{활동면 상의 전단저항의 합}}{\text{활동면 상의 전단응력의 합}} \tag{9-1}$$

$$F_m = \frac{\text{활동에 대한 저항 모멘트의 합}}{\text{활동을 일으키는 기동 모멘트의 합}} \tag{9-2}$$

가정된 활동면에서의 안전율을 위 식에 의해 활동면의 크기와 위치(활동면의 중심)를 바꿔가며 반복해서 구하면 최소 안전율을 나타내는 활동면이 구해진다. 원호 활동의 경우, 이 활동에 대한 안전율이 최소로 되는 활동면을 임계원이라 한다.

최소의 안전율이 필요한 안전율 이상이면 사면은 안정하다고 판단할 수 있다.

Q 9-1-1

사면의 안전율에 대해서 식 (9-1), (9-2)를 정의하였다. 이를 구체적으로 표현해 보시오.

그림 9-1의 사면에 대해 하나의 원호 활동을 가정한다. 가정된 활동면에는 원호를 따라서 활동을 일으키려고 하는 전단응력 τ와 그것에 저항하는 전단강도 τ_f들이 작용하고 있는 것으로 한다. 활동면에서의 전단력과 전단강도는 일정하지는 않으므로 식 (9-1)을 구체적으로 기술하면 활동면에 연한 전단응력의 합 $\Sigma\tau$와 전단강도의 합 $\Sigma\tau_f$를 이용하여 다음과 같다.

$$F_s = \frac{\Sigma\tau_f}{\Sigma\tau} \tag{1}$$

또 식 (9-2)의 모멘트에 관한 안전율에 대해서는 활동의 원호 중심 O에 대해 활동을 일으키려고 하는 힘의 모멘트의 합 $d \cdot W$와 그것에 저항하는 힘의 모멘트의 합 $R\Sigma\tau_f$로부터 다음과 같이 기술할 수 있다.

$$F_m = \frac{R\sum\tau_f}{d \cdot W} \tag{2}$$

여기에서, W는 사면과 원호로써 둘러싸인 흙덩이의 중량, d는 원호의 중심 O와 흙덩이의 무게중심과의 거리이다.

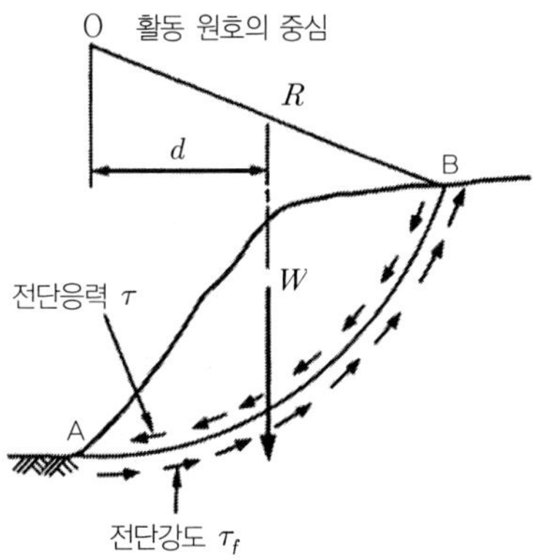

그림 9-1 사면의 안전율

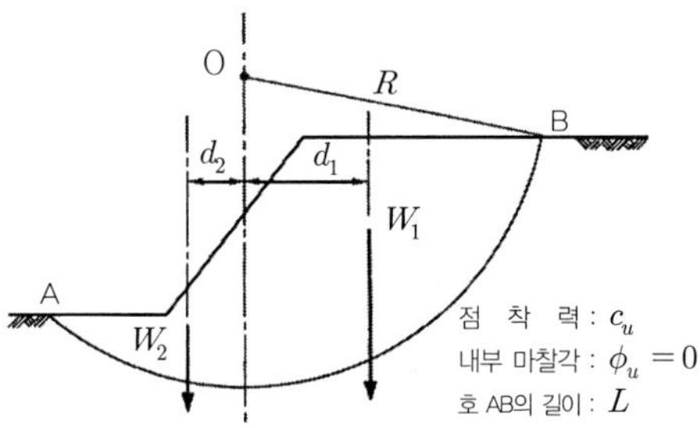

그림 9-2 활동 흙덩이의 분할

흙덩이의 중량에 관해서는 그림 9-2와 같이 원호의 중심을 지나는 연직선의 좌측과 우측에서 흙덩이의 중량을 W_1, W_2로 하여 각각의 무게 중심 위치까지의 거리를 d_1, d_2로 하여 나누어 계산하는 경우도 있다. 지반을 균질한 점착력 c_u를 가진 점성토($\phi_u = 0$)로 하고 원호의 길이를 L이라 하면 식 (2)는 다음과 같이 표현된다.

$$F_m = \frac{W_2 d_2 + c_u RL}{W_1 d_1} \tag{3}$$

Q 9-1-2

무한길이의 사면이 있다(그림 9-3).

(1) 지하수위가 지표에 일치할 때

(2) 지하수위가 지표면에서 충분히 깊은 곳에 있을 때

사면의 안전율을 구하시오. 다만 흙의 습윤과 포화 단위 체적중량을 γ_t와 γ_{sat}, 강도 파라미터는 c', ϕ' 이라 한다.

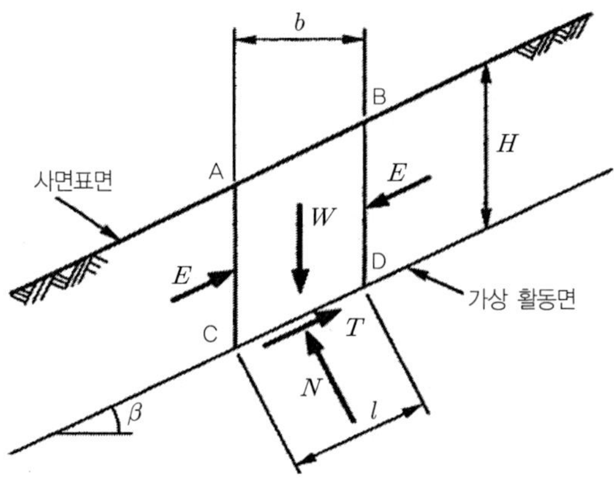

그림 9-3 무한길이 사면의 안정성

우선 그림 9-3과 같은 사면 표면에 평행한 가상 활동면(깊이 H)에 작용하는 힘 N과 T로부터 수직응력 σ와 전단응력 τ를 구한다.

이와 같은 사면의 문제는 통상 단위 뒷길이(1m)로 고려하면 좋다.

그림 9-3에서 지표면과 가상 활동면과의 사이의 흙의 영역 ABCD(폭 b, 저변 길이 l)에 작용하는 힘의 평형을 고려한다. 힘의 평형은 활동면에 수직방향과 평행한 방향에 대해서 구한다. 이제 N, T를 각각 영역 ABCD의 저면 CD에 작용하는 수

직력과 전단력으로 하여(응력은 아님), 이 영역의 좌우 측면에 작용하는 힘 E는 서로 평형하고 있는 것으로 가정하여 고려하지 않는다.

(1) 지하수위가 지표에 있을 때

단위 뒷길이를 상정하여 영역 ABCD의 중량 W는 다음과 같다.

$$W = \gamma_{sat} bH \cdot 1 = \gamma_{sat} l \cos\beta \cdot H \tag{1}$$

활동면에 수직방향의 힘의 평형으로부터

$$N = W\cos\beta = (\gamma_{sat} lH\cos\beta)\cos\beta = \gamma_{sat} lH\cos^2\beta \tag{2}$$

$$\sigma = N/l = \gamma_{sat} H\cos^2\beta \tag{3}$$

활동면에 평행인 방향의 힘의 평형으로부터

$$T = W\sin\beta = (\gamma_{sat} lH\cos\beta)\sin\beta \tag{4}$$

$$\tau = T/l = \gamma_{sat} H\cos\beta\sin\beta \tag{5}$$

저면에 작용하는 간극수압 u는 γ_w를 물의 단위 중량으로 하여

$$u = \gamma_w H\cos^2\beta \tag{6}$$

따라서 저면의 유효응력은 식 (3)과 (6)으로부터

$$\sigma' = (\gamma_{sat} - \gamma_w) H\cos^2\beta = \gamma' H\cos^2\beta \tag{7}$$

흙의 전단강도는 $\tau_f = c' + \sigma' \tan\phi'$으로 표현되므로 가상 활동면에서의 안전율은 식 (9-1)로부터

$$F_s = \frac{c' + \sigma' \tan\phi'}{\tau} = \frac{c' + \gamma' H \cos^2\beta \tan\phi'}{\gamma_{sat} H \cos\beta \sin\beta}$$

$$= \frac{c'}{\gamma_{sat} H} \frac{1}{\cos\beta \sin\beta} + \left(\frac{\gamma'}{\gamma_{sat}}\right) \frac{\tan\phi'}{\tan\beta} \tag{9-3}$$

(2) 지하수위가 지표면에서 충분히 깊은 곳에 있을 때

지하수위의 영향을 무시할 수 있으므로 식 (9-3)에서 γ_{sat}와 $\gamma' \rightarrow \gamma_t$로 치환하면

$$F_s = \frac{c' + \gamma_t H \cos^2\beta \tan\phi'}{\gamma_t H \cos\beta \sin\beta} = \frac{c'}{\gamma_t H} \frac{1}{\cos\beta \sin\beta} + \frac{\tan\phi'}{\tan\beta} \tag{9-4}$$

로 하여 안전율을 계산할 수 있다.

Q 9-1-3

점착력 $c' = 0$인 사질토로부터 이루어진 무한길이 사면의 안정성을 구하시오.

앞 문제의 식 (9-3)에서 $c' = 0$으로 두면

$$F_s = \left(\frac{\gamma'}{\gamma_{sat}}\right) \frac{\tan\phi'}{\tan\beta} \tag{1}$$

이것은 지하수위가 얕은 수침 사면의 경우이다.

지하수위가 충분히 깊을 때는 식 (9-4)로부터 다음과 같다.

$$F_s = \frac{\tan\phi'}{\tan\beta} \tag{9-5}$$

안전율 F_s가 1보다 클 때는 활동이 발생하지 않으므로 사면의 경사각이 내부 마찰각보다 작은 경우($\beta < \phi'$)는 파괴가 발생하지 않는다. 사면의 경사각이 서서히 커져 내부 마찰각과 일치하였을 때($\beta = \phi'$), 안전율 F_s가 1로 되어 활동 파괴가 일어나는 것을 식 (9-4)는 나타내고 있다.

건조된 모래를 자유 낙하시켜 모래 산을 만들면 깨끗한 원추 모양으로 퇴적된다. 그러나 모래 산 사면의 구배는 일정하고 어느 각도 이상 급한 모래 산을 만드는 것은 불가능하다. 이 구배의 각도를 특히 안식각이라 하며 느슨한 모래의 내부 마찰각에 대응하고 있다.

Q 9-1-4

내부 마찰각보다 다소 큰 구배를 가지고($\beta > \phi'$) 점착력 c'을 가지는 균질한 흙으로 이루어진 무한길이 사면의 안정성을 고찰하시오.

식 (9-3), (9-4)를 보면 안전율은 내부 마찰각에 의한 저항(우변 제2항)과 점착력에 의한 저항(우변 제 1항)의 2개 부분으로 구성된다. 점착력이 없으면 내부 마찰각보다 큰 구배를 가진 사면은 존재하지 않는다. 이 문제에서는 점착력을 가진 지반이므로 내부 마찰각보다 다소 큰 구배를 가진 무한 사면의 안정성이 고찰의 대상으로 될 수 있다.

점착력은 $c'/\gamma H$라고 하는 형태로 안정성에 기여한다. $1/(\cos\beta\sin\beta)$은 사면의 각도에 의해서 결정되는 정수이므로 점착력에 의한 기여의 정도는 활동면 깊이

H에 의존하고 있다. 균질한 흙의 경우 점착력 c', 단위 체적중량 γ는 일정하므로 H가 커짐(상정 활동면이 깊어짐)에 따라서 $c'/\gamma H$가 작아진다. 결국 식 (9-3), (9-4)의 우변은 1에 가까워져 안전율은 저하한다. 충분한 깊이에 달하였을 때 $F_s = 1.0$으로 되어 활동이 발생하게 된다. 이 깊이를 H_c라 하고 한계 깊이라 한다.

H_c는 식 (9-3), (9-4)에서 $F_s = 1.0$으로 두고, H에 대하여 정리하면 다음과 같이 표현된다.

사면이 물로 포화하고 있을 때

$$H_c = \frac{c'}{(\gamma_{sat}\tan\beta - \gamma'\tan\phi')\cos^2\beta} \tag{9-6}$$

지하수의 영향을 무시할 수 있을 때

$$H_c = \frac{c'}{\gamma_t}\frac{1}{\cos^2\beta}\frac{1}{(\tan\beta - \tan\phi')} \tag{9-7}$$

9-2 절편법에 의한 안정해석

활동면을 원호로 나타내고 이것보다 위의 흙덩이를 그림 9-4와 같이 n개의 절편으로 분할하여 안정해석을 하는 방법을 절편법이라 부른다. 원호의 반경 r, 그 중심을 O로 하여 오른쪽으로부터 세어 i번째의 절편에 작용하는 힘을 그림과 같이 두면 스웨덴(Fellenius)법과 Bishop의 간편법의 안전율은 다음과 같다.

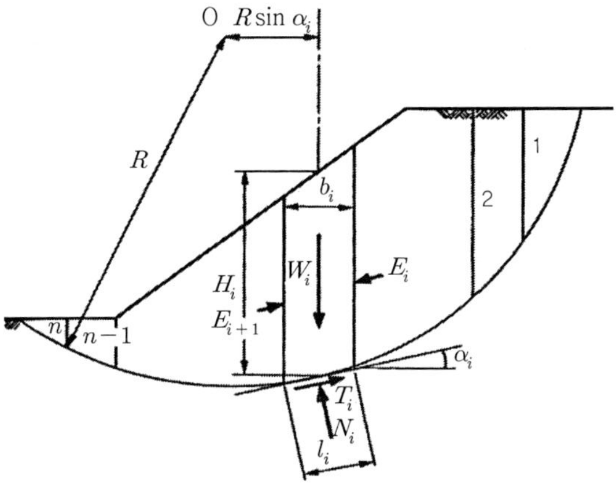

그림 9-4 원호 활동을 이용한 절편법

여기에서, b_i : 절편의 폭, H_i : 높이, W_i : 중량, l_i : 절편 저면의 길이, α_i : 절편 저면의 구배, E_i, E_{i+1} : 절편 양측면에 작용하는 힘, N_i : 활동면에 작용하는 수직력, T_i : 활동면에 작용하는 전단력, u_i : 활동면 상의 간극수압

· 스웨덴(Fellenius) 법

$$F=\frac{\sum_{i=1}^{n}\left[c_i' l_i+(W_i\cos\alpha_i-u_i l_i)\tan\phi_i'\right]}{\sum_{i=1}^{n}W_i\sin\alpha_i} \tag{9-8}$$

· Bishop의 간편법

$$F=\frac{\sum_{i=1}^{n}\left[\{c_i' b_i+(W_i-u_i b_i)\tan\phi_i'\}/m_\alpha\right]}{\sum_{i=1}^{n}W_i\sin\alpha_i} \tag{9-9-a}$$

$$m_\alpha = \left(1 + \frac{\tan\phi_i{}' \tan\alpha_i}{F}\right)\cos\alpha_i \tag{9-9-b}$$

· UU 해석에서는 $\phi_i{}' = 0$, $c_i{}' = c_{ui}$로 두면 좋다. 식은 두 가지 방법에 공통적으로 다음 식이 이용된다.

$$F = \frac{\sum_{i=1}^{n} c_{ui} l_i}{\sum_{i=1}^{n} W_i \sin\alpha_i} \tag{9-10}$$

W. Fellenius(1876～1957)

★ 원호 활동 – 스웨덴(Fellenius) 법(1926). 철도 · 항만 기사를 거쳐 스웨덴(Sweden) 왕립공과대학 교수였다.

스웨덴 국유철도의 지반공학 위원장으로 quick-clay 사태의 조사서를 정리하였다. 이 보고서는 지반공학사에 남을 명저서로 알려져 있으며 원호 활동면 법에 의한 사태 해석, 시료 채취와 강도 시험법의 개발 등 선구적인 내용이 포함되어 있다.

Q 9-2-1

스웨덴(Fellenius) 법과 Bishop의 간편법의 차이는 무엇인가?[50)]

안전율을 구하기 전에 우선 공통 사항을 설명한다.

분할된 i 번째의 절편(흙덩이)에 대해 2종류의 평형 방정식을 고려한다.

(1) 활동면에 수직방향 힘의 평형과 활동면 방향 힘의 평형

· 활동면에 수직방향

$$N_i = W_i \cos\alpha_i \tag{1}$$

· 활동면 방향

$$T_i = W_i \sin\alpha_i \tag{2}$$

(2) 연직방향의 힘의 평형과 수평방향의 힘의 평형

· 연직방향

$$N_i \cos\alpha_i + T_i \sin\alpha_i = W_i \tag{3}$$

· 수평방향

$$N_i \sin\alpha_i + T_i \cos\alpha_i = 0 \tag{4}$$

2종류의 평형 조건을 고려하였으나 내용적으로는 모두 동일한 것이다. 주의해야 할 점은 절편 양측면에 작용하는 힘 E_i, E_{i+1}은 평형식에서 고려하고 있지 않았다는 것이다. 따라서 절편 측면에 작용하는 힘의 영향은 무시한다.

각 절편에 대해 안전율을 식 (9-1)과 같이 전단저항력과 전단력을 이용하여 정의하면 다음과 같다.

$$F = \frac{c_i' l_i + (N_i - u_i l_i)\tan\phi_i'}{T_i} \tag{9-11}$$

여기서 각 절편의 저면에 존재하는 흙은 절편마다 다른 값을 취해도 상관없도록 내부 마찰각과 점착력을 각각 ϕ_i'과 c_i'으로 표현하고 있다.

다음 원호의 중심점 O에 관한 모멘트의 평형을 고려한다. 각 절편의 저면에 작용하는 수직력 N_i는 점 O의 방향을 향하고 있으므로 이것에 의한 모멘트는 전부 영(0)이다. 활동 원호의 중심 O에 대해서 활동을 일으키는 힘의 모멘트의 합과 그것에 저항하는 힘의 모멘트의 합으로부터 구한 안전율 F_m(Q 9-1-1)을 1로 두어 다음 식을 얻을 수 있다.

$$\sum_{i=1}^{n} W_i R \sin\alpha_i = \sum_{i=1}^{n} R \cdot T_i \tag{5}$$

원호의 반경은 같으므로 식 (5)는 다음 식과 같이 변형할 수 있다.

$$\sum_{i=1}^{n} W_i \sin\alpha_i = \sum_{i=1}^{n} T_i \tag{6}$$

· 스웨덴(Fellenius) 법

이 방법은 활동면 방향의 힘의 평형, 결국 식 (2)를 무시하는 방법이다. 즉, 식 (1), 식 (9-11), 식 (6)을 이용하여 안전율을 구한다.

식 (1)을 식 (9-11)에 대입하여 다음 식을 얻는다.

$$F = \frac{c_i' l_i + (W_i \cos\alpha_i - u_i l_i)\tan\phi_i'}{T_i} \tag{7}$$

식 (7)의 T_i를 풀어 식 (6)에 대입하면, 다음과 같이 안전율 F가 구해진다.

$$\sum_{i=1}^{n} W_i \sin\alpha_i = \sum_{i=1}^{n} \frac{[c_i' l_i + (W_i \cos\alpha_i - u_i l_i)\tan\phi_i']}{F}$$

$$\therefore F = \sum_{i=1}^{n} \frac{[c_i' l_i + (W_i \cos\alpha_i - u_i l_i)\tan\phi_i']}{\sum_{i=1}^{n} W_i \sin\alpha_i} \tag{9-8 bis}$$

- Bishop의 간편법

이 방법은 수평방향 힘의 평형식 (4)를 무시하는 사고방식이다.

안전율 구하는 방법은 우선 식 (3)을 식 (9-11)에 대입하여 N_i를 소거하고 T_i를 구한다.

$$N_i = (W_i - T_i \sin\alpha_i)/\cos\alpha_i$$

$$T_i = \frac{1}{F}\left[c_i' l_i + \left\{\frac{(W_i - u_i l_i \cos\alpha_i) - T_i \sin\alpha_i}{\cos\alpha_i}\right\}\tan\phi_i'\right] \tag{8}$$

$b_i = l_i \cos\alpha_i$의 관계를 이용하면

$$T_i = \frac{c_i' b_i + (W_i - u_i b_i)\tan\phi_i'}{F\cos\alpha_i + \sin\alpha_i \tan\phi_i}$$

$$= \frac{1}{F\cos\alpha_i\left(1 + \dfrac{\tan\alpha_i \tan\phi_i'}{F}\right)}\{c_i' b_i + (W_i - u_i b_i)\tan\phi_i'\}$$

$$= \frac{1}{Fm_\alpha}(c_i' b_i + (W_i - u_i b_i)\tan\phi_i') \qquad (9)$$

여기서

$$m_\alpha = \cos\alpha_i\left(1 + \frac{\tan\alpha_i \tan\phi_i'}{F}\right) \qquad (9\text{-}9\text{-b } bis)$$

상기 식 (9)를 식 (6)에 대입하여 T_i를 소거하여 정리하면 안전율이 구해진다.

$$\sum_{i=1}^{n} W_i \sin\alpha_i = \sum_{i=1}^{n} \frac{1}{Fm_\alpha}(c_i' b_i + (W_i - u_i b_i)\tan\phi_i')$$

그러므로 안전율은

$$F = \frac{\sum_{i=1}^{n}(c_i' b_i + (W_i - u_i b_i)\tan\phi_i')/m_\alpha}{\sum_{i=1}^{n} W_i \sin\alpha_i} \qquad (9\text{-}9\text{-a } bis)$$

Q 9-2-2

Bishop의 간편법으로서 식 (9-9)를 이용하여 안전율을 구하는 방법을 설명하시오.

Bishop의 간편법에 의한 식 (9-9-a)의 분자에는 m_α인 항이 있으며, 이것에는 식 (9-9-b)와 같이 미지수 F가 포함되어 있다. 따라서 우선 $F_{(0)}$로 하여 안전율에 적당한 값을 가정하여 식 (9-9-b)의 우변을 계산하여 m_α를 구하고 그것을 식 (9-9-a)의 우변에 대입하여 $F_{(1)}$을 구한다. 통상 가정된 $F_{(0)}$과 상기의 방법으로 계산한 $F_{(1)}$은 다르므로, $F_{(1)}$을 다시 식 (9-9-b)의 우변에 대입하여 m_α를 구하고, 식 (9-9-a)로부터 안전율 $F_{(2)}$를 구한다. 이 조작을 반복하여 축차 반복 계산으로 안전율을 구하는 것이다.

이 축차 계산은 수렴이 빨라 2~3회 반복하면 가정된 F와 계산된 F가 일치하는 $(F_{(i)}=F_{(i+1)})$것으로 알려져 있다.

Q 9-2-3

Q 9-2-1에서 왜 평형식을 무시하여 안전율을 구하는 것인가?

스웨덴(Fellenius) 법이면 Q 9-2-1에서 식 (1), (2), (9-11), (6)을 풀어 안전율을 구하는데 왜 식 (2)를 무시하는 것인가가 질문의 의미이다.

여기에서 미지수의 수와 식의 수를 검토하여 보자. 미지수는 활동 흙덩이를 n개로 분할하고 있는 것을 고려하면, N_i, T_i 모두 n개씩 있다. 안전율 F는 사면 전체의 안전율을 구하고 있으므로 1개이다. 따라서 합계 $(2n+1)$개의 미지수가 있게 된다.

식의 수는 식 (1)이 n개, 식 (2)가 동일하게 n개다. 또 식 (9-11)은 n개이지만 식 (6)의 모멘트의 평형식은 Σ가 붙어 있으므로 1개가 된다. 따라서 합계$(3n+1)$개의 식이 있다. 그래서 영향이 적을 것으로 판단되는 식[이 경우는 수평 방향의 힘의 평형식 (2)]을 무시하여 미지수의 수 $(2n+1)$개와 식의 수 $(2n+1)$개를 합쳐서 안전율 F를 구하는 것이다.

Q 9-2-4

상기의 방법에서는 절편 양측면에 작용하는 힘 E_i, E_{i+1}(그림 9-4)을 무시하였다. 무시하지 않을 때는 어떻게 될지 고찰하시오.

Q 9-2-3의 설명에서 식의 수보다 미지수의 수가 줄어 있는 것은 이 절편 양측면에 작용하는 힘을 무시하고 있기 때문이다. 측면의 힘에는 수직 성분과 연직성분이 있으므로, 미지수는 한번에 $2n$개 증가한다. 합계 미지수는 $(4n+1)$개로 되지만 식은 $(3n+1)$개로서 풀 수 없다고 생각할 지도 모른다. 그러나 각 절편별 모멘트의 평형식을 세우면 식은 n개 생기므로 미지수와 식의 수는 $(4n+1)$개씩으로 되어 일치한다.

그렇지만 식 (9-11)의 안전율을 포함한 식은 일차의 선형식은 아니며 F와 T_i가 곱셈의 형으로 되어 있으므로 이차의 비선형 연립방정식으로 되어 간단하게는 풀지 못한다. 그래서 미지수는 $(2n+1)$개로 하고 영향이 적을 것으로 판단되는 식을 제외하여 식의 수를 $(2n+1)$로 한 다음에 안전율을 구하게 된다.

Q 9-2-5

수평이고 균질한 모래질 실트 지반을 1 : 2의 구배로서 15m 굴착하여 고속도로를 만들 계획이다(그림 9-5). 토질 매개변수는 그림에 나타낸 것과 같고 지하수위는 심층부에 있다. 그림의 가상 활동면에 대해 스웨덴(Fellenius) 법과 Bishop의 간편법에 의한 안전율을 구하여 비교하시오.

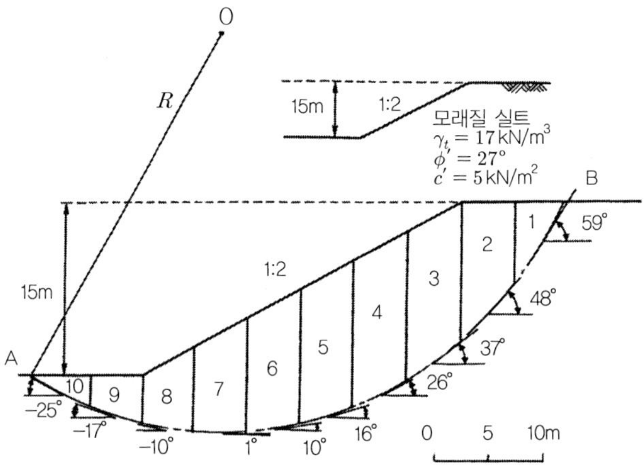

그림 9-5 안전율의 계산에 이용한 요소분할

스웨덴(Fellenius) 법은 식 (9-8)의 각 항을 구체적으로 구하여 절편별로 서로 더하면 된다. 이 문제의 경우 절편으로 분할된 그림 9-5를 참조하면서 표를 이용하여 계산을 하면 간단하다. 표 9-1에 계산결과를 보인다. 표는 왼쪽부터 b_i(m), α_i(°), l_i(m), H_i(m), $c'l_i$(kN), W_i(kN), $W_i \sin\alpha_i$(kN), $W_i \cos\alpha_i$(kN), $W_i \cos\alpha_i \times \tan\phi'$(kN), $W_i \cos\alpha_i \times \tan\phi' + c'l_i$(kN)이다.

구하는 안전율은 다음과 같다.

$$F = \frac{3,460.0}{2,167.2} = 1.60 \tag{1}$$

표 9-1 스웨덴(Fellenius) 법에 의한 안전율의 계산 $\tan\phi' = 0.51$

슬라이스 번호	b (m)	α (도)	l (m)	H (m)	$c'l$ (kN)	$W = br_tH$ (kN)	$W\sin\alpha$ (kN)	$W\cos\alpha$ (kN)	$W\cos\alpha \times \tan\phi'$ (kN)	$W\cos\alpha \times \tan\phi' + c'l$ (kN)
1	4.3	59	8.3	3.4	41.5	248.5	213.0	128.0	65.2	106.7
2	5.0	48	7.5	9.8	37.5	833.0	619.0	557.4	284.0	321.5
3	5.0	37	6.3	12.6	31.5	1,071.0	644.5	855.3	435.8	467.3
4	5.0	26	5.6	13.0	28.0	1,105.0	484.4	993.2	506.0	534.0
5	5.0	16	5.2	12.5	26.0	1,062.5	292.9	1,021.3	520.4	546.4
6	5.0	10	5.1	11.0	25.5	935.0	162.4	920.8	469.2	494.6
7	5.0	1	5.0	8.9	25.0	756.5	13.2	756.4	385.4	410.4
8	5.0	−10	5.1	6.0	25.5	510.0	−88.6	502.3	255.9	281.4
9	5.0	−17	5.2	3.6	26.0	306.0	−89.5	292.6	149.1	175.1
10	6.5	−25	7.2	1.8	36.0	198.9	−84.1	180.3	91.9	127.9

(주) 표에서는 첨자 i를 생략하였다.

$\Downarrow$ $\Sigma W_i \sin\alpha_i = 2,167.2$

$\Downarrow$ $\Sigma = 3,465.3$

$$F = \frac{3,465.3}{2,167.2} = 1.60$$

표 9-2 Bishop의 간편법에 의한 안전율의 계산

슬라이스 번호	$c'b$ (kN)	$W\tan\phi'$	$W\tan\phi' + c'b = \Delta$	$F=1.60$		$F=1.82$		$F=1.84$	
				m_α	Δ/m_α	m_α	Δ/m_a	m_α	Δ/m_α
1	21.5	126.6	148.1	0.788	187.9	0.755	196.2	0.752	196.9
2	25.0	424.4	449.5	0.906	496.1	0.877	512.5	0.875	513.7
3	25.0	545.7	570.7	0.990	576.5	0.967	590.2	0.965	591.4
4	25.0	563.0	588.0	1.038	566.5	1.022	575.3	1.021	575.9
5	25.0	541.3	566.3	1.049	539.8	1.038	545.6	1.038	545.6
6	25.0	476.4	501.4	1.040	482.1	1.033	485.4	1.033	485.4
7	25.0	385.4	410.4	1.005	408.4	1.005	408.4	1.005	408.4
8	25.0	259.8	284.8	0.930	306.2	0.936	304.3	0.937	303.9
9	25.0	155.9	180.9	0.863	209.6	0.874	207.0	0.875	206.7
10	32.5	101.3	133.8	0.772	173.3	0.788	169.8	0.789	169.6

(주) 표에서는 첨자 i를 생략하였다.

$\Downarrow$ $\Sigma 3,946.4$ $\Downarrow$ $\Sigma 3,994.7$ $\Downarrow$ $\Sigma 3,997.5$

제일차근사 $F = \dfrac{\Sigma\Delta/m_\alpha}{\Sigma W\sin\alpha} = \dfrac{3,946.4}{2,167.2} = 1.82$

제이차근사 $F = \dfrac{3,994.7}{2,167.2} = 1.84$

제삼차근사 $F = \dfrac{3,997.5}{2,167.2} = 1.84$

Bishop의 간편법도 동일하게 계산할 수 있다. 스웨덴(Fellenius) 법으로 계산한 표 9-1의 결과를 일부 사용하지만 $c'b_i$(kN), $W_i\tan\phi'$(kN), $W_i\tan\phi' + c'b_i$(kN)를 별도 계산할 필요가 있다(표 9-2). 더욱이 식 (9-9-b)를 이용하여 각 절편의 m_α를 계산하여, 식 (9-9-a)를 이용한다. 여기에서는 식 (1)에서 구한 스웨덴 법의 안전율 1.60을 초기 안전율 $F_{(0)}$로서 m_α를 계산하고 있다.

계산결과로부터 축차 안전율이 구해져 3회째에서 1.84로 수렴한다.

$$F_{(1)} = \frac{\sum_{i=1}^{n} \Delta_i/(m_\alpha)_i}{\sum_{i=1}^{n} W_i \sin\alpha_i} = \frac{3,946.4}{2,167.2} = 1.82$$

$$F_{(2)} = \frac{3,994.7}{2,167.2} = 1.84$$

$$F_{(3)} = \frac{3,997.5}{2,167.2} = 1.84 \qquad (2)$$

안전율을 구하는 식이 다르기 때문에 일반적으로 Bishop의 간편법이 0.1 ~ 0.4 정도 큰 안전율이 산출되는 것으로 알려져 있다. 위의 문제에서 결과에 크게 영향을 주는 값은 γ_t, c', ϕ'인 것을 이해할 필요가 있다. 그 때문에 이러한 값을 다소 바꾸어 다시 한 번 계산하면 원위치의 지반 정수를 정확히 파악하는 것이 얼마나 중요한지를 알 수 있다(표 9-2).

Q 9-2-6

그림 9-6(a)에 보인 수침 사면이 있다. 이 사면의 안전율은 식 (9-8)의 우변에 포함된 절편 전중량 W_i 대신에 유효중량 $W_i{}'$를 이용하여 다음 식 (9-12)로 표현됨을 증명하시오.

$$F = \frac{1}{\sum_{i=1}^{n} W_i{}' \sin\alpha_i} \sum_{i=1}^{n} \left[c_i{}' l_i + (W_i \cos\alpha_i - u_i l_i) \tan\phi_i{}' \right] \qquad (9\text{-}12)$$

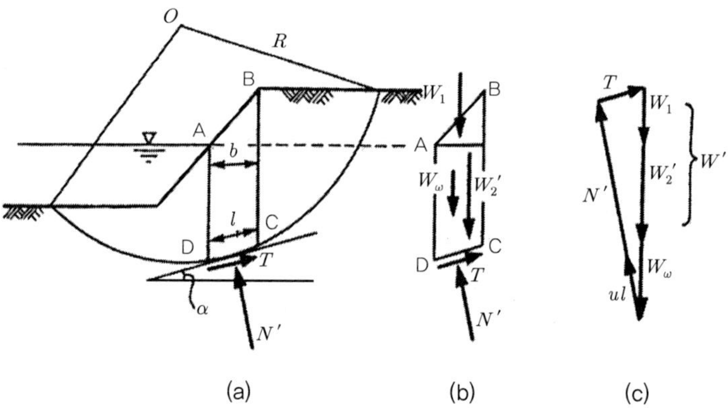

그림 9–6 수침사면과 절편에 걸리는 힘의 평형(첨자 i는 생략)

물은 지하수로 사면내부까지 연결되어 있다.

i 번째의 절편 저면에서의 힘의 평형은 그림 (b), (c)에 보인 바와 같이 된다. 여기에서 V_i는 절편의 체적으로서 다음과 같다.

$W_{1i} = V_{1i}\gamma_t$ (지하수위 이상의 흙의 중량)

$W_{2i}{}' = V_{2i}\gamma'$ [지하수위 이하의 흙의 유효중량($\gamma' = \gamma_{sat} - \gamma_w$)]

$W_{wi} = V_{2i}\gamma_w$ (지하수위 이하의 물의 중량)

다음에 O점에 관한 모멘트의 평형으로부터

$$\sum(W_{1i}+W_{2i}'+W_{wi})R\sin\alpha_i = R\sum T_i \tag{1}$$

이 식에서 물이 차지하는 부분은 O점을 중심으로 좌우 대칭이므로

$$\sum W_{wi}R\sin\alpha_i = 0 \tag{2}$$

로 되어 흙의 유효중량을

$$W_i' = W_{1i} + W_{2i}' \tag{3}$$

로 두면

$$R\sum W_i' + \sin\alpha_i = R\sum T_i \tag{4}$$

여기에서 스웨덴(Fellenius) 법에 따라 활동면에 수직방향인 힘의 평형이나 파괴조건을 고려하면 식 (9-12)가 유도된다.

이 식에서 우변 분자의 ($W_i\cos\alpha_i - u_i l_i$)를 $W_i'\cos\theta_i$로 치환하는 방법도 있다[수정 스웨덴(Fellenius) 법].

Q 9-2-7

그림 9-7(a)에 보인 하천제방이 있다. 그림 중의 원호 활동면에 대해 그림 (b)를 참조하여 다음 경우에 대한 안전율을 구하시오.

(1) 하천 수심이 평상시에 6 m일 때

(2) 수위가 급격히 영(0)까지 저하하였을 때

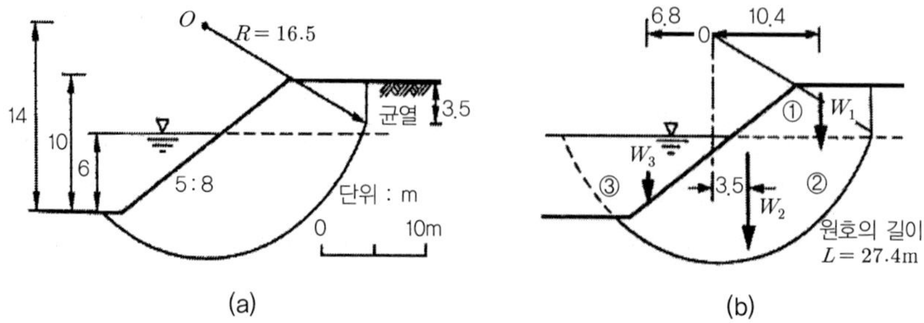

그림 9-7 하천 제방의 활동 안전율

조건은 지반의 $c_u = 38\text{kN/m}^2$, $\phi_u = 0$, $\gamma_t = 18\text{kN/m}^3$, $\gamma_{sat} = 19\text{kN/m}^3$으로 하고 제방 천단에 3.5m 깊이의 균열이 있기 때문에 이 부분의 저항은 고려하지 않는다.

(1) 하천 수위가 평상시 6m일 때의 안전율

그림 (b)와 같이 지반과 수중 부분을 ①, ②, ③으로 나눈다.
각각의 체적 V(뒷길이 1m에 대하여)와 무게 중심 위치까지의 거리 d를 구하면

$$V_1 = 34\text{m}^3,\ V_2 = 119\text{m}^3,\ V_3 = 61\text{m}^3,\ d_1 = 10.4\text{m},\ d_2 = 3.5\text{m},\ d_3 = 6.8\text{m}$$

각 부분의 중량은

$$W_1 = \gamma_t V_1 = 18 \times 34 = 612.0\text{kN}$$

$$W_2 = \gamma_{sat} V_2 = 19 \times 119 = 2{,}261.0\text{kN}$$

$$W_2' = \gamma' V_2 = (19 - 9.8) \times 119 = 1{,}094.8\text{kN}$$

$$W_3 = \gamma_w V_3 = 9.8 \times 61 = 597.8\text{kN}$$

지반부의 활동 원호의 길이는 $L = 27.4\text{m}$이므로 안전율은

$$F = \frac{c_u LR}{(W_1 \times 10.4 + W_2 \times 3.5 - W_3 \times 6.8)} = \frac{17,179.8}{10,213.3} = 1.68$$

또는 $W_2 d_2 - W_3 d_3 = W_2' d_2 + \gamma_w (V_2 d_2 - V_3 d_3)$이며 $V_2 d_2 = V_3 d_3$을 이용하면,

$$F = \frac{c_u LR}{(W_1 \times 10.4 + W_2 \times 3.5)} = \frac{17,179.8}{10,196.6} = 1.68$$

(2) 하천 수위가 급격히 영(0)까지 저하하였을 때

그림 (b)의 ③부의 수압 W_3이 사라져

$$F = \frac{c_u LR}{(W_1 \times 10.4 + W_2 \times 3.5)} = \frac{17,179.8}{14,278.3} = 1.20$$

즉, 수위가 6m 급강하하면 안전율은 1.68로부터 1.20으로 내려간다.

9-3 마찰원법과 안정도표

원호 활동면의 파괴 형태는 사면의 경사 정도나 지반 조건에 따라서 그림 9-8과 같이 3개의 형태로 나뉜다.

그림 9-8 원호 활동면의 파괴 패턴

균일한 토질로 구성되어 있는 사면에 관하여 Taylor는 마찰원 해법(Q 9-3-2)을 이용하여 사면이 파괴할 때의 사면의 강도를 구하고 그것에 의해서 안정수와 사면 경사각 β의 관계를 정리하여 안정도표를 작성하였다.[51)] 더욱이 Terzaghi는 안정계수를 이용하여 그림 9-9와 같은 형식으로 수정하였다.

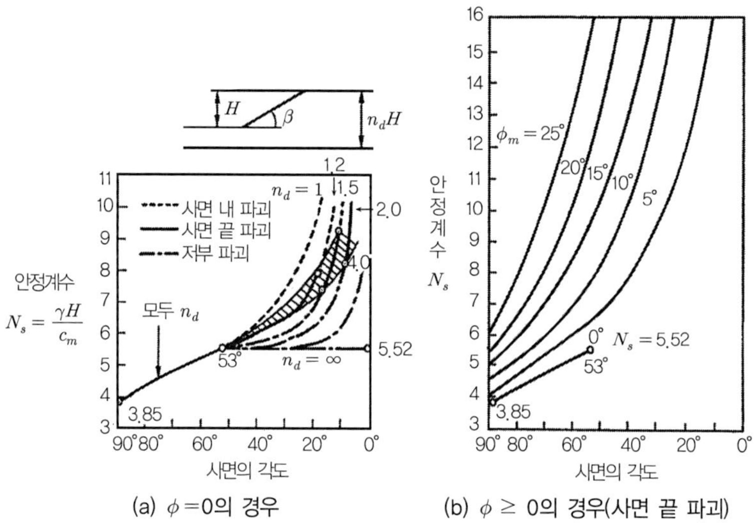

그림 9-9 안정계수 N_s(Terzaghi의 원도에 가필)

여기에서, 안정계수, 안정수의 정의는 다음과 같다.

$$\text{안정계수 : } N_s = \frac{\gamma H}{c_m} \tag{9-13}$$

$$\text{안정수} : N_s{}' = \frac{1}{N_s} = \frac{c_m}{\gamma H} \tag{9-14}$$

여기에서, H : 사면의 높이, γ : 사면 흙의 단위 체적중량으로서 상황에 따라 γ_t 나 γ_{sat}를 이용한다. c_m은 가동 점착력으로서 안전율을 F_c로 할 때 $c_m = c'/F_c$로 표현된다. 따라서 $F_c = 1.0$의 한계에서는 위 식의 $H = H_c$(한계 높이), $c_m = c'$으로 된다.

그림 9-9의 활용법에 대해서는 뒤에서 기술할 문제에서 연습한다.

Q 9-3-1

사면 경사각이 $\beta = 30°$의 균질한 점토($\phi_u = 0°$) 사면이 있다. 이 사면의 점착력은 $c_u = 25\text{kN/m}^2$, 단위 체적중량은 $\gamma_t = 18\text{kN/m}^3$이다. 깊이 계수 n_d가 1.0, 1.2, 1.5, 2.0, 4.0의 경우의 사면 파괴의 종류와 한계 높이 H_c를 구하시오.

각각의 n_d에 대한 안정계수 N_s를 그림 9-9(a)로부터 확인하여 파괴의 종류와 한계 높이 $H_c = (N_s c_u)/\gamma_t$를 구하면 결과는 표 9-3과 같다.

표 9-3

n_d	파괴의 종류	안정계수 N_s	한계 높이 H_c(m)
1.0	사면 내 파괴	7.5	$N_s \frac{c_u}{\gamma_t} = 7.5 \times \frac{25}{18} = 10.4$
1.2	사면 끝 파괴	6.6	$6.6 \times \frac{25}{18} = 9.2$
1.5	저부 파괴	6.1	$6.1 \times \frac{25}{18} = 8.5$
2.0	저부 파괴	5.8	$5.8 \times \frac{25}{18} = 8.1$
4.0	저부 파괴	5.5	$5.5 \times \frac{25}{18} = 7.6$

Q 9-3-2

사면의 안정에 필요한 가동 점착력(c_m)과 가동 내부 마찰각(ϕ_m)을 설명하시오. 또 마찰원에 대해서도 기술하시오.

안전율의 정의 식 (9-1)로부터 사면이 균일한 토질로 구성되어 있는 경우, 결국 강도정수 c', ϕ'이 장소에 따라 변화하지 않는 경우, 활동면을 따라서 발휘되는 전단응력은 다음과 같다.

$$\tau = \frac{\tau_f}{F} = \frac{c'}{F} + \sigma' \frac{\tan\phi'}{F} \tag{9-15}$$

이것을 다음 식과 같은 기호를 정의하여 치환한다.

$$\tau = \frac{\tau_f}{F} = c_m + \sigma' \tan\phi_m \tag{9-16-a}$$

여기에서,

$$c_m = \frac{c'}{F}, \ \tan\phi_m = \frac{\tan\phi'}{F} \tag{9-16-b}$$

이 c_m, ϕ_m의 첨자 m은 소정의 사면 안전율일 때에 가동(mobilize)하고 있는 점착력, 마찰력이라고 하는 의미이며 안정에 필요한 점착력, 마찰각이다.

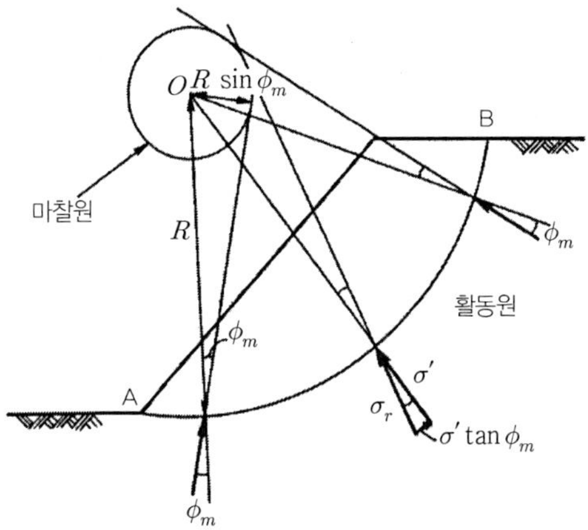

그림 9-10 마찰원

다음으로 그림 9-10과 같은 사면에서 반경 R의 원호 활동을 고려한다. 활동면에 세운 수선에 대해 ϕ_m 각도로서 기운 마찰 반력 σ_r은 임의점의 수직응력 σ'과 $\sigma'\tan\phi_m$과의 합력이다. 여기에서 $\sigma'\tan\phi_m$은 마찰저항에 기인하는 전단저항 성분이다.

그림과 같이 이 마찰 반력 σ_r의 작용선은 원호 활동의 중심과 동일한 중심을 가진 반경 $R\sin\phi_m$의 원(마찰원이라 함)에 접한다. 따라서 이 마찰 반력의 합력도 근사적으로 마찰원에 접하는 것으로 간주해도 좋다.

안정에 필요한 점착력 c_m에 의한 반력의 합력 C는 현 AB에 평행하며, 현 AB에 수직인 성분은 서로 부정한다. 그림 9-11에 보인 바와 같이 현 AB의 길이를 $\overline{L}_{AB}$ (호 AB의 길이를 L_{AB}로 정의)라 하면 합력 C의 크기는 $c_m\overline{L}_{AB}$이다. 따라서 원호의 중심으로부터 합력 C의 작용선에 이르는 길이를 L_c라 하면 모멘트의 평형으로부터 다음 식이 성립하며, L_c를 구할 수 있다.

$$C \cdot L_c = Rc_m L_{AB}$$

$$c_m \cdot \overline{L}_{AB} \cdot L_c = Rc_m L_{AB}$$

$$\therefore L_c = R\frac{L_{AB}}{\overline{L}_{AB}}$$

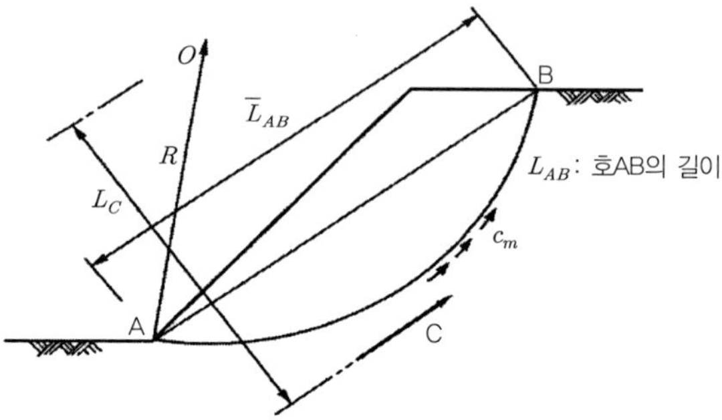

그림 9-11 점착력의 작용 위치, 크기와 방향

따라서 점착력의 합력 C의 크기, 작용 방향, 작용 위치가 구해졌다.

한편 그림 9-12에 보인 바와 같이 활동 흙덩이의 중량을 W라 하면, W가 작용하는 위치(활동 흙덩이의 무게중심을 지남)와 크기를 알 수 있고 점착력의 합력 C의 크기, 작용 방향, 작용 위치를 알고 있으므로 마찰반력 σ_r의 합력 P(작용 방향은 이미 알려져 있음)의 크기를 힘의 삼각형으로부터 결정할 수 있다.

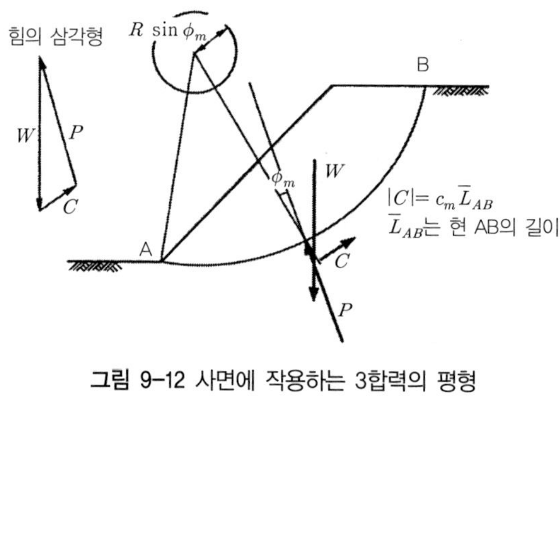

그림 9-12 사면에 작용하는 3합력의 평형

Q 9-3-3

A씨는 점착력 $c_u = 18\text{kN/m}^2$, 단위 체적중량 $\gamma_t = 14\text{kN/m}^3$의 지반($\phi_u = 0$)에서 사면 경사각도 65°로 4m의 굴착공사를 담당하였다. 그는 신입사원 B군에게 이 사면의 안전율은 얼마이며 몇 m까지 무지보로 굴착이 가능할까를 과제로 주었다. B군의 입장에서 생각해보시오.

B군은 학창 시절에 사용하였던 토질역학 교과서를 찾아내어 안정계수 N_s의 도표를 발견하였다. 현장 지반 조건이 $\phi_u = 0°$이므로 그림 9-9(a)의 도표를 사용하였다.

우선 사면 경사각도 $\beta = 65°$로부터 $N_s = 5.0$을 확인하였다. 대학 교수가 강의하였던 중요사항의 메모를 도표 한쪽 모서리에서 발견하였다. '원래 Taylor가 제안한 안정수의 점착력 c는 실은 c_m이다.' 그래서 4m까지 굴착한 경우의 안정에 필요한 점착력 c_m은 다음과 같이 계산하였다.

$$c_m = \frac{\gamma_t H}{N_s} = \frac{14 \times 4}{5.0} = 11.2\text{kN/m}^2 \tag{1}$$

그래서 안전율 F와 가동 점착력 c_m의 의미를 상기하였다. 그리고 안전율은 다음과 같이 판정하였다.

$$F = \frac{c_u}{c_m} = \frac{18}{11.2} = 1.61 \tag{2}$$

더욱이 한계 높이란 확실히 안전율 F가 1일 때이므로, $F = 1$로 하여 식 (9-13)을 이용하여 $c_m = c_u$로부터 한계 높이를 구하였다.

$$H_c = \frac{N_s c_u}{\gamma_t} = \frac{5.0 \times 18}{14} = 6.43\,\text{m} \tag{3}$$

따라서 안전율이 1인 상태이면 6.43m까지 굴착가능하다고 판정하고 리포트를 제출하였다.

A 선배는 B군의 리포트를 보고 다음과 같은 코멘트를 하였다.

'그림 9-9(a)의 도표를 사용하여 사면 경사각도 $\beta = 65°$로부터 안정계수 5.0을 선택한 것은 맞다. 자신의 계산에서는 우선 식 (3)과 같이 한계 굴착 높이 $H_c = 6.43\,\text{m}$을 구하였다. 그리고 안전율을 이하의 식으로 계산하였다. 그래서 B군이 구한 안전율은 값은 같지만 구하는 방법이 다르다.'

$$F = \frac{H_c}{H} = \frac{6.43}{4} = 1.61 \tag{4}$$

여러분은 이 안전율의 차이를 알고 있는가? 원래 그림 9-9(a)의 안정계수에 포함된 것은 c_m이다. 그래서 B군의 선택은 맞는다고 할 수 있다. 그렇다면 A선배의 방법은 어떤가. 그는 사면의 높이로 안전율을 정의하여 계산한 것으로 이것도 실수는 아니다.

이 문제에서는 $\phi_u = 0$이므로 결과는 동일해졌다. Q 9-3-4와 같이 $\phi' \neq 0$의 경우는 안전율의 정의 방법에서 다른 결과로 된다. 각자 생각해보자.

Q 9-3-4

점착력 $c' = 20\,\text{kN/m}^2$, 내부 마찰각 $\phi' = 28°$, 단위 체적중량 $\gamma_t = 16\,\text{kN/m}^3$의 지반에서 시면 경사각도 45°로서 10m의 굴착을 하였다. 이 사면의 안전율을 구하시오. 다만 활동의 종류는 사면 끝 파괴를 가정한다.

우선,

(1) ϕ' 이하에서 ϕ_m을 가정한다. 이때 $F_\phi = \tan\phi'/\tan\phi_m$이다.

(2) 그림 9-9(b)로부터 β와 ϕ_m에 대한 안정계수 N_s를 구한다.

(3) N_s를 이용하여 $c_m = \gamma_t H/N_s$로부터 c_m을 산출하여 $F_c = c'/c_m$을 계산한다.

(4) 이 조작을 반복하여 $F_\phi = F_c$로 되는 값이 소정의 안전율이다.

구체적으로 계산하면 표 9-4와 같다. 그림 9-13(a)에는 $F_c - F_\phi$ 관계를 그림 (b)에는 $\phi_m - F_\phi$, $\phi_m - F_c$ 관계를 보이지만, 이 사면의 안전율은 1.7로 된다.

표 9-4

ϕ_m	N_s	F_ϕ	c_m	F_c
5°	7.4	6.1	21.6	0.9
10°	9.1	3.0	17.6	1.1
15°	11.8	2.0	13.6	1.5
20°	15.4	1.5	10.4	1.9

$F_\phi = \tan\phi'/\tan\phi_m$, $c_m = \gamma_t H/N_s$, $F_c = c'/c_m$

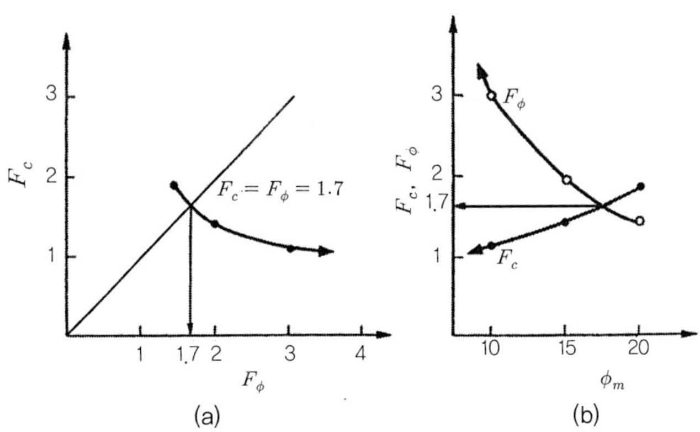

그림 9-13

Q 9-3-5

사면 경사각 $\beta = 70°$의 쌓기를 한다. 쌓기 재료의 유효 내부 마찰각은 $\phi' = 25°$이다. 강도 안전율을 1.28로 하였을 때, 높이 안전율은 얼마가 될 것인가?

내부 마찰각에 관한 강도 안전율 F_ϕ의 정의에 의해

$$F_\phi = \frac{\tan\phi'}{\tan\phi_m} = 1.28$$

이것으로부터 가동 내부 마찰각은 $\phi_m = 20°$로 된다.

즉, $\phi' = 25°$ 중에서 실제로 가동하고 있는 것은 20°이며 나머지 5°가 완전히 작용하여 비로소 강도 안전율은 1.0으로 된다.

다음으로 $\beta = 70°$에 대한 안정계수 N_s를 그림 9-9로부터 구한다. $\phi_m = 20°$일 때의 N_s를 $N_s(20°)$, $\phi_m = 25°$의 N_s를 $N_s(25°)$로 나타내면 다음을 얻는다.

$$N_s(20°) = 8.4,\ \ N_s(25°) = 9.7$$

따라서 각각의 ϕ_m에 대한 쌓기 높이 H와 H_c(한계 높이)는

$$H(20°) = N_s \frac{c_m}{\gamma_t} = 8.4 \times \left(\frac{c'}{1.28}\right) \times \frac{1}{\gamma_t}$$

$$H(25°) = N_s \frac{c_m}{\gamma_t} = 9.7 \times \left(\frac{c'}{1.0}\right) \times \frac{1}{\gamma_t}$$

$$\therefore\ \frac{H_c(25°)}{H(20°)} = 1.28 \times \frac{9.7}{8.4} = 1.48$$

관련 문제

[문제 9-1]

사질토로 이루어진 무한 길이 사면이 있으며 지하수위는 지표면에 일치하고 있다. 지반 정수가 $\gamma_{sat}=19.2\text{kN/m}^3$, $\phi'=37°$일 때 사면이 안정을 유지할 수 있는 경사각 β를 구하시오.

[해설]

식 (9-3)에서 $c'=0$, $F=1.0$으로 둔다.

[답]

$\beta=20°$

[문제 9-2]

사면 경사각이 10°인 긴 점성토 지반의 사면이 있으며 지하수위는 지표면 아래 2.0m에 있다. 하지만 강우 때문에 지하수위가 지표 아래 1.0m까지 상승하였을 때, 지표면에 평행하고 5m 깊이의 활동면이 발생하였다. 강우 전의 사면 안전율을 추정하시오. 다만, 지반은 정규 압밀 점토($c'=0$, $\phi'\neq 0$)이고 $\gamma_t=17.5$ kN/m^3, $\gamma_{sat}=18.5\text{kN/m}^3$이다.

[해설]

강우 후(지하수위 -1.0m) : $\sigma=88.74\text{kN/m}^2$, $\tau=15.65\text{kN/m}^2$, $\sigma'=50.72$ kN/m^{2}이다. 이것으로부터 $\tan\phi'=0.309$가 구해진다. 강우 전(지하수위 -2.0 m) : $\sigma=87.77\text{kN/m}^2$, $\tau=15.48\text{kN/m}^2$, $\sigma'\tan\phi'=18.29$

$\therefore F=18.29/15.48=1.2$

[답]

1.2

[문제 9-3]

그림 9-14는 균질한 점토 지반을 굴착한 사면이다. 그림 중의 가상 활동면에 대한 안전율을 절편법에 의해 구하시오.

[해설]

절편법은 그림 9-14 참조.

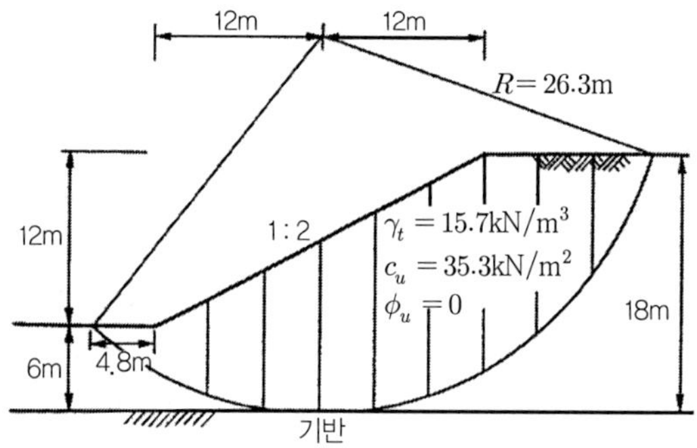

그림 9-14

[답]

$F = 1.2$

[문제 9-4]

높이 8m의 쌓기를 시공하고 싶다. 쌓기 재료의 $\gamma_t = 18.7\text{kN/m}^3$, $c' = 25\text{kN/m}^2$, $\phi' = 22°$라 하면, $F = 1.5$를 확보하기 위한 경사각 β는 얼마인가?

[해설]

$\tan\phi_m = 0.27$, $\phi_m = 15°$, $N_s = 9.0$으로부터 그림 9-9를 이용하여 β를 구한다.

[답]

$\beta = 60^\circ$

[문제 9-5]

점토층에 경사각 40°로 깎기를 하고 싶다. 점토는 $c' = 40\text{kN/m}^2$, $\phi' = 20^\circ$, $\gamma_t = 20\text{kN/m}^3$이지만 인장균열 때문에 활동면 길이를 15% 감소하여 계산한다. 안전율 2.0을 요구할 때, 한계 높이는?

[해설]

균열을 고려하여 $c' = 40(1-0.15) = 34\text{kN/m}^2$으로 된다. $c_m = 17\text{kN/m}^2$, $\phi_m = 10^\circ$ 그림 9-9로부터 $N_s = 10.8$

[답]

$H_c = 9\text{m}$

제9장 종합

★ 절편법에 의한 안정해석 중 실무에서는 스웨덴 법과 Bishop의 간편법이 많이 이용된다. 이것을 정리하여 학습하였다. 또 구체적인 예로 두 가지 방법에 의한 안전율을 산출하여 비교하였다.

점토 지반의 UU 해석에서는 스웨덴 법과 Bishop 간편법에 공통하여 식 (9-10)의 간단한 형태로 된다.

마찰원법을 이용하여 Taylor는 안정도표를 작성하여, 안정수와 사면 구배와의 관계를 제시하였다. 이 도표의 사용 방법에 숙달하면 실무상에서도 유용할 것이다.

사면의 안정도를 나타내는 지표에 안전율이 있다. 그러나 같은 사면에서도 정의의 방법에서 안전율의 값이 다르므로 주의해야 한다.

제 10 장

지반의 동적 문제

제 10 장

지 반 역 학

지반의 동적 문제

★ 지진 시 지반의 각종 거동, 구조물과의 상호작용 등을 공학 기반의 역학적 관점으로 파악하는 것이 이 장의 목적이다. 따라서 주된 내용은 지반의 증폭·감쇠/흙의 동적 특성/지반과 건물의 지진피해/진도법/액상화로 구성하였다.

10-1 지반의 지진 응답

지구의 반경은 대략 6,400km이며 그 지표로부터 수 10km까지를 지각이라 한다. 지각의 두께는 지구반경의 약 1%에 불과하지만 이 지각내의 일부에서 단층에 연하여 급격한 활동 파괴가 일어나면 지진파가 발생한다. 지진파는 지각 내 모든 방향으로 전해지며 지표에 도달하면 '지진동'을 일으킨다.

· 지진파 중에서 관측점에 최초로 도달하는 파를 P파(Primary wave), 다음에 도달하는 파를 S파(Secondary wave)라 부른다. P파는 종파, S파는 횡파이다. 종파는 매체의 입자가 파의 진행방향에 대해 전후로 진동하면서 전해져 소밀파, 압축파라고도 한다. 횡파는 매체 입자가 진행 방향에 직교하여 진동한다. 이러한 P파와 S파를 종합하여 실체파라고 한다.

· 지진파에는 이러한 실체파 외에 지반 내 경계면이나 지표면을 따라서 진행하

는 표면파 (Love 파와 Rayleigh 파)가 있다. 표면파의 특징은 실체파와 달리 진동수가 1 ~ 0.1Hz로 상당히 낮고(즉, 주기가 긴), 규칙적으로 진동하는 것이다. 일반 구조물에서는 이와 같은 저진동(장주기)의 파는 그다지 문제가 되지 않는다. 그러나 장대교나 초고층 빌딩에서는 고유 진동수가 낮고 감쇠도 작기 때문에 표면파의 영향을 무시할 수 없는 경우도 있다.

· 지진파가 전해질 때 지반의 층별로 강성 G나 밀도 ρ가 변화하면, 굴절·투과와 반사를 반복하면서 전파방향을 지표면에 수직방향으로 바꾸면서 상승한다(Q 10-1-1).

S파의 전파속도 V_s는

$$V_s = \sqrt{\frac{G}{\rho}} \tag{10-1}$$

각각의 단위는 V_s(m/sec), G(kN/m^2), ρ(Mg/m^3)이다(관련 문제 10-1).

Q 10-1-1

지진파의 중복 반사란 무엇인가?

지진파가 밀도나 탄성파 속도가 다른 지층에 입사하면 파는 반사 또는 굴절(투과)한다. 그림 10-1과 같이 S파 속도가 V_1, V_2의 2층으로 이루어진 지반을 고려한다. 층의 경계에서의 입사파와 굴절파가 연직과 이루는 각도를 θ_1, θ_2라 하면 Snell의 굴절법칙에 의해 다음 식이 성립한다.

$$\frac{\sin\theta_1}{V_1} = \frac{\sin\theta_2}{V_2} \tag{10-2}$$

또 입사각 θ_1과 반사각 $\theta_1{}'$은 같아, $\theta_1 = \theta_1{}'$이다.

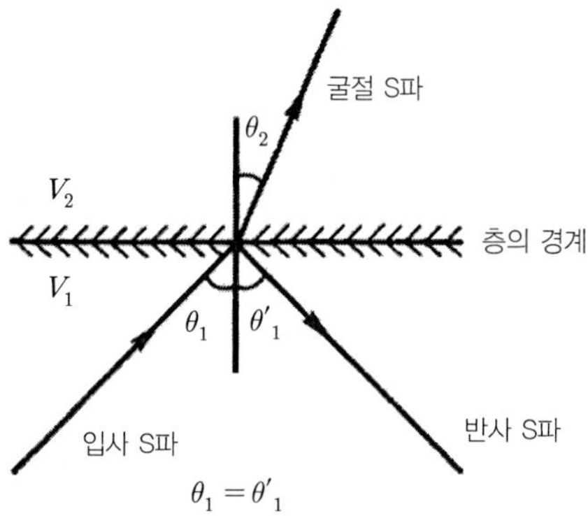

그림 10-1 입사 S파의 반사와 굴절

그런데 실제 지반은 다층 구조이며 S파가 심층부로부터 천층부로 향하여 $V_1 \to V_2 \to \cdots\ V_{n-1} \to V_n$의 경로를 따라 가는 경우(그림 10-2), 하층이 상층보다 단단하면 $V_1 > V_2 > \cdots\ V_{n-1} > V_n$이므로 식(10-1)로부터 $\theta_1 > \theta_2 > \cdots\ \theta_{n-1} > \theta_n$으로 되며 파는 전파 방향을 연직인 방향으로 바꾸어 나간다. 즉, 지진파는 연직 아래쪽으로부터 상승해나간다고 봐도 좋고 지표에서는 S파를 수평진동으로 느끼게 된다.

그림 10-2와 같이 심층부의 진원에서 발생된 S파는 표층에 도달하기까지 많은 퇴적층의 경계에서 굴절과 반사를 반복하게 되며 이것을 중복 반사라 한다. 그리고 진원에서는 단순한 파형을 하고 있어도 중복 반사 때문에 표층에서는 매우 복잡한 파형을 형성하는 것이다.

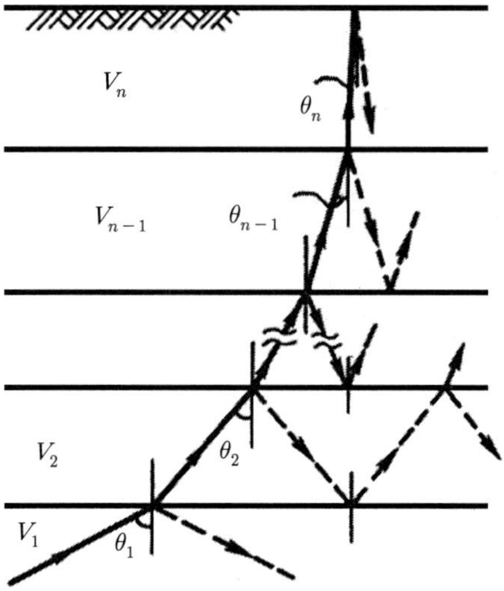

실선 : 입사파 · 굴절파
점선 : 반사파

그림 10-2 다층 지반의 굴절과 반사

이상은 입사 S파(엄밀히 말하면 SH파)의 경우에 대한 사항이지만 유사 중복 반사현상은 P파로도 나타난다. 다만 그림 10-3과 같이

[입사] SV파에 대해서는 {[반사 · 굴절] SV파와 / [반사 · 굴절] P파}

또, [입사] P파에 대해서는 {[반사] P 파 · SV파와 / [굴절] P 파 · SV파}

가 발생한다는 차이가 있다.

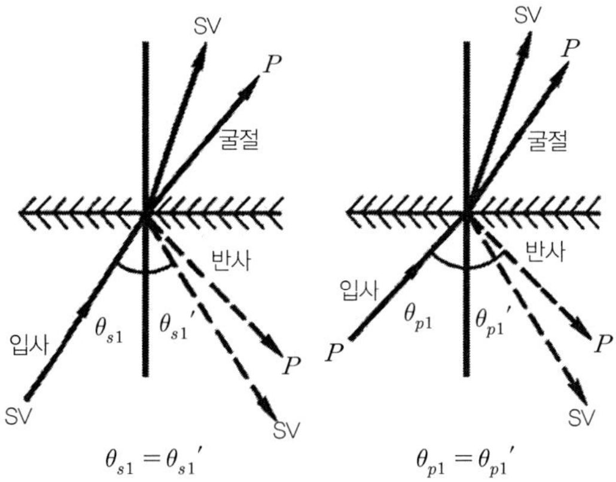

그림 10-3 입사 SV파·P파의 반사와 굴절

Q 10-1-2

수평지표면으로 향하여 지하로부터 S파가 연직으로 상승해 올 때 다음 식을 유도하시오.

$$\frac{\partial^2 u}{\partial t^2} = V_s^2 \frac{\partial^2 u}{\partial z^2} \tag{10-3}$$

이 식은 파동 방정식이라고도 불리며 u : 변위, V_s : S파 속도이다.

그림 10-4와 같이 수평 단면적 A, 두께 dz의 미소 요소를 고려한다. S파의 경우, 탄성체 내의 각 점은 파동의 진행 방향에 직교하여 변위가 발생한다. 변위 u는 z와 t의 함수 $u(z, t)$이다.

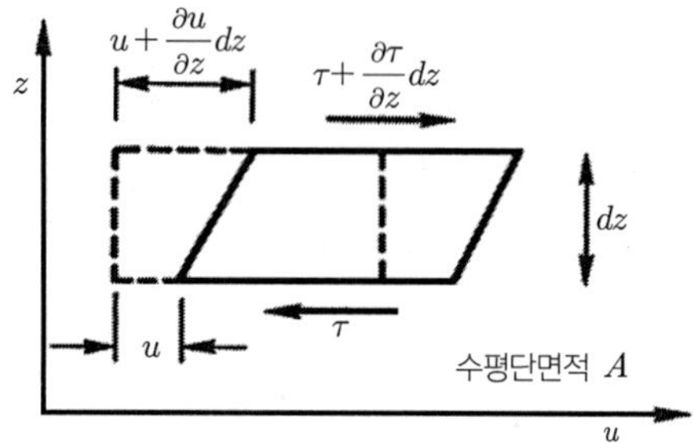

그림 10-4

상하 양 단면에 작용하는 힘의 차에 의해서 밀도 ρ의 미소 요소가 가속도 $\left(\frac{\partial^2 u}{\partial t^2}\right)$를 받으므로 운동의 제2법칙으로부터

$$\underbrace{\frac{\partial \tau}{\partial z}dz \cdot A}_{\text{힘}} = \underbrace{\rho \cdot dz \cdot A}_{\text{질량}} \underbrace{\frac{\partial^2 u}{\partial t^2}}_{\text{가속도}} \qquad (1)$$

전단응력 τ와 변형 $\frac{\partial u}{\partial z}$의 관계는 탄성체를 가정하면

$$\tau = G\frac{\partial u}{\partial z} \qquad (2)$$

여기에서 G : 전단 탄성 계수

식 (2)로부터

$$\frac{\partial \tau}{\partial z} = G\frac{\partial^2 u}{\partial z^2} \qquad (3)$$

이것을 식 (1)에 대입하면

$$\rho\frac{\partial^2 u}{\partial t^2} = G\frac{\partial^2 u}{\partial z^2} \tag{4}$$

그러므로

$$\frac{\partial^2 u}{\partial t^2} = V_s^2\frac{\partial^2 u}{\partial z^2} \tag{10-3}$$

여기에서,

$$V_s = \sqrt{\frac{G}{\rho}} \tag{10-1 bis}$$

또한 속도 V_s의 파동이 밀도 ρ인 매질을 전파할 때 V_s와 ρ의 곱, 즉 다음 식을 임피던스라 한다.

$$\rho V_s = \sqrt{\rho G} \tag{10-4}$$

이 임피던스를 어떻게 이용할지는 다음의 문제에서 설명한다.

그림 10-5에는 참고를 위해 V_s의 개략값을 보였다.[52] 그림에 의하면 토질별 S파 속도는 대략 충적층의 점성토 150m/sec, 사질토 200m/sec, 홍적층의 점성토 250m/sec, 사질토 350m/sec 정도의 값을 보인다.

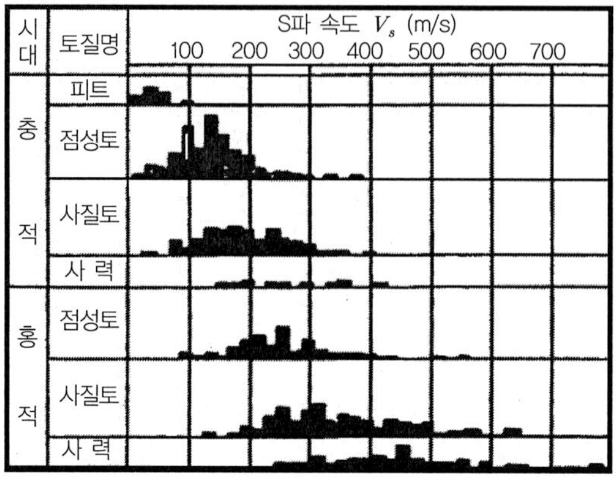

그림 10-5 토질별의 S파 속도[52)]

Q 10-1-3

기초 지반 위에 연약층이 있다(그림 10-6). 아래층으로부터 S파가 연직으로 상승할 때 표층에서의 증폭 특성을 설명하시오.

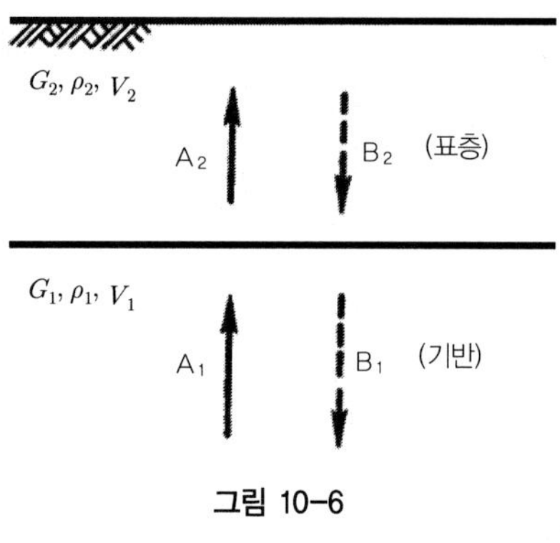

그림 10-6

그림 10-6에서 기반층의 입사·반사파 진폭을 $A_1 \cdot B_1$, 또 표층에서의 투과·반사파 진폭을 각각 $A_2 \cdot B_2$라 한다. 표층의 증폭률은 지표에서의 진폭과 입사파 진

폭과의 비 $\left(\frac{A_2}{A_1}\right)$이다. 이 특성을 이론적으로 표현하기 위하여 파동 방정식 (10-3)을 경계조건을 이용하여 정리한다. 경계조건의 선정 방법은 '관련 문제 10-2'를 참조하고 식 (10-3)의 간략한 해는 다음과 같다.

(1) [Q 10-1-2]에 나온 임피던스를 이용한다.

기반과 표층의 임피던스는 $\rho_1 V_{s1}$과 $\rho_2 V_{s2}$로서 주어지고 이 비를 κ라 하면 다음과 같다.

$$\kappa = \frac{\rho_2 V_{s2}}{\rho_1 V_{s1}} \tag{1}$$

$$= \sqrt{\frac{G_2 \rho_2}{G_1 \rho_1}} \tag{2}$$

그리고 이 임피던스 비 κ를 이용하면 표층의 진폭 배율 $\left(\frac{A_2}{A_1}\right)$의 극대값은 다음과 같이 구할 수 있다.

$$\left(\frac{A_2}{A_1}\right)_{\max} = \frac{2}{\kappa} \tag{3}$$

식 (3)에 의하면 표층의 증폭률(극댓값)은 지반 심층부에서 전달되는 입사진폭 (A_1)의 $\frac{2}{\kappa}$배로 된다. 따라서 $(G_2)_{\text{표층}} \ll (G_1)_{\text{아래층}}$과 같이 강성률 G의 편차가 큰 지반 구조일수록 임피던스 비 κ는 작고 증폭률은 커진다.

다음에 유의해야 할 사항으로 $\kappa = 1$의 경우를 고려한다. 이것은 표층이 아니고 기반이 지표로 노출된 상태이기도 하다. 따라서 노두[露頭]에서 관측된 진폭은 입사파의 2배로 간주할 수 있게 된다.

(2) 표층의 진폭 배율$\left(\frac{A_2}{A_1}\right)$은 기반-표층 중의 파동의 원진동수를 ω로 하여 다음과 같이 극대로 된다.

$$\frac{\omega H}{V_{s2}} = \frac{\pi}{2},\ \frac{3\pi}{2},\ \frac{5\pi}{2},\ \cdots = \frac{(2i-1)}{\pi}(i = 1,\ 2\cdots) \tag{4}$$

그림 10-7은 식 (4)를 가로축에 취하고 지표의 증폭률을 그린 것이다.[53)]

입사파의 주기를 T라 하면 $T = \frac{2\pi}{\omega}$ 이므로 식 (4)는 다음과 같이 표현할 수 있다.

$$T_i = \frac{4H}{V_{s2}},\ \frac{4H}{3V_{s2}},\ \frac{4H}{5V_{s2}},\ \cdots = \frac{4H}{(2i-1)V_{s2}}(i = 1,\ 2\cdots) \tag{10-5}$$

여기에서 위 식의 $\frac{\mathrm{H}}{V_{s2}}$는 두께 H의 표층을 파가 전해지는 시간이다. 입사 지진파는 다수의 주기를 가진 파로부터 이루어지며, 그중에서 식 (10-5)의 주기에 대해 표층은 공진하게 되고 결과적으로 지표에서 빈도가 높은 파로 관측되게 된다. 즉, 상기의 T는 표층 지반의 탁월 주기밖에 되지 않는다. 따라서 지층이 1층으로 이루어진 지반의 탁월 주기는 그 S파 속도와 층두께를 알면 $T = \frac{4H}{V_s}$로부터 구해진다.

또한 진동수를 f라 하면 $f = \frac{1}{T}$이므로 공진 진동수는 다음과 같다.

$$f_i = \frac{(2i-1)V_{s2}}{4H} \tag{10-6}$$

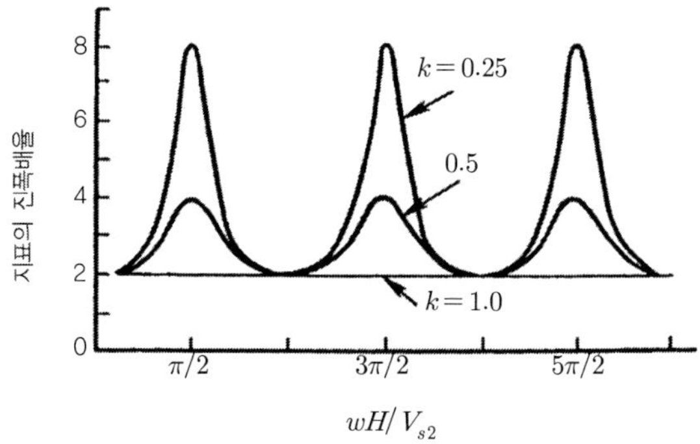

그림 10-7 지표의 증폭률[53)]

Q 10-1-4

앞 문제에서는 지반의 증폭에 대해서 설명하였다. 지반의 감쇠 특성에 대하여 기술하시오.

지진이 발생한 지반에는 성질이 다른 2종류의 감쇠가 있다. 그러한 것은 내부 감쇠와 일산[逸散] 감쇠라고 불리는 것으로서 일반적으로 감쇠가 클수록 지진동에 의한 요동을 억제하는 효과가 있다.

(1) 내부 감쇠

지반으로 파가 전파할 때 흙 입자끼리의 마찰이나 간극수가 흐를 때의 저항 등에 의해서 파의 에너지가 소비되어 결과적으로 파는 감쇠한다. 이와 같이 지반 내부의 에너지 소비가 원인이 되는 감쇠를 내부 감쇠(또는 재료 감쇠)라 하고 점성 감쇠와 비점성 감쇠 등이 있다. 전자는 점성적인 성질의 특징으로서 지반의 변형 속도에 비례하는 감쇠이며 후자는 변형 속도의 영향을 받지 않는다.

여기에서 암반 상에 연약한 표층을 가진 단순한 지층을 대상으로 하여 암반에 일정 진폭의 정현파를 계속하여 가했을 때 감쇠가 없다($h=0$)고 가정하면 지표면의 응답은 그림 10-8(a)와 같이 된다(이 그림은 그림 10-7의 다른 표시이다).

다음으로 그림 (b)는 일정 감쇠($h = 5\%$)를 가정한 경우의 응답이다. 그림 (b)는 그림 (a)와 달리 내부 감쇠의 영향에 의해서 고진동수에서의 증폭률이 저진동수에 비해 작아지고 있다. 나아가서는 공진 현상은 복수의 진동수에 대해 생기지만 최저 차의 진동수에서의 공진이 가장 요동하기 쉽다는 것을 보여주고 있다.

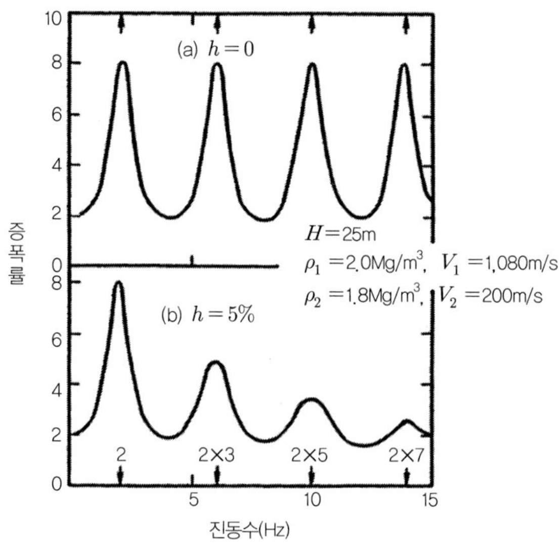

그림 10-8 감쇠의 유무와 증폭률[54)]

(2) 일산[逸散] 감쇠

이것은 지반과 구조물과의 상호작용에 의한 현상으로서 상기의 내부 감쇠가 없어도 존재한다. 저면으로부터 건물에 입사한 파는 그 정점에서 반사하여 저면에 달하면 다시 건물로의 반사와 지중으로의 투과를 반복한다. 건물을 흔든 파의 일부가 지반으로 돌아가는, 즉 건물을 진동시킨 에너지의 일부가 지중으로 일산하므로 지하 일산 감쇠라고 불리고 있다.

건물로부터 지반으로의 투과율은 지반이 연약할수록 크다. 그 이유는 지반과 건물의 임피던스 비가 작아지기 때문이다(Q 10-1-3 참조).

Q 10-1-5

지반의 지진 응답 해석에는 흙의 동적 특성이 반영됨을 구체적인 예로 설명하시오.

일반적으로 흙의 '동적특성'은 지진과 같이 충격 · 급속 재하를 받았을 때, 또는 반복 재하되었을 때의 거동을 말한다. 재하속도의 영향을 크게 받는 것은 점성토이며 사질토는 대부분 무시할 수 있을 정도이다. 그에 반해 반복 재하의 영향은 점토 · 모래에 공통으로 나타나는 현상이다. 흙에 비배수 상태에서 반복 변형을 주면 정규 압밀점토나 느슨한 상태의 모래에서는 과잉 간극수압이 상승하여 유효 구속압을 감소시키는 연화 현상이 현저히 나타난다.

비배수 전단 시의 응력-변형률 관계는 그림 10-9(a)와 같다. 곡선의 시작 부분에서의 접선 구배가 강성률 또는 전단 탄성 계수 G_0 이며 식 (10-1)의 G는 미소 변형(10^{-6} 이하)에서의 강성률, 즉 $G_{\gamma \to 0}$ 인 것이다. 이 기호를 사용하면 $G_{\gamma \to 0}$는 식 (10-1)로부터 S파 속도 V_s와 밀도 ρ를 알면 구할 수 있다. 참고로 V_s와 ρ를 토대로 추정한 강성률의 개략값을 표 10-1에 게재하였다(이것은 하나의 기준에 불과하다).

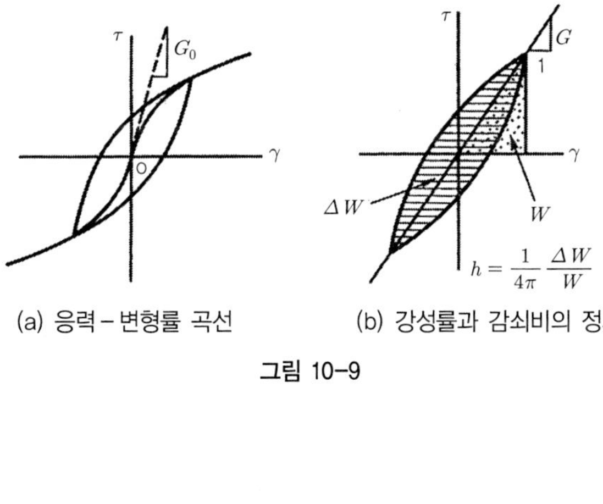

(a) 응력 – 변형률 곡선 (b) 강성률과 감쇠비의 정의

그림 10-9

표 10-1 강성률의 개략값

흙의 종류	V_s (m/sec)	ρ (Mg/m³)	G (kN/m²)	(kgf/cm²)
충적 점성토	150	1.5	3.5×10^4	350
사질토	200	1.8	7.0×10^4	700
홍적 점성토	250	1.7	10.5×10^4	1,100
사질토	350	2.0	24.5×10^4	2,500

일정 진폭의 전단응력을 반복 재하하는 경우에는 그림 10-9(b)와 같이 G 및 감쇠비 h를 가지는 탄성체의 이력곡선에 의해 근사할 수 있다. 여기에서 G는 응력-변형 곡선의 최대치를 연결하는 할선 구배로 정의된다. 또 감쇠비 h는 앞 문제의 내부 감쇠이며 그림 중의 식으로 구한다.

반복 재하를 계속하면 G가 서서히 저하하지만 h는 증가한다. 이와 같은 특성은 변형 의존성이라 하며 그림 10-10, 10-11의 형태로 표현한다. 다만 G와 h는 모두 유효구속압 σ_c'의 영향을 받기 때문에 이 그림은 $\sigma_c' = 1.0\text{kg/cm}^2 (= 98\text{kN/m}^2)$ 하에서 시행된 실험 결과를 선택한다. 다른 σ_c'에 대해서는 $\sqrt{\sigma_c'}$의 값으로서 변형을 변환하는 방법이 제안되어 있다.[55)]

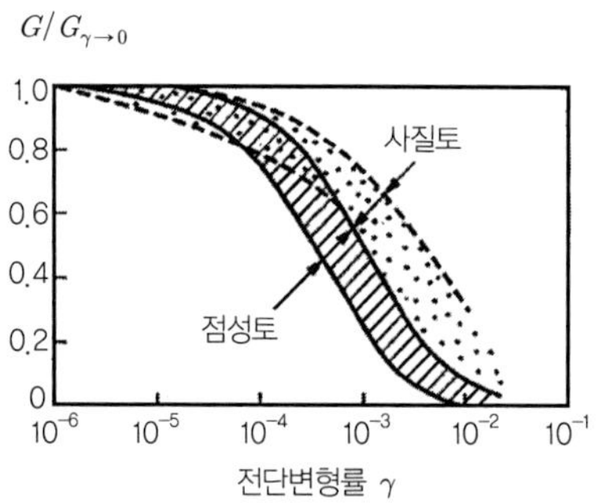

그림 10-10 정규화 전단 탄성 계수 감쇠곡선

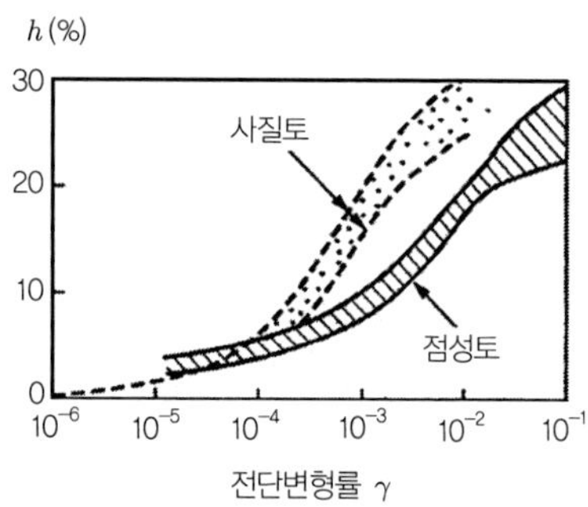

그림 10-11 감쇠곡선

이상에 기술한 동적 특성을 고려한 지진 응답 해석의 하나로 등가 선형 해석법이 있다.

그 방법은 대체로 다음과 같은 순서로서 진행된다(그림 10-12 참조).

(1) 적당한 γ_1을 가정하고 대응하는 G_1, h_1을 그림으로부터 구한다.

(2) 이 G_1, h_1을 이용하여 해석하고 결과의 전단 변형을 γ_2라 한다.

(3) $\gamma_1 \neq \gamma_2$이면 γ_2에 대응하는 G_2, h_2를 읽어 다시 한 번 계산을 한다.

(4) 이렇게 하여 γ가 수렴하기 까지 반복 계산하여 수렴된 G, h에 의한 해석 결과를 답으로 한다.

이를 계산하기 위해서는 컴퓨터와 전산 해석 프로그램이 필요하며 SHAKE는 보급된 프로그램의 하나이다.[56)]

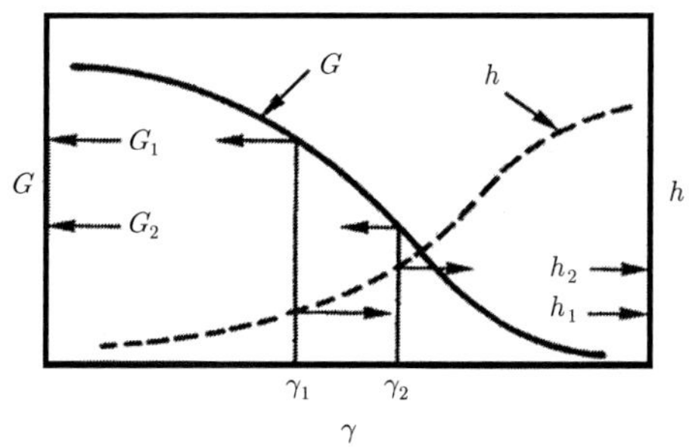

그림 10-12 등가 선형 해석의 순서

10-2 건물의 지진 피해/내진설계

세계 지진공학회의의 첫 번째 회의는 1956년에 개최되었다. 그때 구조물의 지진 피해가 지반의 경연[硬軟]이나 층두께와 관계가 있을 것이라고 판단한 나라는 일본을 포함하여 매우 소수였다고 한다. 그러나 현재 많은 나라들에서는 몇 가지 형식으로 지반에 대한 내진설계에서 지반의 경연과 층두께를 고려하고 있다. 즉, 구조물의 지진 피해에 미치는 지반의 영향이 강하게 인식된 것이다.

지반에는 탁월 주기가 있으며 구조물에도 고유 주기가 있다. 이 두 가지가 합치

될 때에 공진 현상을 일으켜 피해를 확대한다(Q 10-2-1). 따라서 공진 현상을 피하는 것이 내진설계의 요점이라 할 수 있으나 공진 이외에도 몇몇 잠재 요인이 있기 때문에 지반-구조물의 상호작용을 복잡하게 한다(Q 10-2-2).

지진 외력을 정적인 힘으로 치환하여 설계한다고 하는 획기적인 진도법이 1916년에 일본에서 탄생하였다. 그 후 '응답 스펙트럼'의 도입에 의해 진도법의 적용 범위가 확장되었다(Q 10-2-3). 80년 이상의 역사를 가진 이 방법은 지진 시의 옹벽 토압이나 사면 안정 문제의 해법에 지금도 일익을 담당하고 있다(Q 10-2-5).

Q 10-2-1

지반의 탁월 주기와 건물의 공진에 대해서 고려하여 보시오.

지반은 끊임없이 흔들리고 있다. 이것은 미크론(1/1000mm)단위로 측정될 만큼 매우 작은 진폭의 요동으로써 상시 미동이라 한다. 상시 미동의 가진원은 바람이나 파랑 또는 교통 기관, 기계 등이 있다.

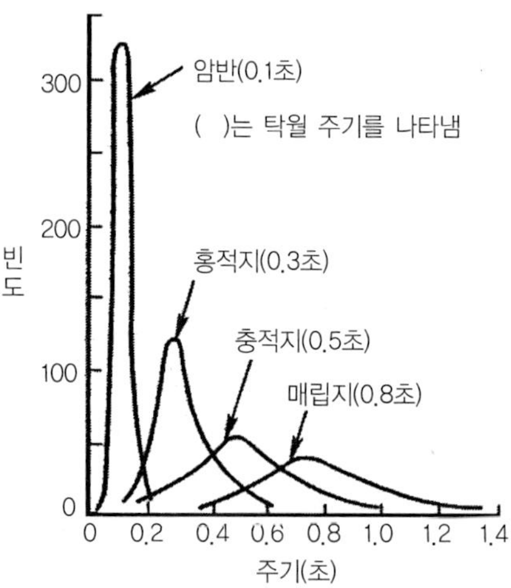

그림 10-13 지반의 탁월 주기[57)]

그림 10-13은 지반의 상시 미동을 측정하여 구한 주기-빈도 곡선의 예이다.[57] 이 그림은 여러 가지 지반에서의 미동 측정의 기록으로부터 주기 간격을 가로축에, 각 주기 그룹에 속하는 빈도수를 세로축에 나타낸 것이다. 그림에서 최빈도(피크)에 대응하는 주기가 지반의 탁월 주기이며 그 값은 지반이 연약해 짐에 따라서 장주기 측으로 옮겨간다. 동시에 연약 지반일수록 곡선이 그리는 산(山)의 피크가 낮고 저변이 넓어지는 특징을 갖는다.

일본의 오래된 민가는 지붕이 무겁고 내부 공간이 넓은(기둥이나 벽이 적은) 구조가 많고 고유 주기는 이층의 경우에서 0.3 ~ 0.5sec, 평균하여 0.4sec 정도라고 전해진다. 제2차 세계대전 후는 지붕이 가볍고 주거공간을 작게 나눈 구조 양식으로 변하여 고유 주기도 0.24sec로 짧아져 왔다.[58]

이와 같은 주택의 조건을 그림 10-13에 적용시켜 보면 오래된 건물의 고유 주기는 충적지의 탁월 주기보다도 약간 좌측에 있다.

따라서 이 경우, 가옥과 지반과의 공진 현상이라고 하는 불리한 상황으로부터는 간신히 면하고 있다.

그렇지만 진동震動에 의해 가옥의 벽에 균열이 생기는 등의 손상을 받으면 집의 고유 주기 자체가 길어지게 되고 지반의 탁월 주기의 범위에 들어가 결과적으로 공진을 초래하게 된다.

게다가 충적지와 같은 연약 지반에서는 그림의 곡선의 저변이 넓기 때문에 범위로부터 밖으로 피할 수 없어 강한 진동震動을 계속 받아 더욱 불리해진다.

그림 10-14는 간토우関東 지진(1923)에서의 도쿄東京의 건물 피해를 조사한 결과[59]이다. 도쿄東京의 시타마치下町(연약 지반)으로부터 야마노테山の手 지구(단단한 지반)까지를 가로축에, 각 지구에서의 피해율을 세로축에 나타내고 있다.

이 그림으로부터 목조 가옥의 피해는 시타마치下町에서 크고 야마노테山の手에서 작은 것을 알았다. 이것과 대조적으로 토장土蔵*과 같은 고유 주기가 짧은 건물은 오히려 시타마치下町에서 적고 야마노테山の手에서 큰 피해율을 보이는 경향이 있다.

* 토장土蔵: 두꺼운 흙벽[회벽] 구조(의 집).

그림 10-14의 특징이 보이는 이유는 다음과 같이 고려될 수 있을 것이다.

시타마치下町의 연약 지반은 야마노테山の手의 단단한 지반에 비해 탁월 주기가 길다. 또 목조 가옥은 토장土蔵에 비해 고유 주기는 길다.

이와 같이 지반의 탁월 주기와 건물의 고유 주기와의 관계로부터 시타마치下町에서는 가옥이 야마노테山の手에서는 토장土蔵이 공진에 따라서 흔들리기 쉽기 때문에 특징있는 피해 패턴을 발생시켰다.

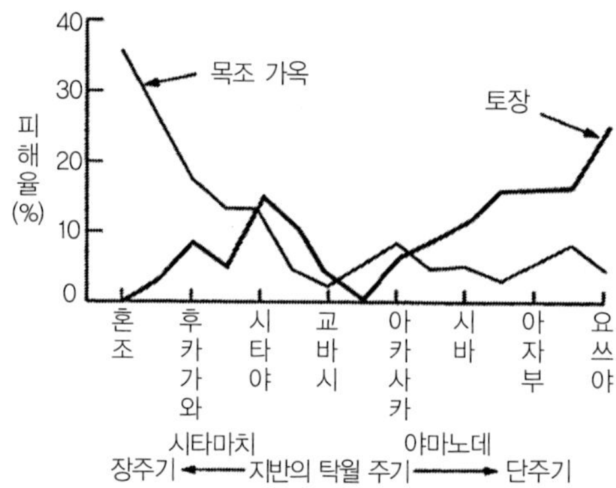

그림 10-14 간토우關東지진에서의 도쿄東京의 건물 피해[59]

Q 10-2-2

지반이 건물의 지진 피해에 주는 영향을 오자키大崎는 그림 10-15와 같이 정리하고 있다. 그림의 의미를 해설하시오.

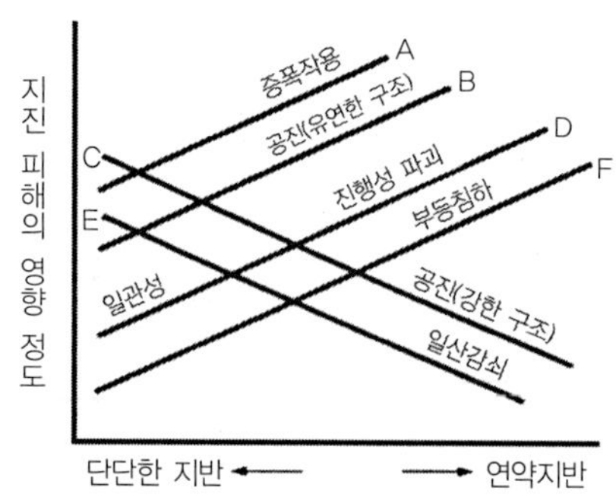

그림 10-15 지반조건에 따른 지진 피해로의 영향[60]

그림 10-15는 지반과 지진 피해의 관계에 대해서 몇 가지 요인을 나타낸 것이다.[60] 지반을 단단하고 연약함으로 구분하여 A～F의 요인이 지진 피해에 주는 경향을 모식적으로 나타내고 있으며 다음과 같이 설명할 수 있다.

(1) 증폭 작용 : A

지진동의 증폭 작용은 지반이 연약할수록, 또 연약층이 두꺼울수록 크다. 증폭은 건물에 대해서 불리하게 작용하므로 그림에서는 A선과 같이 오른쪽 위로 그려져 있다.

(2) 공진 작용 : B와 C

지반이 연약하여 탁월 주기가 긴 장소에서는 고유 주기가 긴 유연한 구조가 공진하기 쉽다. 반대로 경질 지반에서는 철근콘크리트 구조와 같이 강한 구조가 공진하여 피해를 받는 것이 많다.

(3) 진행성 파괴 : D

경질 지반에서는 피해는 일과성이지만 연약한 경우에는 피해가 진행되어 파괴로 이어진다. 따라서 연약 지반의 경우가 불리하다.

(4) 일산[逸散] 감쇠 : E

지지 지반이 단단하면 건물의 진동 에너지가 지하로 일산[逸散]할 수 없어 진동 지속시간이 길어진다. 연약할 때는 감쇠 효과가 크다(Q 10-1-4 참조).

(5) 부등침하 : F

상시의 기둥 하중이 강진 시에는 변동하므로 기초에 부등침하를 일으켜 골조의 파괴를 유발할 가능성이 있다. 또 연약 지반에서는 평상시부터 부등침하가 발생하게 되어 건물에 하중·변형의 불균형을 일으키기 쉽지만 지반 진동을 받으면 상승효과를 일으켜 피해가 더욱 심해질 수 있다.

실제로는 이상에 기술한 각종 요인이 여러 개가 상호작용하므로 지진 피해와 지반의 관계는 복잡하다. 그러나 '상기의 요인을 정량적으로 평가하여 설계에 도입하는 것이 아니면 진짜 내진설계라고 할 수 없다'고 오자키[大崎]는 지적하고 있다.

Q 10-2-3

지진시의 응답 스펙트럼이란 무엇인가?

지진에 의해서 지반이 흔들리면 당연히 그 위에 건설된 구조물도 영향을 받는다. 지반-구조물을 1개의 계로 보아 지반에 지진동이 가해질 때에 구조물이 어떠한 응답을 보이는 가를 조사할 수 있다. 이것은 수치해석 또는 모형실험에서도 가능하다. 이하 그림 10-16을 이용하여 설명한다.

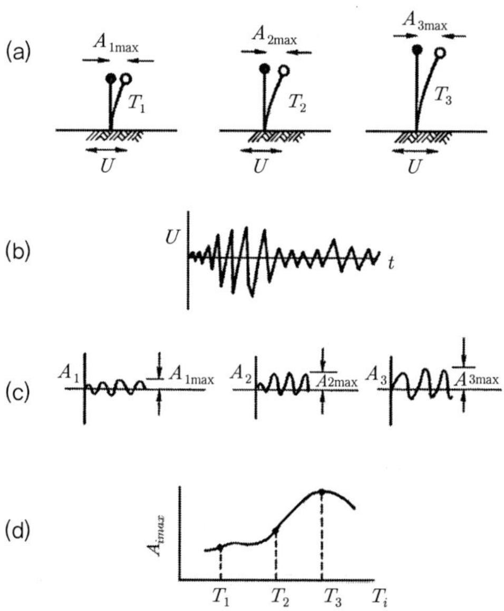

그림 10-16 응답 스펙트럼(변위진폭)을 구하는 방법

구조물의 기초에 수평방향의 진동을 가하면 구조물은 그것에 따라서 진동하는데, 그 거동을 도립[倒立] 단진자[單振子]로서 모의하여 본다. 이제 임의의 주기 T를 가진 3개의 도립 단진자 T_1, T_2, T_3를 고려한다[그림 (a)]. 기초에 입력으로서 지진동 U[그림 (b)]를 주어 이 지진동에 의한 단진자 T_1의 응답진폭의 최댓값을 $A_{1\max}$라 한다. 다음에 같은 지진동 U를 입력으로 하여 주기 T_2의 단진자의 최대 응답진폭 $A_{2\max}$를 구한다[그림 (c)].

이렇게 하여 각각의 단진자의 주기 T에 대한 최대 진폭 $A_{\max}$가 구해지면 T와 $A_{\max}$의 관계를 나타내는 그래프를 그릴 수 있으며 이것을 변위진폭의 응답 스펙트럼이라 한다[그림 (d)]. 이상은 변위진폭에 대한 것이지만 진동속도나 가속도에 대해서도 마찬가지로 적용할 수 있다.

그림 10-16에서는 개념 설명을 위해 구조물의 감쇠가 없다($h=0$)고 가정하고 있으나 실제로는 진동계 중에 감쇠를 나타내는 모델로서 대쉬포트(감쇠기, dashpot)를 상정한다(그림 10-17). 그리고 감쇠비를 여러 가지로 바꾸어 T와 $A_{\max}$의 관계를 계산한 것이 일반적으로 응답 스펙트럼으로서 내진설계에 이용된다.

여기에서 스펙트럼이라는 단어를 사전에서 인용하면 '조성이 복잡한 현상이나 물질을 단순 성분으로 분해하고, 성질을 특징짓는 양의 크고 작은 순으로 배열한 성분'으로 해설되어 있다. 우선 이것을 그림 10-16과의 대응에서 말하면 성분 = 최대 응답진폭, 특정량 = 주기로 된다.

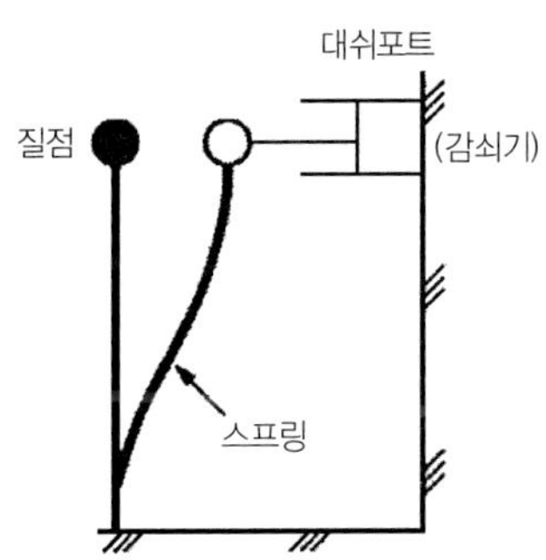

그림 10-17 탄성·점성 모델

그림 10-18에 응답 스펙트럼의 실 예를 보였다.[61] 이것은 1968년 토카치^十勝^ 앞바다 지진 시에 하치노헤^八戸^ 항에서 얻은 지진기록을 토대로 하여 가속도비 응답 스펙트럼(최대 응답 가속도와 최대 지반 가속도와의 비)을 그린 것이다. 그림으로부터 구조물의 고유 주기가 짧아 영(0)에 가까워지면 가속도비는 1로 되어 강체의 특징을 나타내며 반대로 고유 주기가 긴 구조물에서는 가속도비는 1보다 낮아지는 것을 알았다. 이것은 초고층 빌딩 등의 설계에서 유연한 구조로 하여 지진력을 회피하게 한다고 하는 사고방식의 기본이 되는 것이다.

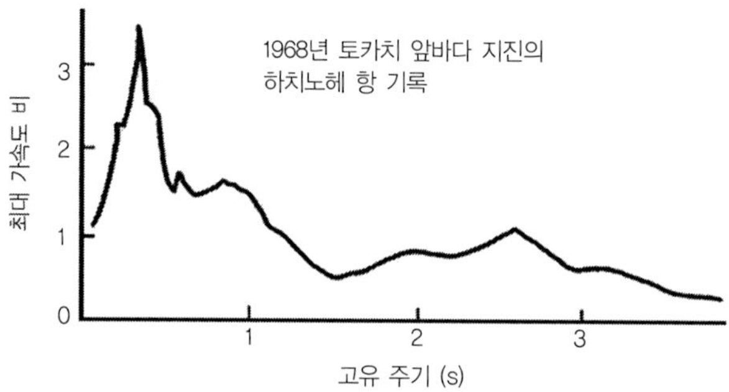

그림 10-18 응답 스펙트럼의 예[61]

일반적으로 응답 스펙트럼은 지진동에 따라 다르게 나타나지만 이러한 스펙트럼을 지반 조건에 따라서 분류하면 지진동 기록에 포함된 지반의 영향이 명확해진다. 따라서 지반을 경도에 의해서 세 그룹으로 크게 나누어 각 그룹마다 다수의 지진 기록을 이용하여 각각의 응답 스펙트럼을 계산한다. 그것을 그룹별로 평균하여 '평균 응답 스펙트럼'을 구하면 그림 10-19와 같다.[61] 같은 그림에서 I은 암반 또는 경질 지반(N값 ≥ 50), III은 연약 지반(N값 < 5), II는 두 지반의 중간적인 지반이다. 같은 그림으로부터 고유 주기가 긴 구조물에 대해서는 지반이 경질일수록 가속도비의 저하율이 커지는 경향을 확인할 수 있다.

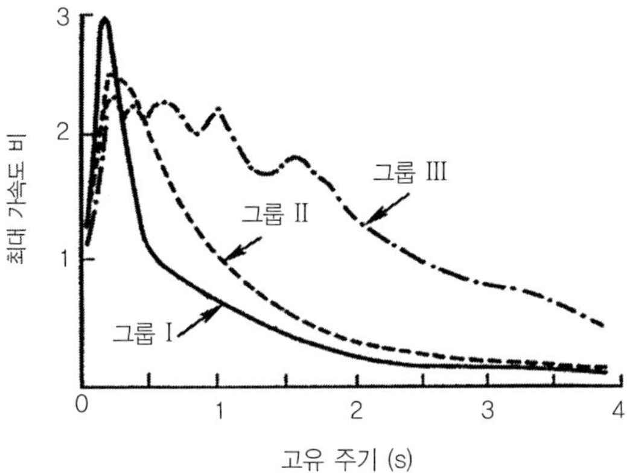

그림 10-19 평균 응답 스펙트럼[61)]

Q 10-2-4

진도법의 사고방식을 설명하시오.

단단한 지반 위에 중량 W의 강체 블록이 놓여 있다(그림 10-20). 지반이 수평 가속도 α로서 운동하면 블록(질량 m)에는 관성력 F가 작용한다.

$$\left.\begin{aligned} F &= m\alpha = \left(\frac{W}{g}\right)\alpha = kW \\ k &= \frac{\alpha}{g} \end{aligned}\right\} \tag{10-7}$$

위 식에서 k는 진도라 불리며 지진 시에 블록에 작용하는 힘 F가 그 중량의 $\frac{\alpha}{g}$ 배인 것을 나타내고 있다. 이것을 설계에 사용할 때는 설계진도라 한다.

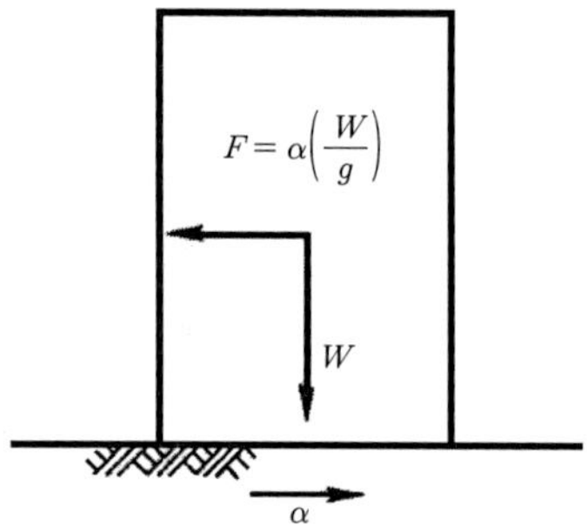

그림 10-20 진도법의 설명

진도법은 사노토시하루[佐野利器](1916)가 제안한 것으로 간단명료하고도 수준 높은 연구 업적으로 지금도 평가받고 있다.

그림 10-20은 강체 운동의 경우이지만 개요성 구조물에서는 지반 가속도와 응답 가속도는 일치하지 않는다. 이는 [Q 10-2-3]에서 설명한 바와 같으며 응답 가속도는 구조물의 고유 주기를 포함한 진동[震動] 특성의 영향을 받는다. 그래서 구조물과 지반의 양쪽 특성을 고려한 응답 스펙트럼(그림 10-19)을 설계에 활용하려는 발상이 태어난다. 이 방법은 식 (10-7)을 간단히 '진도법'이라고 하는 것에 대하여 '수정 진도법'으로 구별하는 경우도 있다.

여기에서 1996년 11월에 개정된 일본의 도로교 시방서 V 내진설계편에서 진도법 관련의 사항을 발췌하여 요약하면 다음과 같다.

설계 수평진도 k_h는 다음 식과 같다.

$$k_h = c_z k_{h0} \tag{10-8}$$

여기에서 k_{h0} : 설계 수평진도의 표준값으로서 그림 10-21에 의한다.

c_z : 지역별 보정계수로 1.0 ~ 1.7의 범위의 값을 선택한다.

또한 그림 10-21은 일본에서의 강진 기록 394 성분을 해석하여 구한 것이며 지반 종별마다의 가속도 응답 스펙트럼 곡선 등을 고려하여 정해졌다.

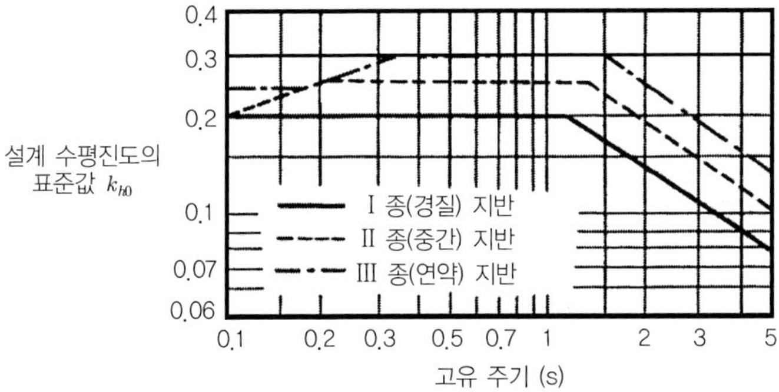

그림 10-21 진도법에 이용하는 설계 수평진도의 표준값

식 (10-8)과 그림 10-21은 발생 가능성이 비교적 높은 중규모 지진을 상정하였을 때에 적용한다.

발생 확률은 낮으나 대규모 지진을 고려하는 경우는 설계 수평진도를 더한층 크게 설정하도록 정하고 있다(상세한 것은 생략).

토시하루 사노佐野利器 **(Toshiharu Sano, 1880～1956)**

★ 건축학자/도쿄 대학 교수. 내진·정적 진도법 제창(1916)하였으며, 세계 최초「가옥내진구조론」의 논문에서 '진도'의 개념을 선보였다. 그 일부를 인용하면 '여기에 진도라 명명한 것은 최대 가속도의 1의 변형이든지, 즉 지진동의 최대 가속도 α와 중력 가속도의 비 α/g로 하여 항상 k로 나타내는 것'으로 한다.

진도법의 발안發案은 오오모리 후사키치大森房吉 박사라는 설도 있으나 문헌으로서는 사노佐野 논문이 최초이다.

Q 10-2-5

지진시의 토압이나 사면 안정 문제에 대해서 진도법을 적용하는 순서를 설명하시오.

지반이나 흙 구조물에 대해서 진도법을 적용할 시는 설계 수평진도를 k_h, 흙덩이 중량을 W로 하고, 관성력$= k_h W$가 수평방향으로 작용한다고 생각한다. 여기에서는 간단히 하기 위해 연직진도는 고려하지 않는다.

(1) 옹벽토압

8-2절에서 Coulomb 토압을 공부하였다. 그 토압의 개념은 뒤채움 흙 중에 일체로서 활동 흙 쐐기를 상정하여 활동면의 각도를 변화시켜 주동·수동토압을 구하였다. 그림 10-22에는 평상시 이외에 지진시의 수평 관성력 $F = k_h W$가 추가되어 있다.

실제로 지진 가속도가 작용하는 것은 1방향은 아니지만 뒤채움 흙덩이에 왼쪽 방향의 F가 작용하면 흙 쐐기는 왼쪽 아래로 활동하려고 하며 벽이 이것을 지지한다[그림 10-22(a)]. 그리고 벽이 조금이라도 왼쪽으로 이동하면 주동 파괴 상태가 나타난다. 이때의 주동토압에는 관성력이 부가되므로 평상시의 토압보다도 크다.

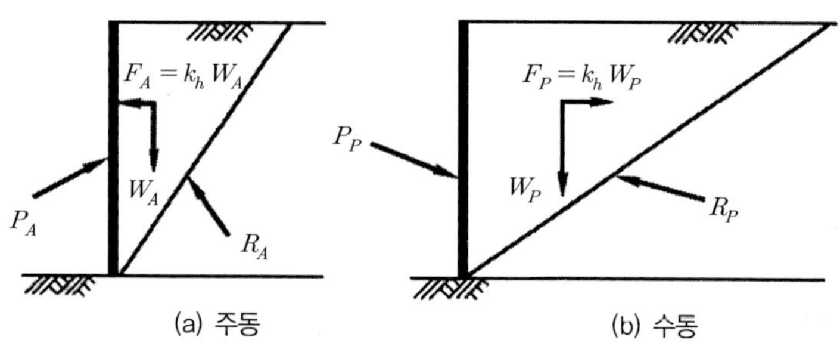

그림 10-22 지진 시의 Coulomb 토압

수동 상태는 벽이 뒤채움 쪽으로 밀려져 흙 쐐기가 오른쪽 위쪽으로 뽑혀 올라갈 때에 생긴다[그림 (b)]. 그림에서와 같이 관성력이 오른쪽 방향으로 작용할 때 수동 토압이 발생하고 그 값은 평상시보다 작아진다.

지진 시 토압을 풀기 위해서는 F와 W를 합성하여

$$W_E = \sqrt{1+k_h^2}\,W \tag{1}$$

의 크기를 가지고 연직선으로부터

$$\tan i = k_h \tag{2}$$

의 각 i만큼 W_E를 기울인다(그림 10-23).

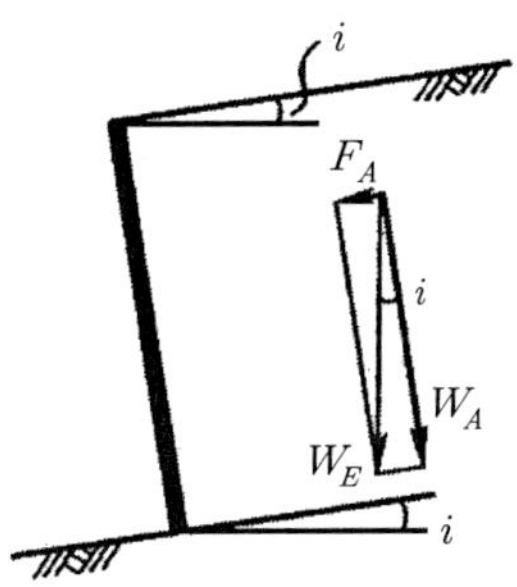

그림 10-23 주동의 경우(각도 i 기울)

주동토압의 경우는 전체를 각 i만큼 왼쪽 방향으로 회전하여 식 (1)에서 흙의 중량을 계산하고 Coulomb의 토압론에 근거하여 진행한다. 수동에 대해서는 주동과 역방향으로 i만큼 전체를 회전하여 고려하면 된다.

지진 시 토압 구하는 방법은 오카베[岡部](1924)와 모노노베[物部](1933)에 의해서 독립적으로 제안되었으나, 현재에는 모노노베[物部]·오카베[岡部] 식으로 국제적으로도 널리 인용되고 있다.

(2) 사면 안정

제9장에서 평상시의 안정 문제를 다루었다. 그 중에서 절편 분할법, 특히 일본에서는 스웨덴(Fellenius) 법이나 Bishop 법이 많이 이용되고 있으며 진도법은 그러한 것의 연장선상에서 고찰할 수 있다.

그림 10-24는 원호 활동으로 분할 절편에 지진 관성력이 가해진 상태를 나타내고 있다.

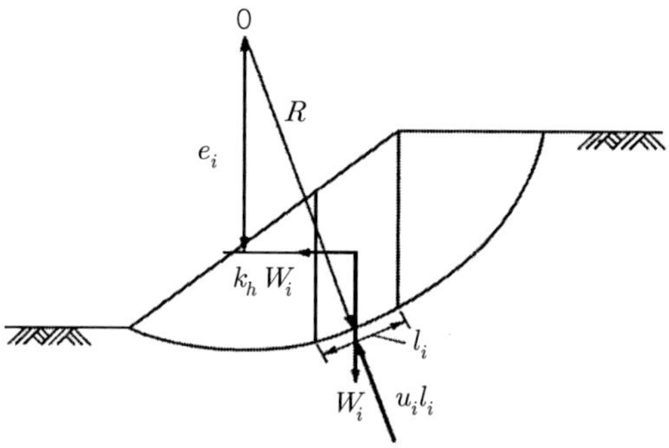

그림 10-24 지진 시의 원호 활동

여기에서 수평력은 안정성에 불리하도록 사면의 바깥 방향으로 작용시킨다. 수평력은 $k_h W_i$(W_i : 절편 중량)이며 W_i의 작용점과 원호 중심의 연직거리를 e_i, 원호의 반경을 R이라 하면

$$F = \frac{\sum_{i=1}^{n} \{ c_i' l_i + (W_i \cos\alpha_i - k_h W_i \sin\alpha_i - u_i l_i) \tan\phi_i' \}}{\sum_{i=1}^{n} W_i \left(\sin\alpha_i + \frac{e_i k_h}{R} \right)} \qquad (10\text{-}9)$$

이 식은 상시의 Fellenius 식 (9-8)에서

분자에 $- k_h W_i \sin\alpha_i \tan\phi'$

분모에 $+\dfrac{W_i e_i k_h}{R}$

을 추가한 형으로 되어 있으며, 식 (9-8)의 확장으로 해석할 수 있다.

더욱이 UU 해석에서는 상시의 식 (9-10)에 대해

$$F=\frac{\sum_{i=1}^{n} c_{ui} l_i}{\sum_{i=1}^{n} W_i\left(\sin\alpha_i+\dfrac{e_i k_h}{R}\right)} \tag{10-10}$$

를 이용하면 좋다.

10-3 액상화

고체 모양의 흙이 간극수압의 상승에 의해서 액체 모양으로 되어 외력에 대한 저항을 잃는 현상이 액상화이다. 반복 재하로 저항력이 저하하는 점만을 보면 보통의 공업 재료의 피로 파괴와 크게 다르지 않지만 액상화는 유효응력 감소에 따른 파괴라고 하는 흙의 고유 현상이다. 그리고 느슨하게 채운 모래와 같이 입자간 결합이 약한 흙에서는 점토나 밀실하게 채운 모래와 다르고 유효응력이 영(0)인 상태에서는 그 저항을 완전히 잃어버리는 것이다.

오늘날에는 액상화에 관한 연구가 상당히 진행되어 왔다. 그러나 1964년의 니가타[新潟]지진 당시를 회고하여 보면 철근 콘크리트 구조의 아파트 군이 무너지거나 시나노가와[信濃川]의 쇼와[昭和]대교가 붕락하는 전대미문의 사태에 세계가 깜짝 놀랐다. '액상화'는 미지의 현상이었던 것이다.

이후 국내외의 수많은 지진에서 액상화 현상이 나타나고 있는 것을 볼 수 있다. 우리들은 지진 자체로부터 벗어날 수 없는 숙명을 가지고 있다. 그러나 액상화의 위험성을 가진 지반을 미리 조사하여 적절한 대책을 강구한다면 재해의 방지 · 경감에 유용할 것이다. 여기에서는 이 메커니즘이나 예측법의 현상 등을 기술한다.

Q 10-3-1

느슨히 채운 모래가 비배수 상태에서 반복 전단될 때 나타나는 특징적인 거동을 구체적인 예로서 설명하시오.

골격 구조가 안정되어 있어 전단 변형이나 응력을 단조로이 증가시키는 것만으로는 액상화에 이르지 않는 흙에서도 비배수 상태에서 반복 하중을 주면 액상화하는 경우가 많다. 이것은 흙의 고유 성질인 부(−)의 다일러턴시에 의해 특히 전단 방향이 몇 번 바뀌면 과잉 간극수압이 누적하여 유효응력이 영(0)에 가깝기 때문이다.

그림 10-25는 느슨한 모래의 반복 단순전단 시험의 기록이다.[62] 시험조건은 반복 전단응력 $\tau_d = 34.3\text{kN/m}^2$을 일정하게 하여 상대밀도 $D_r = 50\%$, 초기 유효연직응력 $\sigma_{v0}' = 490\text{kN/m}^2$, 주기는 1Hz이다. 그림 (a)는 부여한 전단응력의 시간적 변화, 그림 (b)는 그때에 발생하는 과잉 간극수압의 증가를 나타내고 있다. 이 예에서는 22 ~ 24사이클째에 $\sigma_{v0}' = 490\text{kN/m}^2$의 값과 거의 같아져 초기 액상화가 발생하고 있다. 또 그림 (c)는 반복 재하 중의 변형 변화이며 22사이클을 지나면 변화량이 급증하는 모습을 볼 수 있다.

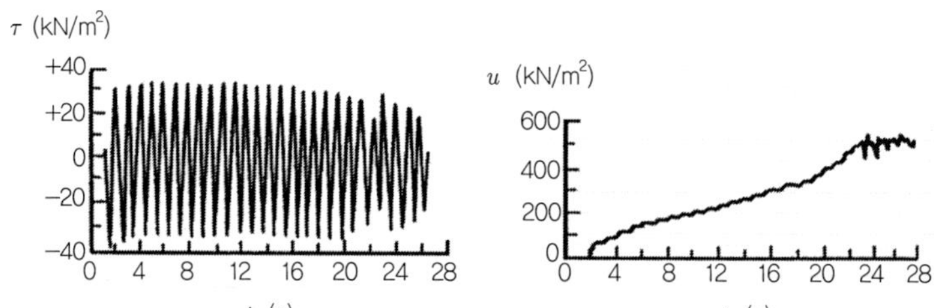

(a) 전단응력 (b) 간극수압

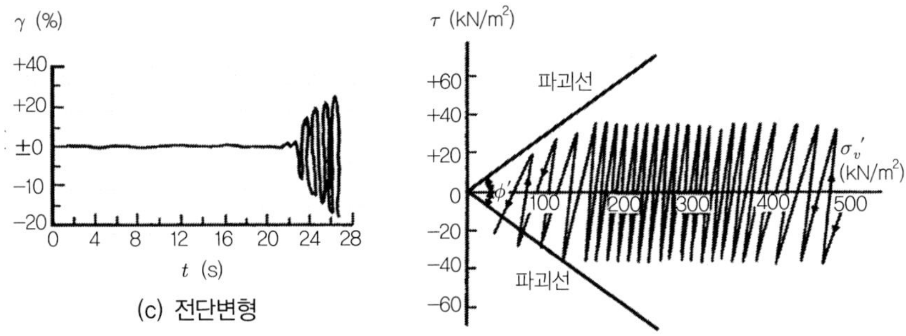

(c) 전단변형

(d) 유효응력 경로

그림 10-25 반복 단순 전단시험의 예[62)]

시험 기록으로부터 확인한 모래의 거동은 이상과 같지만 이것을 유효응력의 입장에서 다소 상세히 검토하여 보자. 그림 (d)는 그림 (a), (b)의 기록을 토대로 하여 $\tau-\sigma_v{}'$ 좌표 상에 그린 유효응력 경로와 파괴 포락선이다. 이 그림에 의하면 연직응력 σ_v가 일정한 상태에서 몇 회나 방향을 바꾸는 주기적 전단응력을 받으면 과잉간극수압이 누적되기 때문에 유효 연직응력 $\sigma_v{}'$은 서서히 감소하여 그 유효응력 경로는 왼쪽으로 진행하고 마침내 파괴 포락선에 도달하여 액상화 현상이 발생하는 경로를 볼 수 있다. 이때 초기 유효 연직응력 $\sigma_{v0}{}'$이 작을수록, 또 응력 진폭 τ_d가 클수록 쉽게 $\sigma_v{}'=0$의 상태로 될 수 있으므로 액상화의 난이를 나타내는 지표로써는 응력비 $\dfrac{\tau_d}{\sigma_{v0}{}'}$를 이용한다.

Q 10-3-2

실무 수준에서 이용되는 액상화 예측법은 어떤가?

액상화를 예측하는 수법이 수많이 제안되어 실제로 구조물의 설계에 적용하여 사용되고 있다. 그것을 크게 나누면 대략 다음과 같이 그룹을 구분할 수 있다.

(1) 미지형微地形 분류도나 항공사진을 판독하여 개략적으로 예측하는 방법

(2) 표준 관입시험 등의 지반 조사 결과를 이용하는 방법. 현재 일본에서는 이것이 가장 일반적이다.

(3) 지반으로부터 흙을 채취하여 실내에서 액상화 시험을 하여 그 결과를 이용하여 지반의 지진 응답을 해석하는 방법

(4) 항타 시 또는 발파 등의 지반 진동을 이용하여 액상화를 발생시켜 그 결과를 예측에 이용하는 방법

상기 (2)의 방법에 대해서 말하면 지반의 액상화 현상은 모래의 다짐 상태와 토피압의 크기에 지배되며, 이러한 지배 요인은 표준 관입시험의 N 값에 반영된다. 따라서 지진 시에 지반이 액상화할 것인가에 대한 판정에는 N 값을 이용하는 경우가 많다. 결국 지반이 잘 다져져 있을수록, 또 큰 토피압을 받고 있을수록 N 값은 커지므로 이것을 이용하여 액상화와의 관계를 양적으로 나타낼 수 있다(그림 10-26).[63]

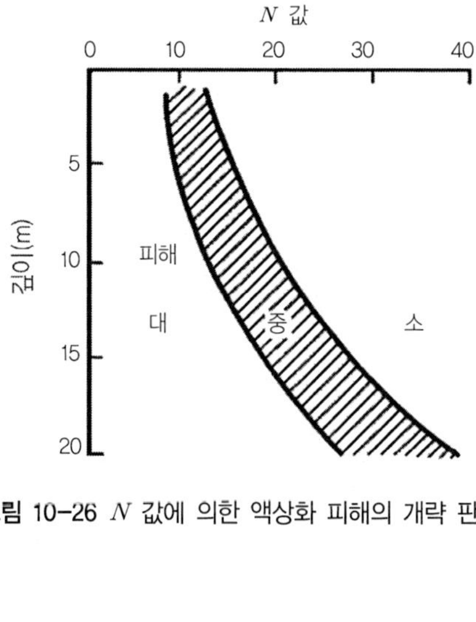

그림 10-26 N 값에 의한 액상화 피해의 개략 판정[63]

이 그림을 이용하면 임의 깊이의 N 값으로부터 피해규모를 즉시 예측할 수 있다. 반대로 깊이 10m에서의 N 값을 10이라 하면 이것은 피해가 큰 영역에 들어가므로 N 값이 사선부보다 우측의 적어도 20 이상이 되도록 지반 개량 등의 필요성이 있음을 나타내는 것이다.

Q 10-3-3

도로교 시방서 등에서는 액상화의 검토 순서를 보이고 있다. 그 사고방식의 대략적인 줄거리를 설명하시오.

(1) 대상으로 하는 흙의 범위

검토를 요하는 토층은 원칙적으로 충적 모래층[지하수위 ≤ −10m, 깊이 ≤ 20m]으로 한다. 더욱이 평균 입경 D_{50}과 세립분 함유율 FC에 제한을 설정한다.

(2) 액상화의 안전율

흙의 액상화 저항비를 R, 지진 시의 지중 응력비를 L로 나타내면, 안전율 F_L은

$$F_L = \frac{R}{L}, \ R = \frac{\tau_d}{\sigma_c{}'}, \ L = \frac{\tau_{max}}{\sigma_v{}'} \tag{1}$$

여기에서, τ_d : 액상화 전단저항, $\sigma_c{}'$: 유효구속압, τ_{max} : 지진 시 최대 전단응력, $\sigma_v{}'$: 유효토피압이며, R은 반복 전단 20회의 값을 이용한다. 액상화의 가능성은 위 식의 F_L의 대소에 따라서 판정한다.

(3) 액상화 저항비 R

R의 값은 표준 관입시험의 N 값에 기초를 두어, 그림 10-27을 이용하여 구한다. 다만 $FC \geq 6\%$의 흙에 대해서는 R 값을 보정한다.

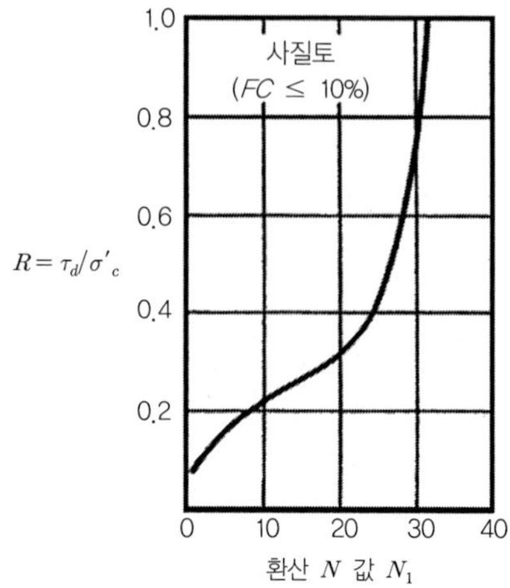

그림 10-27 사질토에 대한 액상화 저항의 규준 곡선(1996년)

그림의 가로축 N_1은 환산 N 값으로써 $\sigma_v{}' = 1\text{kgf/cm}^2(= 98\text{kN/m}^2)$에 대응하는 값을 의미하고 있으며 다음 식으로부터 산출한다.

$$N_1 = \frac{1.7N}{(\sigma_v{}' + 0.7)} \quad (\sigma_v{}' : \text{kgf/cm}^2) \tag{2}$$

SI 단위에서는 [관련 문제 10-5]를 참조하기 바란다.

(4) 발생응력비 L

L의 값은 다음 식으로부터 구한다.

$$L = \frac{\tau_{max}}{\sigma_v{}'} = \left(\frac{\alpha_{max}}{g}\right)\left(\frac{\sigma_v}{\sigma_v{}'}\right) r_d \tag{3}$$

여기에서, $\sigma_v{}'$과 σ_v : 토피압(유효 · 전응력), α_{max} : 지표 최대 가속도, g : 중력 가속도, r_d : 깊이 방향의 저감계수로써 $r_d = 1 - 0.015z$ (z : m)

[식 (3)에 대해서의 보충] 지중에 단위 폭을 갖는 깊이 z의 강체 흙기둥을 대상으로 흙기둥의 밀도를 ρ라 하면, 다음이 성립하므로 식 (3)이 유도된다.

$$\tau_{\max} = \alpha_{\max}\rho z\,,\ \sigma_v = \rho g z$$

Q 10-3-4

지반의 액상화에 의해서 발생하는 재해 피해 형태는?

구조물의 종류에 따라서 재해 피해 형태는 다르지만 과거의 사례를 참고로 하여 다음 패턴으로 분류할 수 있다.

(1) 쌓기·흙댐

하천 제방이나 도로·철도 쌓기, 흙댐 등의 흙 구조물은 제체의 모래질 부분이 액상화하는 경우가 있다. 그때 붕괴·침하·균열이 발생하여 큰 피해로 연결된다.

1964년 니가타[新潟]지진 시 철도의 사질토 쌓기가 액상화 때문에 붕괴하여 유출 토사가 논 위를 100m 이상이나 흘러갔다는 기록이 있다. 또 1971년 San Fernando 지진에서는 물다짐 공법으로 만든 필댐의 일부가 액상화하여 하류 지역의 주민이 일시 피난하는 소동이 있었다.

(2) 건물·기초 말뚝

얕은 직접 기초의 건축물이나 각종 탱크는 지지 지반이 액상화하여 전도·경사·침하의 피해를 일으킨다.

구조물 기초에 대한 대책도 가장 문제가 되는 것은 액상화에 따른 지반의 측방유동이다. 니가타[新潟]지진에서는 시내를 흐르는 시나노카와[信濃川]의 강폭이 양안으로부터의 지반 유동으로 약 23m나 좁아진 장소가 있었다. 1995년 효고[兵庫]현 남부 지진에서는 매립 인공 섬의 호안·안벽이 6m이상이나 바다 쪽으로 밀려나갔다.

이와 같은 측방유동에 저항하는 기초 말뚝은 절손되기 쉽다. 더욱이 지반 내부에서 발생하여 건전도 진단을 어렵게 한다.

(3) 지중 구조물

수도관, 가스관, 공동구, 지하 탱크 등은 주변 지반이 액상화하면 특이한 들떠 오름을 일으킨다. 특히 이러한 지중 구조물이 지반 침하지대에서 평상시부터 부등침하의 영향으로 변형이나 편압력을 받고 있으면 지진 시 피해가 커진다.

Q 10-3-5

지반의 액상화를 방지·경감하기 위해서는 어떠한 방법이 있는가?

액상화의 대책으로 지반의 보강, 지진 시에 발생하는 지중 응력의 저감 및 구조물의 보강 등이 고려된다. 이러한 것 중에서 지반을 대상으로 한 공법은 다음과 같이 요약된다.

(1) 지반 개량공법

액상화는 흙의 골격 구조가 불안정한 느슨한 채움의 포화 모래층 중에서 발생하므로 다짐에 의해 밀실하게 채운 상태로 하면 액상화를 막을 수 있다. 모래의 고밀도화를 겨냥한 확실한 방법이다.

구체적으로는 다짐 모래말뚝, 바이브로 플로테이션, 동압밀 공법 등이 실용되고 있다. 이밖에 약액주입이나 시멘트 혼합에 의한 개량법이 채용되는 것도 있다.

다짐 공법은 몇몇 기존의 지진을 경험하여 대책효과가 확인되었다.

(2) 배수공법

느슨히 채운 모래층에서도 과잉 간극수압의 발생량을 저감시키면 괴멸적인 액상화까지에는 이르지 않는다. 실제로 투수성이 높은 자갈을 드레인재로 이용한 자갈기둥을 지중에 타설하여 모래층 속의 과잉수압의 상승을 억제하는 방법이나 차수벽과 양수 펌프를 병용한 지하수위 저하공법 등이 있다.

후자는 유효토피압을 증가시키는 효과도 기대할 수 있다. 또 다짐 공법은 진동·소음 공해를 일으킬 우려가 있는 것에 반해 배수 공법은 폐해를 경감할 수 있으므로 시가지에서의 시공이나 기설 구조물에 대한 대책으로써 이점을 갖는다.

Q 10-3-6

액상화는 지진 이외에도 발생 가능성이 있다. 어떠한 경우가 고려되는가?

지진 이외의 외력에 의해서 지반이 액상화하는 경우는 다음과 같다.

(1) 정적 전단에 의한 경우

매우 느슨한 상태로 퇴적된 지반은 지진동이나 반복 재하를 받지 않아도 단조 증가의 전단변형, 외력 작용으로 액상화한다.

그림 10-28은 단조 재하에 의한 느슨한 채움의 모래 거동을 조밀하게 채운 모래와 대비하여 모식적으로 그린 것이다. 그림 (a)는 응력-변형 곡선으로서 느슨히 채운 모래는 전단저항의 피크 후도 시험을 계속하면 지속적으로 연화하여 마침내 잔류 강도가 영(0)으로 된다. 이에 대해 조밀하게 채운 모래는 변형의 증가와 함께 저항도 증가하여(경화) 액상화는 일어나지 않는다. 또 그림 (b)는 유효응력 경로로서 밀도의 대소, 즉 다일러턴시(dilatancy)의 정부(±)에 따라서 경로의 방향이 좌우로 나뉘는 것이 특징이다.

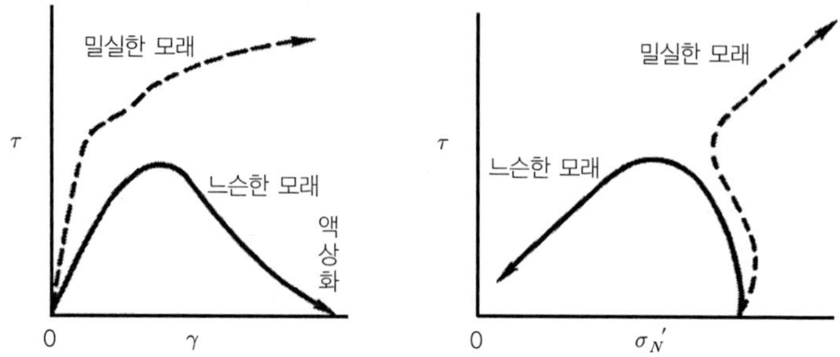

(a) 응력-변형 곡선 (b) 유효응력 경로

그림 10-28

이와 같은 매우 느슨한 상태의 모래를 '참의 quick sand'라 부르는 것도 있다. 이 quick은 '예민한'이라고 하는 의미로서 북유럽 · 캐나다의 초 예민 점토도 이 범주에 들어가는 특수 흙이다.

초 예민 점토가 퇴적된 지반에서는 매우 미소한 자극에도 사태 등을 발생시키므로 유의해야 한다.

(2) 투수력에 의한 경우

제1장의 1-4절에 투수력 설명을 하였다. 지하 굴착 등으로 지중에 상향의 지하수류가 발생하여, 동수구배가 모래지반의 한계값을 넘으면 퀵샌드 상태가 된다.

(3) 파랑에 의한 경우

파랑이 해저 지반의 안정성에 영향을 미치는 경우가 있다. 그 메커니즘은 약간 복잡하지만 한마디로 말하면 불안정한 골격구조를 가진 모래가 수압 전파의 지연에 따라서 유효응력을 감소시켜 액상화를 초래하는 것이다. 파랑에 기인한 해저 지반의 액상화는 해저 사태를 유발하는 경우가 있다고 분석하고 있다.

관련 문제

[문제 10-1]

모래지반의 강성률 $G = 2 \times 10^4 \mathrm{kN/m^2}$, 밀도 $\rho = 2.0\mathrm{Mg/m^3}$일 때 전파하는 S파 속도를 구하라.

[해설]

$G = 2 \times 10^4 \times 10^3 (\mathrm{kg \cdot m/s^2})(1/\mathrm{m^2})$

[답]

100m/sec

[문제 10-2]

두께 H의 표층과 기반으로 이루어진 2층 지반에서 S파가 기반으로부터 연직으로 상승해 오는 케이스를 고려한다. 그림 10-29를 참조하여 파동 방정식 (10-2)를 풀 때의 경계조건을 보이시오.

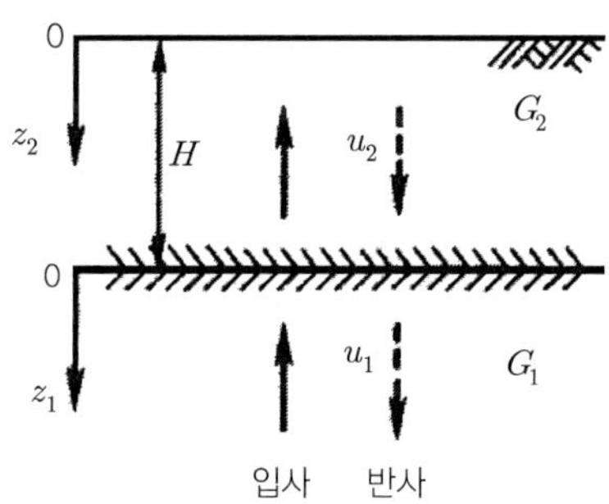

그림 10-29

[해설]

경계면에서 변위와 전단응력이 연속하여 지표면에서 전단력이 영(0)이다.

[답]

$$\left(\frac{\partial\, u_2}{\partial\, z_2}\right)_{z_2\,=\,0} = 0\,,\; (u_2)_{z_2\,=\,H} = (u_1)_{z_1\,=\,0}$$

$$G_1\left(\frac{\partial\, u_1}{\partial\, z_1}\right)_{z_1\,=\,0} = G_2\left(\frac{\partial\, u_2}{\partial\, z_2}\right)_{z_2\,=\,H}$$

[문제 10-3]

강진계[強震計]가 개발되기 이전은 묘지의 묘석의 전도 상태를 조사하여 그 장소의 최대 가속도를 추정하였다. 어느 지진에서 폭 30cm, 높이 85cm의 묘석이 넘어졌다고 하면 가속도는 얼마일까?

[해설]

묘석의 폭을 B, 높이를 H로 하였을 때, 전도여부를 결정하는 경계의 진도는 $k_h = \dfrac{B}{H}$로 표현된다.

[답]

$k_h = 0.353\,,\; \alpha \geq\; 350\,\mathrm{gal}$

[문제 10-4]

간토[關東] 지방의 매립 지반 위의 목조 2층 가옥으로서 중규모 지진(발생의 가능성이 비교적 높음)을 대상으로 설계 진도는 얼마로 산정하면 좋을까?

[해설]

식 (10-8)과 그림 10-21을 사용한다. 지역 계수 $= 1.0$, III 종 지반, 집의 고유 주기 $= 0.24\,\mathrm{sec}$로 한다.

[답]

$k_h = 0.26$

[문제 10-5]

액상화의 검토에 일본의 도로교 시방서 등에서는 $N_1 = \dfrac{1.7N}{(\sigma_v' + 0.7)}$ 을 이용하는 것으로 되어 있다[Q 10-3-3의 식 (2)]. 식의 의미를 고찰하시오.

[답]

N 값은 σ_v'(깊이)의 영향을 받으므로 $\sigma_v' = 1.0\mathrm{kgf/cm^2}$일 때의 N 값$(= N_1)$으로 환산한 것이며 깊이가 달라도 모래의 상대밀도와 N_1은 1 대1 로 대응한다. 또한 SI 단위에서는 σ_v'을 $\mathrm{kN/m^2}$으로 표현하여 $N_1 = \dfrac{166.6N}{(\sigma_v' + 68.6)}$ 을 이용한다.

[문제 10-6]

세립분이 적은 충적 모래층에 지하수위는 지표면과 일치하고 있다. 그 지반에 $\dfrac{\alpha_{max}}{g} = 0.25$ 의 지진이 발생하였다고 가정할 경우 액상화 발생을 방지할 수 있는 N 값 분포를 구하시오.

[해설]

Q 10-3-3을 참조

[답]

z(m)	2	4	6	8	10
N 값	14	17	20	22	23

제10장의 종합

★ 이 장에서는 지진이 발생했을 때의 지반의 거동과 지반-구조물 상호작용을 대상으로 하였다.

지진 시의 응답 스펙트럼, 진도법에 대해서 기술하였으며 이 내용은 내진설계를 함에 기본이 된다.

지반이 건물의 지진 피해에 주는 영향 인자로서 증폭/공진/진행성 파괴/일산 감쇠/부등침하 등을 고려할 필요가 있다. 이러한 것은 지반의 경연과 밀접한 관계가 있다.

흙의 동적 특성을 고려한 지진응답해석의 하나로 등가선형 해석법이 있으며 실무레벨에서도 많이 이용되고 있다.

액상화의 메커니즘, 예측법 및 방지대책에 대해서도 서술하였다.

참고문헌

1) 山口栢樹, 土質力学(全改訂), 技報堂出版, 1994, pp.82~84.

2) 今井五郎, わかり易い土の力学, 鹿島出版会, 1983, pp.64~66.

3) P. L. キャパー・W. F. キャシー・J. D. ゲデイス著, 山本朓万訳 : 土質工学の基礎演習, 技報堂出版, 1983, pp.54~57.

4) 山口栢樹, 土質力学(改訂増補), 技報堂出版, 1976, p.96.

5) 三笠正人, 軟弱粘土の圧密(新圧密理論とその応用), 鹿島出版会, 1963, p.126.

6) Janbu, N., *Consolidation theory of clay layers based on non~linear stress strain*, Proc. of the 5th ICSMFE, Vol. 2, 1965, pp.83~87.

7) Wissa, A.E.Z. et al., *Consolidation at constant rate of strain*, J. Soil Mech. and Foundation Div., Proc. ASCE, Vol. 97, SM 10, 1971, pp.1393~1413.

8) 山口栢樹, 土質力学(全改訂), 技報堂出版, 1994, p.117.

9) 例えば弥永学他, 理工学のための応用数学II, 朝倉書店, 1984, p.231.

10) 山口栢樹, 土質力学(全改訂), 技報堂出版, 1994, p.100.

11) 柴田徹, 粘土のダイラタンシーについて, 京都大学防災研究所年報, 1963, Vol.6, pp.128~134.

12) Schofield, A.N. and Wroth, C.P., *Critical state soil mechanics*, McGraw~Hill, 1968, p.19, pp.106~109, p.140.

13) Ohta, H., *Analysis of deformation of soils based on the theory of plasticity and its application to settlement of embankement*, 京都大学博士学位論文, 1971, pp.34~45.

14) Newmark, N.M., *Influence charts for computation of stresses in elastic foundations*, University of Illinois Bulletin No.338, 1942.

15) Osterberg, J.O., *Influence values for vertical stresses in a semi~infinite mass due to an embankment loading*, Proc. 4th Int. Conf. Soil Mechanics and Foundation Engineering, Vol.1, 1957, pp.393~394.

16) 赤井浩一, 土質力学, 朝倉書店, 1987, pp.193~224.

17) 山口栢樹, 土質力学(全改訂), 技報堂出版, 1994, pp.330~339.

18) 山内豊聡, 土質力学~全訂新版~, 理工図書, 1994, pp.219~260.

19) 山口栢樹, 土質力学(全改訂), 技報堂出版, 1994, pp.339~347.

20) 土質工学ハンドブック, 第5章土の圧縮と圧密, 土質工学会, 1982, pp.167~168.

21) Asaoka, A., *Observational procedure of settlement prediction, Soils and Foundations*, Vol. 18, No.4, 1978, pp.87~101.

22) 柴田徹, 埋立て軟弱地盤の防災, 森北出版, 1982, pp.90~92.

23) 柴田徹, 沈下予測の実際, 土と基礎, Vol.41, No.2, 1993, pp.1~4.

24) 柴田徹・関口秀雄: 盛土基礎地盤の弾粘塑性挙動解析と破壊予測, 土木学会論文報告集, No.301, 1980, pp.93~104.

25) 富永真生・橋本正治, 側方変位の現場計測による盛土の施工管理について, 土と基礎, Vol.22, No.11, 1974, pp.43~51.

26) Matsuo, M. and Kawamura, K., *Diagram for construction control of embankment on soft ground, Soils and Foundations*, Vol.17, No.3, 1977, pp.37~52.

27) 栗原則夫・一本英三郎, 道路盛土工における実施例, 1977年度土木学会関西支部講習会テキスト(動態観測の活用~情報と施工~), 1977, pp.71~81.

28) 宮坂佳洋・西岡 勉, 公園盛土による側方流動対策, 阪神高速道路公団・技報, 第10号, 1990, pp.80~88.

29) 萩原敏行・大内正敏・日下部治・前田良刀, 自然堆積地盤上の直接基礎現場載荷試

験に見られるせん断層の性状, 地盤の破壊とひずみの局所化に関するシンポジウム論文集, 1194, pp.81~88.

30) Asaoka, A., Nakano, M. and Matsuo, M., *Prediction of the partially drained behaviour of soft clays under embankment loading*, Soils and Foundations, Vol.32, No.1, 1992, pp.41~58

31) 柴田徹・関口秀雄, 地盤の支持力, 鹿島出版会, 1995, pp.85.

32) Bjerrum, L., *Problems of soil mechanics and construction on soft clays*, State~of~the Art report, Session 4, Proc. 8th ICSMFE, Vol.3, 1973, pp.109~150.

33) Tsuchida, T. and Tanaka, H., *Evaluation of strength of Soft Clay Deposits~A review of Unconfined Compression Strength of Clay* ; Report of Port and Harvour Research Institute, Vol.34, NO.1, 1995, pp.3~37.

34) Saito, M. and Uezawa, H., *Failure of soil due to creep*, Proc. 5th Int. Conf. Soil Mech. Found. Eng., Paris, Vol.1, 1961, pp.315~318.

35) Duncan, J.M. and A.L. Buchignani, *Failure of underwater slope in San Francisco Bay*, Proc. ASCE, Vol.99, No.SM9, 1973, pp.687~703.

36) Bjerrum, L., *Progressive failure in slopes of overconsolidated plastic caly and clay shales*, 3rd Terzaghi Lecture, Proc. ASCE, Vol.93, SM 5, 1967, pp.1~49.

37) Ladd, C.C. and Lambe, T.W., *The strength of undisturbed clay determined from undrained test, Laboratory Shear Testing of Soils*, ASTM Special Technical Publication No.361, American Society for Testing and Materials, 1963, pp.342~371.

38) Lunne, T. and Christoffersen, H.P., *Interpretation of Cone Penetrometer Data for Offshore Sands*, Proc. 15th Offshore Technology Conf. Vol.1, 1983, pp.181~192.

39) Lancellotta, R., *Analisi di Affidabilita in Ingegneria Geotecnica*, Atti Instituto Scienza Construzioni, No.625, Politecnico di Torino, 1983.

40) Robertson, P.K., *Soil Classification Using the Cone Penetration Test*, Canadian Getechnical Journal, Vol.27, No.1, 1990, pp.151~158.

41) 土質工学会, 土の強さと地盤の破壊入門, 1987, pp.308~312.

42) 同上, pp.312~350.

43) 岡二三生, 土質力学演習, 森北出版, 1995, pp.231~242.

44) 同上, pp.195~203.

45) 山口栢樹, 土質力学(全改訂), 技報堂出版, 1994, pp.217~222.

46) 柴田徹・関口秀雄, 地盤の支持力, 鹿島出版会, 1995, pp.75~77.

47) D.W. Taylor, *Fundamentals of SOIL MECHANICS*, JOHN WILLEY & SINS, Inc., 1948, p.489.

48) 山口栢樹, 土質力学(全改訂), 技報堂出版, 1994, p.261.

49) 日本建築学会, 建築基礎構造設計指針, 技報堂出版, 1988, pp.119~123.

50) 山口栢樹, 土質力学(全改訂), 技報堂出版, 1994, pp.206~209.

51) 同上, pp.311~315.

52) 土質工学会, 土質工学ハンドブック, 1982, p.506.

53) 山口栢樹, 土質力学(全改訂), 技報堂出版, 1994, pp.363~374.

54) 地盤工学会, 土質・基礎工学のための地震・耐震入門, 1997, pp.67~72.

55) 柴田徹・D.S. Soelarno, 繰返し載荷を受ける砂質土の応力・ひずみ特性, 土木学会論文報告集, 239号, 1975, pp.57~65.

56) Shnabel, P.B. et al. SHAKE, *A Computer Program for Earthquake Response Analysis of Horizontal Layered Sites*, Report NO.EERC 72~12, U.C., 1972.

57) 金井清, 地震工学, 共立出版, 1969, p.100.

58) 大崎順彦, 地震と建築, 岩波新書 240, 1993, p.105.

59) 同上, p.132.

60) 同上, pp.148~151.

61) 土田肇·井合進, 建設技術者のための耐震工学, 山海堂, 1991, pp.126~130.

62) 柴田徹·岡二三生, 液状化のメカニズム, 土と基礎, 1981, pp.83~91.

63) Kishida, H., *Damage to reinforced concrete building in Niigata city with special reference to found.eng*, Soils & Foundations, Vol.6, No.1, 1966, pp.71~88.

찾아보기

ㄷ

ㄹ

ㅁ

ㅂ

ㅈ

ㅊ

ㅋ

ㅌ

저자 소개

시바타 토오루(柴田 徹)

- 1932년 2월 9일생
- 1959년 3월 교토 대학원 박사과정수료
- 교토 대학 공학박사
- 후쿠야마 대학 공학부 건설환경공학과 교수, 교토 대학 명예교수
- 『현장계측공법』, 日刊工業新聞社, 1979.6(편저)

  『매립 연약지반의 방재』, 森北出版, 1982.5 (편저)

  『지반의 지지력』, 鹿島出版会, 1995.3(공저)

  『토목의 어프로치(3版)』, 技報堂出版, 1999.3(공편저)

이이쯔카 아츠시(飯塚 敦)

- 1959년 3월 30일생
- 1986년 3월 교토 대학원 박사과정 수료
- 교토 대학 공학박사
- 고베 대학 공학부 건설학과 조교수

키무라 마코토(木村 亮)

- 1960년 3월 15일생
- 1985년 3월 교토 대학원 석사과정 수료
- 교토 대학 공학박사
- 교토 대학 대학원 공학연구과 토목공학 전공 조교수

키타 카츠토시(北 勝利)

- 1962년 7월 19일생
- 1991년 3월 교토 대학원 박사과정 수료
- 교토 대학 공학박사
- 토카이 대학 해양학부 해양토목공학과 강사

키타무라 료우스케(北村 良介)

- 1947년 6월 29일생
- 1977년 3월 교토 대학원 박사과정 수료
- 교토 대학 공학박사
- 카고시마 대학 공학부 해양토목공학과 교수

시미즈 마사요시(清水 正喜)

- 1948년 6월 28일생
- 1978년 3월 교토 대학원 박사과정수료
- 교토 대학 공학박사
- 돗토리 대학 공학부 토목공학과 조교수

나카이 테루오(中井 照夫)

- 1948년 9월 26일생
- 1974년 3월 교토 대학원 석사과정 수료
- 교토 대학 공학박사
- 나고야 공업대학 시스템 매니지먼트 공학과 교수

니시하라 아키라(西原 晃)

- 1953년 10월 7일생
- 1983년 3월 교토 대학원 박사과정 수료
- 교토 대학 공학박사
- 후쿠야마 대학 공학부 건설환경공학과 조교수

미치히로 카즈토시(道廣 一利)

- 1949년 4월 27일생
- 1974년 3월 간사이 대학원 석사과정 수료
- 교토 대학 공학박사
- 세쓰난 대학 공학부 토목공학과 조교수

미무라 마모루(三村 衛)

- 1957년 4월 22일생
- 1983년 3월 교토 대학원 석사과정 수료
- 교토 대학 공학박사
- 교토 대학 방재연구소 조교수

야시마 아츠시(八嶋 厚)

- 1956년 5월 23일생
- 1981년 3월 교토 대학원 석사과정 수료
- 교토 대학 공학박사
- 기후 대학 공학부 토목공학과 교수

역자 소개

이 성 혁 공학박사

· 1991년 영남대학교 공과대학 토목공학과 졸업(학사)
· 1993년 영남대학교 일반대학원 토목공학과 졸업(석사)
· 2005년 아주대학교 일반대학원 건설교통공학과 졸업(박사)
· 1995년부터 한국철도기술연구원에 근무 중이며, 철도인재개발원 강사, 서울과학기술대학교 철도전문대학원 겸임교수 역임. 국토해양부 철도기술 전문위원, 국토교통부 제2기 궤도건설심의위원, 국토교통과학기술진흥원 R&D 및 신기술 평가위원, 철도시설공단 설계자문위원, 철도학회 궤도분과위원, 철도건설공학협회 부회장으로 활동 중이며 국토교통부 장관 표창 수상
· 주요 저서 및 논문
『말뚝기초 설계시공 노하우』(탐구문화사), 『철도차량 메커니즘 도감』(도서출판 골든벨) 외 다수

임 유 진 공학박사

· 1985년 고려대학교 공과대학 토목공학과 졸업(학사)
· 1987년 고려대학교 대학원 토목공학과 졸업(석사)
· 1996년 (미) Texas A&M University 토목공학과 졸업(박사)
· 한국도로공사 도로교통연구원 책임연구원을 거쳐 1999년부터 배재대학교 건설환경철도공학과 교수로 재직 중. 한국철도건설공학협회 이사, 한국철도학회 궤도노반연구회장으로 활동 중
· 주요 저서 및 논문
「강화노반 쇄석재료의 전단강도 특성을 고려한 영구변형예측모델 개발」(한국철도학회) 외 다수

최 찬 용 공학박사

· 1996년 인천대학교 공과대학 토목공학과 졸업(학사)
· 1998년 인천대학교 대학원 토목공학과 졸업(석사)
· 2008년 인천대학교 대학원 토목환경시스템공학과 졸업(박사)
· 2000년부터 한국철도기술연구원에 근무 중이며, 철도인재개발원 강사, 서울과학기술대학교 철도전문대학원 및 부천대학교 강사 역임. 국토교통과학기술진흥원 신기술 평가위원으로 활동 중이며 교육과학기술부 장관 표창 수상
· 주요 저서 및 논문
「모형실험을 통한 고정 및 이동하중 재하방법에 따른 노반 변형 거동 비교」(한국철도학회) 외 다수

이 진 욱 공학박사, 철도기술사

- 1990년 경북대학교 공과대학 토목공학과 졸업(학사)
- 1996년 경북대학교 대학원 토목공학과 졸업(석사)
- 2009년 아주대학교 대학원 건설시스템공학과 졸업(박사)
- 1995년부터 한국철도기술연구원에 근무 중이며, 철도인재개발원 강사, 서울과학기술대학교 철도전문대학원 겸임교수 역임. 국토해양부 철도기술 전문위원, 국토교통과학기술진흥원 신기술 평가위원, 한국철도시설공단 설계 자문위원, 인천광역시 도시개발공사 설계자문위원으로 활동 중이며 철도청장 및 교육과학기술부 장관 표창 수상
- 주요 저서 및 논문
  「일반철도 노반 강성조건에서의 고속화 철도용 콘크리트 궤도의 작용성 검토」(한국철도학회) 외 다수

엄 기 영 공학박사

- 1988년 성균관대학교 공과대학 토목공학과 졸업(학사)
- 1990년 성균관대학교 대학원 토목공학과 졸업(석사)
- 2008년 서울과학기술대학교 철도전문대학원 철도건설공학과 졸업(박사)
- 1996년부터 한국철도기술연구원에 근무 중이며 현재 고속철도 인프라 연구단장(수석연구원)으로, 철도인재개발원 강사, 서울과학기술대학교 철도전문대학원 겸임교수 역임. 국토교통부 항공철도사고조사위원회 기술자문위원, 한국철도시설공단 설계심의 평가위원, 한국철도공사 평가위원, 한국구조물 진단학회 이사로 활동 중이며 철도청장 및 건설교통부 장관 표창 수상
- 주요 저서 및 논문
  「400km/h급 고속철도 인프라시스템 기술개발 연구」 외 다수

김 현 기 공학박사

- 1996년 중앙대학교 공과대학 토목공학과 졸업(학사)
- 1998년 중앙대학교 대학원 토목공학과 졸업(석사)
- 2008년 한양대학교 대학원 토목공학과 졸업(박사)
- 2000년부터 한국철도기술연구원에 근무 중이며, 철도인재개발원 강사, 서울과학기술대학교 및 부천대학교 겸임교수 역임. 국토교통부 안전 분야 궤도설계심의위원, 국토교통과학기술진흥원 R&D 및 신기술 평가위원, 철도건설공학협회 이사, 한국구조물 진단 및 유지관리 공학회 편집이사로 활동 중이며, 산업기술연구회이사장 및 철도청장 표창 수상
- 주요 저서 및 논문
  'Monitoring System for Safety Management of a Slope(Journal of HIT)' 외 다수

지반역학 뉴패러다임 실무교재

초판인쇄 2013년 11월 29일
초판발행 2013년 12월 6일

저　　자 시바타 토오루(柴田 徹)
역　　자 이성혁, 임유진, 최찬용, 이진욱, 엄기영, 김현기
펴 낸 이 김성배
펴 낸 곳 도서출판 씨아이알

책임편집 박영지, 이지숙
디 자 인 윤지환, 이영미
제작책임 윤석진

등록번호 제2-3285호
등 록 일 2001년 3월 19일
주　　소 100-250 서울특별시 중구 예장동 1-151
전화번호 02-2275-8603(대표) **팩스번호** 02-2275-8604
홈페이지 www.circom.co.kr

ISBN 979-11-5610-008-9 (93530)
정가 35,000원